21世纪高等教育计算机规划教材

COMPUTER

汇编语言程序设计（第2版）

A Guide for Assembly Language Programming (2nd Edition)

刘慧婷 王庆生 主编

陈洁 纪霞 钱付兰 徐怡 副主编

人民邮电出版社

北京

图书在版编目（CIP）数据

汇编语言程序设计 / 刘慧婷，王庆生主编. -- 2版
. -- 北京 : 人民邮电出版社，2017.1（2021.1重印）
21世纪高等教育计算机规划教材
ISBN 978-7-115-44297-0

Ⅰ. ①汇… Ⅱ. ①刘… ②王… Ⅲ. ①汇编语言－程序设计－高等学校－教材 Ⅳ. ①TP313

中国版本图书馆CIP数据核字(2016)第314938号

内 容 提 要

本书系统地讲解了汇编语言程序设计的相关知识，全书共有11章，系统地论述了汇编语言基础知识，计算机基本原理，上机操作步骤，操作数的寻址方式，汇编语言的指令系统和伪指令，汇编语言中分支、循环和子程序的设计方法，宏指令，输入/输出和中断，并且还安排了实验部分。为了让读者能够及时地检查自己的学习效果，把握自己的学习进度，每章后面都附有丰富的习题。

本书既可以作为本科院校、高职高专各专业汇编语言课程的教材，也可以作为汇编语言培训或技术人员自学的参考资料。

◆ 主　　编　刘慧婷　王庆生
副 主 编　陈　洁　纪　霞　钱付兰　徐　怡
责任编辑　吴　婷
责任印制　沈　蓉　彭志环

◆ 人民邮电出版社出版发行　　北京市丰台区成寿寺路11号
邮编　100164　　电子邮件　315@ptpress.com.cn
网址　http://www.ptpress.com.cn
北京捷迅佳彩印刷有限公司印刷

◆ 开本：787×1092　1/16
印张：17.25　　　　2017年1月第2版
字数：454千字　　　2021年1月北京第10次印刷

定价：45.00元

读者服务热线：(010)81055256　印装质量热线：(010)81055316
反盗版热线：(010)81055315

第 2 版前言

汇编语言程序设计课程是计算机专业高等教育的专业基础必修课程，是集理论性与应用性为一体、软件与硬件相结合的课程。

编者于 2013 年所编写的《汇编语言程序设计教程》一书自出版以来，受到了众多高等院校的欢迎。为了更好地满足广大高等院校的学生对汇编语言程序设计方法学习的需要，编者结合近几年的教学改革实践和广大读者的反馈意见，在保留原书特色的基础上，对教材进行了全面的修订，这次修订的主要内容如下。

- 对本书第 1 版中存在的一些问题进行了校正和修改。
- 对不重要的内容进行了删减，重点更加突出。
- 增加了对书中知识点的解释，通过给例题增加运行情况图来加深读者对例题中知识点的理解。

在本书的修订过程中，作者始终贯彻让本书比上一版更加浅显易懂的原则。在每一章节都尽量采用图解的方式，让读者通过看例子在 Debug 环境下的运行图来理解例子中的相关知识点。修订后的教材，内容的叙述更加准确、通俗易懂和简明扼要，这样更有利于教师的教学和读者的自学。为了让读者能够在较短的时间内掌握教材的内容，及时地检查自己的学习效果，巩固和加深对所学知识的理解，每章后还附有习题。

全书参考总教学时数为 36 学时，建议采用理论实践一体化教学模式。各章的学时分配见下表。

项目	名称	学时数
第 1 章	汇编语言基础知识	2
第 2 章	计算机基本原理	2
第 3 章	汇编语言程序实例及上机操作	2
第 4 章	操作数的寻址方式	4
第 5 章	常用指令系统	8
第 6 章	伪指令与源程序格式	3
第 7 章	分支与循环程序设计	4
第 8 章	子程序设计	4
第 9 章	宏汇编及其他高级伪操作	2
第 10 章	输入/输出和中断	3
第 11 章	输入/输出应用	2
总计		36

全书由安徽大学刘慧婷、王庆生担任主编，安徽大学的陈洁、纪霞、钱付兰和徐怡（排名按姓氏字母排序）担任副主编。其中，第 1 章和第 8 章由刘慧婷编写，

第2章和第4章由钱付兰编写，第3章由王庆生编写，第5章和第10章由陈洁编写，第6章和第7章由徐怡编写，第9章和第11章由纪霞编写，全书由刘慧婷统稿和定稿。在此，向所有关心和支持本书出版的人表示衷心的感谢！

限于编者的学术水平，不妥之处在所难免，敬请专家、读者批评指正，来信请至htliu@ahu.edu.cn。

编者

2016年10月于安徽大学

目 录

第 1 章 汇编语言基础知识

通过本章的学习，认识汇编语言的意义，重点熟悉计算机中数据和字符的常用表示方法、补码的运算，为下一步学习汇编语言程序设计打下基础。

1.1 汇编语言简介

1.1.1 机器语言与汇编语言

计算机程序是由各种程序设计语言根据编程规则实现的，计算机程序设计语言经历了从低级到高级的发展，通常分为三类：机器语言（Machine Language）、汇编语言（Assembly Language）、高级语言（High Level Language）。

机器语言：计算机硬件直接识别的程序设计语言。构成这种程序的是机器指令，机器指令是用二进制编码的指令，即编码中只含二进制 0 或 1，如 111001100011 就是一条机器指令。由于计算机主要由数字电路构成，所以机器指令由计算机直接记忆、传输、识别和加工。

机器语言被称为第一代语言，不仅复杂难记，而且还依赖于具体的机型。可见程序编写难度极大，调试修改困难，无法在不同的机型间移植，如今早已没有人用机器语言写程序了。

汇编语言：一种面向机器的用符号表示的程序设计语言，所以也叫符号语言。和机器语言不同的是，汇编语言用直观、便于记忆和理解的英文单词或缩写符号来表示指令和数据变量，例如："MOV AX，VAL" 是一条传送指令，其中 MOV 是指令操作码，AX 是 CPU 中的寄存器，VAL 是一个变量的符号表示，指令表示将变量 VAL 的值传给 AX。所以汇编指令也叫符号指令，这些符号称为助记符。汇编指令集和伪指令集及其使用规则的统称就是汇编语言。汇编语言被称为第二代语言。

对于 MOV AX，VAL 这样的符号指令，比较简洁易读，但是计算机并不识别助记符，只能识别二进制编码的机器指令，因此需要通过一种翻译程序把汇编语言源程序翻译成机器码，才能提交计算机执行。这种翻译程序叫汇编程序，这种对汇编语言源程序的翻译过程简称汇编。汇编语言的出现，大大改善了编程条件，使更多的人可以进行程序设计了。

尽管用汇编语言编写的程序要比机器代码更容易理解，但每条汇编语言指令均对应一条机器指令，因而与机器语言并没有本质区别，因此汇编语言仍然属于面向机器的低级语言。

为了克服低级语言程序不好理解、编程调试困难，不易移植的弊端，人们迫切希望有一种近乎自然语言或数学表达形式的程序设计语言，使程序设计工作能避开与机器硬件相关，而着重于解决问题的算法本身，于是便产生了高级语言，例如 Basic、C、Java 等。高级语言被称为第三代语言。

用高级语言编写的源程序也必须经过编译和连接，将其转换为机器语言程序提交给计算机执行，或将其转换为一种中间代码，通过解释程序解释运行。

无论用什么语言编程，最终在计算机硬件中执行的程序都是由机器码组成的，因此汇编语言是离机器语言最近的。

1.1.2 汇编语言的组成

汇编语言由以下三类指令组成。

（1）汇编指令：机器码的助记符，有对应的机器码，它是汇编语言的核心。

（2）伪指令：没有对应的机器码，由编译器执行，计算机并不执行。

（3）其他符号：如+、-、*、/等，由编译器识别，没有对应的机器码。

1.1.3 为什么要学习汇编语言

高级语言易学好用，那为什么还要学习汇编语言呢？

（1）学习汇编语言对于从事计算机应用开发有重要作用。汇编语言程序是由符号指令写成的，本质上还是机器语言，与具体机型的硬件结构密切相关，可直接、有效地控制计算机硬件，运行速度快，程序短小精悍，占用内存容量少。在某些特定应用场合更能发挥作用，如实时控制系统，需要对硬件设备直接进行数据的输入/输出和控制，如在嵌入式系统和智能化仪器的开发中，需要更好地利用有限的硬软件资源，发挥硬件的功能。

（2）学习汇编语言是从根本上认识和理解计算机工作过程的最好方法，通过汇编语言指令，可以清楚地看到程序在计算机中如何一步步执行，有利于更深入理解计算机的工作原理和特点，单纯地介绍计算机的硬件知识或一门高级语言的程序设计是不可能做到这点的。汇编语言把软件和硬件紧密地结合在一起，起到连接硬件和软件的桥梁作用，掌握汇编语言对今后学习其他计算机相关课程非常有利。

1.2 计算机中数据的表示

1.2.1 不同进位计数制及其相互转换

1．二进制数

进位计数制是一种计数方法，我们最熟悉的是十进制数，如 423.5 可表示为：

$423.5=4\times10^2+2\times10^1+3\times10^0+5\times10^{-1}$

注意到这里每位数字只能取 0 到 9 共 10 个数字符号，因此基数为 10，逢 10 进 1。不同位置上的数字代表的“权”是不同的，如百位 4，该位的权值为 10^2，第 k 位的权值为 10^k。

计算机为便于数字电路对数据存储及计算的物理实现，采用二进制数。二进制数只有 0 和 1 两个数码，基数为 2，逢 2 进 1。不同位置上的数码代表的“权”不同，即各位权值为 2^k。例如二进制数：$101101(B)=1\times2^5+1\times2^3+1\times2^2+1\times2^0=45(D)$。

可以看出，上面的二进制数按权展开就得到对应的十进制数。为便于明确计数制而不致误解，通常在二进制数后面加（B），在十进制数后面加（D）（也可用下标 2 和下标 10），即：

101101(B)=45(D)，也可表示为 101101B=45D，或$(101101)_2=(45)_{10}$

n 位二进制数可以表示 2^n 个数，例如 4 位二进制数可以表示 $2^4=16$ 个数，如表 1-1 所示。

表 1-1　　二进制与十进制

进制	数值							
二进制数	0000	0001	0010	0011	0100	0101	0110	0111
十进制数	0	1	2	3	4	5	6	7
二进制数	1000	1001	1010	1011	1100	1101	1110	1111
十进制数	8	9	10	11	12	13	14	15

2. 十六进制数

用二进制数表示一个较大的数总是不太方便，为便于程序员表示数据，通常还采用十六进制。

十六进制数有 16 个数码，基数为 16，逢 16 进 1。第 k 位置上的数码代表的权值为 16^k。每位的数码作如下规定：0，1，2，3，4，5，6，7，8，9，A，B，C，D，E，F，共 16 个数码。其中 A，B，C，D，E，F 分别表示十进制的 10，11，12，13，14，15。十六进制数后面要加上 H 以示区别。

例如十六进制数：

$5FH = 5\times16^1+15\times16^0=80+15=95D$

显然十六进制表示比二进制表示来得简洁，该数用二进制表示则为：

5FH =01011111B

注意到一位十六进制数用四位二进制数表示即可，反之亦然。可见二进制数与十六进制数有着简单直接的互相转换关系，这是因为十六进制数的基数是 2 的幂。不仅如此，二进制数与 2^k 进制数都可以简单直接地互相转换。

实际生活中存在多种计数制，如计时采用时分秒就是 60 进制。其道理都是一样的。

3. 二进制数、十六进制数转换为十进制数

如前所述，各位二进制数乘以对应的权之和即得到十进制数。如：

例 1.1　$N=101101.1B = 1\times2^5+1\times2^3+1\times2^2+1\times2^0+1\times2^{-1}=45.5D$

各位十六进制数乘以对应的权之和即得到十进制数。如：

例 1.2　$N=5FH = 5\times16^1+15\times16^0=80+15=95D$

4. 十进制数转换为二进制数

这里介绍常用的两种方法。

（1）降幂法（适用于数值不大的数），降幂法就是先写出小于此数的各位二进制权值，然后再求和。

例 1.3　求 N=13.5D 的二进制数。小于此数的各位二进制权值为：

8　　4　　2　　1　　0.5

显然应选 8，再选 4，而不能选 2（因为 8+4+2=14），再选 1，最后选 0.5，所以：

13.5D=8+4+1+0.5 =1101.1B

```
   1000
   0100
   0001
+     0.1
---------
   1101.1
```

（2）除法（又叫除 2 取余法，仅适用于整数部分），除 2 取余法就是不断除以 2，记下余数，

直到商为 0 为止。

例 1.4 求 N=13D 的二进制数。

13/2=6 余 1 (b_0)

6/2=3 余 0 (b_1)

3/2=1 余 1 (b_2)

1/2=0 余 1 (b_3)

13D= $b_3b_2b_1b_0$=1101B

特别注意，对于二进制数的小数部分除了用降幂法也可采用乘法，即不断乘以 2，并记下整数，而小数部分再乘以 2，直到结果的小数部分为 0 为止。注意：并非所有的十进制小数都能用二进制完全表示，如小数 0.3，这时按实际需要取一定精度表示即可。

例 1.5 求 N=0.625D 的二进制数。

0.625×2=1.25 (b_{-1}=1)

0.25×2=0.5 (b_{-2}=0)

0.5×2=1.0 (b_{-3}=1)

N=0.625D=$b_{-1}b_{-2}b_{-3}$=0.101B

5. 十进制数转换为十六进制数

和十进制数转换为二进制数类似，也有降幂法和除法。

（1）降幂法（适用于数值不大的数），降幂法就是先写出小于此数的各位十六进制数权值，然后再求和。

例 1.6 求 N=95D 的十六进制数。小于此数的各位十六进制权值为：

16 1

显然应选 16×5，再选 1×F，所以

N=95D=80+15=16×5+1×F=5FH

（2）除法（又叫除 16 取余法，仅适用于整数部分），除 16 取余法就是不断除以 16，记下余数，直到商为 0 为止。

例 1.7 求 N=95D 的十六进制数。

95/16=5 余 15 (h_0)

5/16=0 余 5 (h_1)

N=95D= h_1h_0=5FH

同样特别注意，对于十进制数的小数部分除了用降幂法也可采用乘法，即不断乘以 16，并记下整数，而小数部分再乘以 16，直到结果的小数部分为 0 为止。不再举例。

6. 二进制数和十六进制数的相互转换

由于十六进制数的基数 $16=2^4$，故一位十六进制数由四位二进制数组成，相互转换极为简单。

例 1.8 N=1011111.11(B)=01011111.1100(B)=5F.C(H)

注意到从二进制数转换到十六进制数时，二进制数的整数部分从最低位开始每 4 位一组，不足 4 位的，高位补 0 补足 4 位。小数部分从最高位开始每 4 位一组，不足 4 位的，低位补 0 补足 4 位。

1.2.2 二进制数和十六进制数的运算

1. 二进制数的运算规则

加法规则：0+0=0， 0+1=1， 1+1=0 （进位 1）

乘法规则：0×0=0，　0×1=0，　1×1=1

2. 十六进制数的运算

十六进制数的加减运算只要遵循逢 16 进 1 规则即可，当然也可先把十六进制数转换为二进制数，运算后的结果再转换为十六进制数。

例 1.9

```
      43A5
+     5A34
----------
      9DD9
```

例 1.10

```
      5A34
-     43A5
----------
      168F
```

十六进制数的乘、除法运算可以先把十六进制数转换为十进制数，运算后的结果再转换为十六进制数。十六进制数的乘法也可以用十进制数的乘法规则计算，但结果用十六进制数表示。

例 1.11

```
      2A34
×     0025
----------
      D304
+     5468
----------
      61984(H)
```

1.2.3　带符号数的补码表示

数分为正数和负数，计算机中的数是用二进制来表示的，数的符号也用二进制来表示，所谓带符号数就是最高位是符号位，一般规定正数的符号位为 0，负数的符号位为 1。把一个数连同其符号在内数值化表示叫机器数，机器数的表示可以用不同的码制，常用的有原码、补码、反码。这里只介绍最常用的补码。

补码表示法中的正数用符号位+绝对值表示，即数的最高位为 0，其余部分为该数的绝对值。例如，用 8 位二进制来表示，

$[+1]_{补}=00000001$，$[+127]_{补}=01111111$，$[+0]_{补}=00000000$。

负数用补码表示时，方法是对其正数各位取反，然后最低位加 1。我们把这种对二进制数取反加 1 的运算叫作求补运算。负数用补码表示时，其符号位必定为 1。

例 1.12　用 8 位二进制来表示，求$[-3]_{补}$。

先写出+3：　　　0000 0011

各位取反为：　　1111 1100

最低位加 1 为：　1111 1101

$[-3]_{补}$=1111 1101，或用十六进制表示，$[-3]_{补}$=FDH。

读者也许会问，如何用 16 位二进制来表示$[-3]_{补}$呢？其实只要在刚求出的$[-3]_{补}$的前面加上 8 个 1 就可以了，即$[-3]_{补}$=1111 1111 1111 1101 ，或$[-3]_{补}$=FFFDH。这叫符号扩展。对负数的符号扩展只需在前面补 1，对正数的符号扩展只需在前面补 0，符号扩展并没有改变数的大小，只是改变

了位数。读者可自行验证。

我们已经知道对负数用补码表示时，方法是对其正数取反加 1，即作求补运算。其实这个方法是根据补码定义得出的。下面给出证明。

补码定义：

（X≥0 时） $[X]_补$=符号+|X| ---（1）

（X<0 时） $[X]_补 = 2^n - |X|$ ---（2）

现在我们把（2）式进一步改写，

$[X]_补 = 2^n - |X| = (2^n - 1 - |X|) + 1$ ---（3）

请注意（3）式右边括号中的 $(2^n - 1 - |X|)$，就是对|X|取反码。再+1 就得到 $[X]_补$。由此可见，求负数的补码，方法是对其正数取反加 1。

现在我们把（3）式进一步改写，

$|X| = 2^n - [X]_补 = (2^n - 1 - [X]_补) + 1$ ---（4）

注意到上式右边的 $(2^n - 1 - [X]_补) + 1$，就是对 $[X]_补$ 再求补码，就得到|X|。由（3）式和（4）式说明了以下结论：

$[X]_补$ ⟸求补⟹ $[-X]_补$

例 1.13 依据补码定义写出以下各数的补码，以 8 位二进制表示。

$[-1]_补 = 2^8 - 1$ = 1 0000 0000−1= 1111 1111，直接由（2）式得到。

$[-127]_补 = 2^8 - 127 = (2^8 - 1 - 127) + 1$

=（1111 1111−0111 1111）+ 1

= 1000 0000 + 1

= 1000 0001

依据补码定义求一个数的补码表示，有些繁琐，用取反加 1 的规则更为简便。

例 1.14 识别以下各数的十进制值。

$[a]_补$=1111 1111，求补后为 0000 0001 = $[1]_补$，所以，$a=-1$

$[b]_补$=1000 0000，求补后为 1000 0000 = $[128]_补$，所以，$b=-128$

$[c]_补$=1000 0001，求补后为 0111 1111 = $[127]_补$，所以，$c=-127$

前面我们都是以 8 位二进制数讨论，8 位二进制数可以表示 2^8=256 个数，当它们是补码表示的数时，所能表示的数值的范围是 $-128 \leq N \leq +127$。

1.2.4 补码的加法和减法

计算机中主要是用补码表示数据，因此我们应关注补码的加法和减法。

补码的加法规则是：

$[X+Y]_补 = [X]_补 + [Y]_补$ ----（5）

补码的减法规则是：

$[X-Y]_补 = [X]_补 + [-Y]_补$ ----（6）

这个规则说明了用 2 个数的补码相加就可以完成 2 个数的加减法，得到的还是补码。

下面给出证明：

需明确 X>0，Y>0，先看（5）式，由补码定义可知，$[X+Y]_补 = X+Y = [X]_补 + [Y]_补$

（5）式得证。再看（6）式：

如果[X−Y]≥0，由补码定义可知，（6）式左边应有$[X-Y]_{补}=X-Y$，

而(6)式右边=X+（2^n−Y）=X−Y+2^n =X−Y

如果[X−Y]<0，（或者说 Y>X），

应有$[X-Y]_{补}=2^n-|X-Y|=2^n-(Y-X)=2^n-Y+X=[-Y]_{补}+[X]_{补}$

（6）式得证。

下面给出例子说明补码的加法运算。

例 1.15　8 位补码的加法运算。

十进制	二进制
25	0001 1001
+（−32）	+ 1110 0000
−7	1111 1001
32	0010 0000
+（−25）	+ 1110 0111
7	0000 0111
	1↙

从例中可以看出补码的加法很简便，不必考虑数的正负，符号位参与运算即可，计算结果都是正确的。从最高有效位向高位的进位由于机器字长的限制而自动丢弃，但结果依然正确。同时这个进位被保存到机器中的标志寄存器中，其作用以后再说明。

1.2.5　无符号数的表示

如果要处理的数全是正数，保留符号位就没有必要，我们可以把最高有效位也作为数值，这样的数就叫无符号数。用 8 位二进制来表示的无符号数的数值范围是 0≤N≤255，用 16 位二进制来表示的无符号数的数值范围是 0≤N≤65535。在计算机中最常见的无符号数是表示内存单元的地址。例如：1100 0010B=C2H=194D，而不再表示一个负数。

1.2.6　字符的表示

除了数值以外，人们有时还需要用计算机处理字符或字符串。例如，从键盘输入或打印输出信息都是以字符方式输入/输出的。字符包括：

字母：A，B，C，D……

数字：0，1，2，3……

专门符号：+，−，×，/，SP（space 空格）……

非打印字符：CR（carriage return 回车），LF（line feed 换行）……

这些字符必须采用二进制的编码方式，目前采用最常用的美国信息交换标准代码 ASCII（American Standard Code for Information Interchange）来表示。

这种代码用一个字节（8 位二进制码）来表示一个字符，其中低 7 位为字符的 ASCII 值，故能表示 128 个符号和代码，最高位一般用作检测校验位，见表 1-2。

为了能表示更多的符号，将 7 位 ASCII 码扩充到 8 位，就可以表示 256 个符号和代码，称为扩充的 ASCII 码。

表1-2　部分常用字符的7位ASCII码表（十六进制表示）

字符	ASCII码	字符	ASCII码	字符	ASCII码
NUL	00	A	41	a	61
BEL	07	B	42	b	62
LF	0A	C	43	c	63
FF	0C	D	44	d	64
CR	0D	E	45	e	65
SP	20	F	46	f	66
#	23	G	47	g	67
$	24	H	48	h	68
%	25	I	49	i	69
0	30	J	4A	J	6A
1	31	K	4B	K	6B
2	32	L	4C	L	6C
3	33	M	4D	m	6D
4	34	N	4E	N	6E
5	35	O	4F	O	6F
6	36	P	50	P	70
7	37	Q	51	Q	71
8	38	R	52	R	72
9	39	S	53	S	73
:	3A	T	54	T	74
;	3B	U	55	U	75
<	3C	V	56	V	76
=	3D	W	57	w	77
>	3E	X	58	X	78
?	3F	Y	59	Y	79
@	40	Z	5A	Z	7A

1.2.7 基本逻辑运算

四种基本逻辑运算见表1-3。

表1-3　四种基本逻辑运算

A	B	AND	OR	XOR	NOT A
0	0	0	0	0	1
0	1	0	1	1	1
1	0	0	1	1	0
1	1	1	1	0	0

（1）“与”运算（AND），又叫逻辑乘，可用符号·或∧来表示，只有当逻辑变量A、B都为1时，“与”运算的结果才为1。

（2）“或”运算（OR），又叫逻辑加，可用符号+或∨来表示，只要变量A、B其中有一个为

1 时，“或”运算的结果就为 1。

（3）“异或”运算（XOR），可用符号∀来表示，只有当变量 A、B 中仅一个为 1 时，“异或”运算的结果才为 1。

（4）“非”运算（NOT），对变量 A 取反，即如果 A=1，则 $\overline{A}$=0，反之亦然。

逻辑运算都是按位操作，例如，X=0011，Y=1011，均为二进制数，则有：

X（AND）Y=0011，X（OR）Y=1011，X（XOR）Y=1000，（NOT）X=1100

本章小结

本章介绍了汇编语言的组成，计算机中数和符号的表示方式，补码的加减运算和逻辑运算的规则，为后面章节的学习打下基础。

习题 1

1.1　什么是机器语言？什么是汇编语言？简述汇编语言的特点。

1.2　汇编程序与汇编源程序的区别是什么？

1.3　把下列十进制数转换为二进制数和十六进制数。

（1）67　　（2）34　　（3）254　　（4）123

1.4　把下列二进制数转换为十六进制数和十进制数。

（1）01101101　　（2）10110010　　（3）111111

1.5　作下列十六进制数的运算。

（1）5A+64　　（2）86-49　　（3）123-9A　　（4）43×2B

1.6　根据补码定义把下列十进制数表示为 8 位二进制补码。

（1）64　　（2）-24

第 2 章 计算机基本原理

汇编语言是面向机器的用符号表示的程序设计语言，所以使用汇编语言进行程序设计时，除了需要考虑求解问题的过程或者算法，安排数据在计算机内的存储格式，同时还要根据程序和算法的需要使用计算机内的资源。因此，作为一名汇编语言程序员，必须了解计算机的基本逻辑结构，了解有哪些可供使用的资源，以及如何使用。但无需了解其电子线路组成和电气特性。本章主要结合 80x86 系列微型计算机来介绍程序员需要掌握的计算机逻辑结构。

2.1 计算机系统组成

计算机的基本工作原理是存储程序和程序控制，该原理最初由匈牙利数学家冯·诺依曼于 1945 年提出，故称为冯·诺依曼原理。由冯·诺依曼原理构造的计算机又称为冯·诺依曼计算机，其体系结构称为冯·诺依曼结构。典型冯·诺依曼计算机结构如图 2-1 所示。主要由微处理器芯片构成的中央处理器（CPU）、存储器（memory）和输入/输出（I/O）子系统三大部分组成，用系统总线（bus）连接在一起。

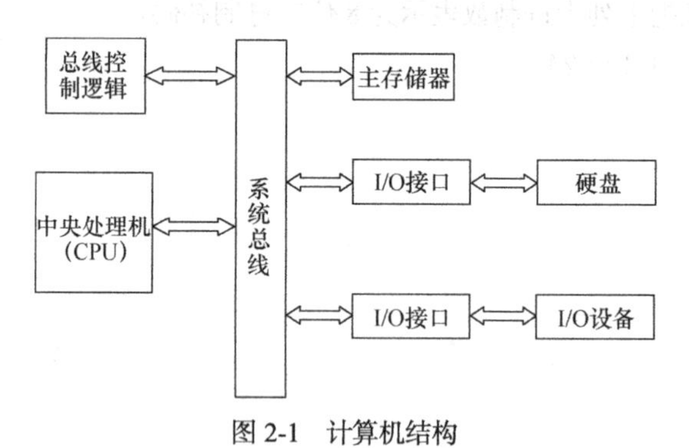

图 2-1　计算机结构

（1）中央处理器（CPU，Central Process Unit）或叫微处理器（MPU，Micro Process Unit），主要包括运算器和控制器。运算器执行指令，控制器负责计算机的控制，负责从主存储器取指令，对指令进行译码，发出访问主存储器或 I/O 设备接口的控制信号，完成程序的要求。显然，CPU 是计算机结构中最核心的部件，指令都是在这里执行的。

（2）存储器是计算机记忆部件，以二进制形式存放程序和数据。这里是指主存储器，简称主存，或叫内存储器，简称内存，记为 RAM。硬盘、光盘等大容量存储器称为外部存储器，简称外存。

（3）输入/输出（I/O）子系统包括大容量存储器（如硬盘）和其他外设，如显示器、键盘、打印机、鼠标等。

（4）系统总线连接 CPU、主存储器和 I/O 子系统三大部分，用以完成各部分的数据交换。系统总线包括数据总线、地址总线和控制总线。数据总线负责传送数据，地址总线负责指示主存地址或 I/O 接口地址，控制总线负责总线的动作，如时间、方向、状态。16 位微处理器数据总线的位数为 16 位（bit），表示一次可以并行传输和处理 16 位二进制数据。32 位微处理器数据总线的位数为 32 位（bit）。地址总线宽度的多少决定了可访问的内存容量的大小。部分机型的总线位数如表 2-1 所示。

表 2-1 部分机型的总线位数

CPU	处理器字长	数据总线位数	地址总线位数	最大寻址空间
8086	16	16	20	1MB
80386/86486	32	32	32	4GB
Pentium2/3/4	32	64	36	64GB

2.2 存储器

2.2.1 16 位结构的 CPU

8086 是 16 位结构的 CPU。16 位结构的 CPU 具有以下 4 方面的结构特征：

（1）数据总线为 16 位；

（2）运算器一次最多可以处理 16 位的数据；

（3）寄存器的最大宽度为 16 位；

（4）寄存器和运算器之间的通路为 16 位。

一般而言，16 位机、字长为 16 位与 16 位结构的含义是相同的，8086 是 16 位结构的 CPU，即表示在 8086 内部，能够一次性处理、传输、暂时存储的信息的最大长度是 16 位。内存单元的地址在送上地址总线之前，必须在 CPU 中处理、传输、暂时存储，对于 16 位 CPU 而言，能一次性处理、传输和暂时存储 16 位地址。

8086 寄存器最大宽度都是 16 位，寄存器是 CPU 内部用来进行信息存储的部件，2.3 节中将对寄存器进行更为详细的介绍。

2.2.2 存储器

1. 基本存储单元

计算机存储信息的最小单位是一个二进制位（bit），8 位二进制位组成一个字节（Byte），2 个字节（16 位）组成一个字（Word），2 个字（32 位）称为双字。80x86 微机的内存储器以字节为基本存储单位，或叫基本存储单元。也就是说，对内存的读写至少是一个字节。

2. 内存中字的存储

为了和之前的 8 位机相兼容，8086 CPU 可以一次性处理 8 位（1 个字节）和 16 位（2 个字节即 1 个字）两种尺寸的数据。内存是用来存放数据和指令的单元，这些内容均用二进制表示，通常每个单元可存放 8 位（1 个字节）二进制信息。

字节：记作 Byte，一个字节由 8 位（1 位也称为 1 个 bit）组成，可以存放在 8 位寄存器中。

字：记作 Word，一个字由两个字节组成，这两个字节分别称为这个字的高位字节和低位字节，如图 2-2 所示。

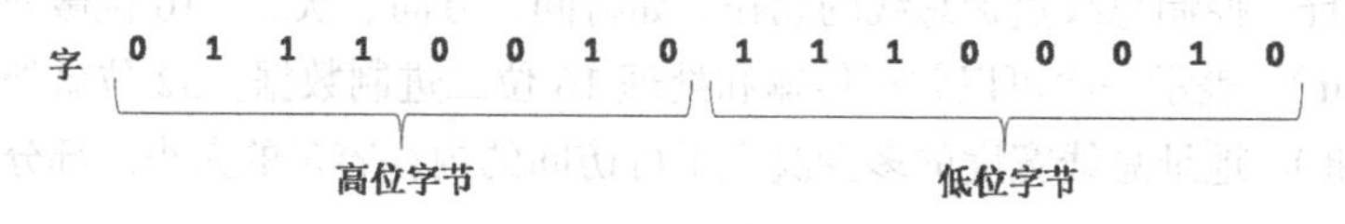

图 2-2　字和字节的对应关系

一个存储单元中存放的信息称为存储单元的内容，例如，在图 2-3 中，地址为 30003H 单元存放的内容为 E2H，记作：（30003H）=E2H。同理，（30002H）=72H。

物理地址	存储单元
30000H	B8
30001H	23
30002H	72
30003H	E2
……	……
31200H	8F
31201H	A2
31202H	34
31203H	12
……	……
3FFFFH	C9

图 2-3　字和字节在内存中的存储

当处理 16 位数据，要以字（Word）为单位进行表示，需要两个字节单元存放，并且规定：低字节数据存放于低地址单元，高字节数据存放于高地址单元。这样从 31200H 单元开始存放的字数据为 A28FH，从 31202H 单元开始存放的字数据为 1234H，分别记为：

（31200H）$_{字}$=A28FH

（31202H）$_{字}$=1234H

CPU 访问内存单元时，要给出内存单元的地址。每一个内存存储单元相当于一个房间，地址相当于房间号，用来表示内存单元，每一个内存单元都有唯一的地址。我们将这个唯一的地址称为物理地址。地址的编号从 0 开始，顺序加 1，地址也用二进制数，为书写方便，通常用十六进制格式表示，地址一般为无符号数。

8086 CPU 有 20 位地址总线，可以传送 20 位地址，即物理地址有 20 位。使用 20 位地址可以标定的内存单元有 1M，即寻址能力可达 1MB，可寻址范围为 00000H～FFFFFH。地址 00003H 相对于地址 00004H 的值要小，于是我们把地址值相对小的叫低地址，地址值相对大的叫高地址。

8086 CPU 又是 16 位结构，在内部一次性处理、传输、暂时存储的地址为 16 位。从 8086 CPU 的内部结构来看，如果将地址从内部简单发出，一次只能送出 16 位的地址，只能寻址 64KB 的空间。如何使用 16 位结构来实现 20 位的物理地址的传送和内存寻址？8086 CPU 采用的是在内部使用两个 16 位地址合成来形成一个 20 位物理地址的方法。

2.2.3 存储器分段

1. 分段的概念

8086 系统有 20 根地址线，可寻址 1MB 的存储空间，即对存储器寻址要 20 位的物理地址，而 8086 为 16 位机，CPU 内部寄存器只有 16 位，可寻址 64KB。为了解决使用 16 位结构实现 20 位地址的问题，8086 系统把整个存储空间分成许多逻辑段。这里需要说明的是，并不是内存被划分成一个一个的段，每个段有一个段地址，其实内存并没有分段，段的划分来自 CPU，由于 8086 CPU 用“段地址×16+偏移地址=物理地址”的方式给出内存单元的物理地址，使得我们可以用分段的方式来管理内存。每个段的大小为 64KB（偏移地址从 0000 到 FFFF），如图 2-4 所示。相同的内存区域，图 2-4 左图中 10000H～100FFH 的内存单元组成一个段，该段的起始地址为 10000H，有 100H 个存储单元，在图 2-4 右图中分为两个段，分别为 10000H～1007FH 和 10080H～100FFH。这两个段的起始地址为 10000H 和 10080H，大小都是 80H 个存储单元。

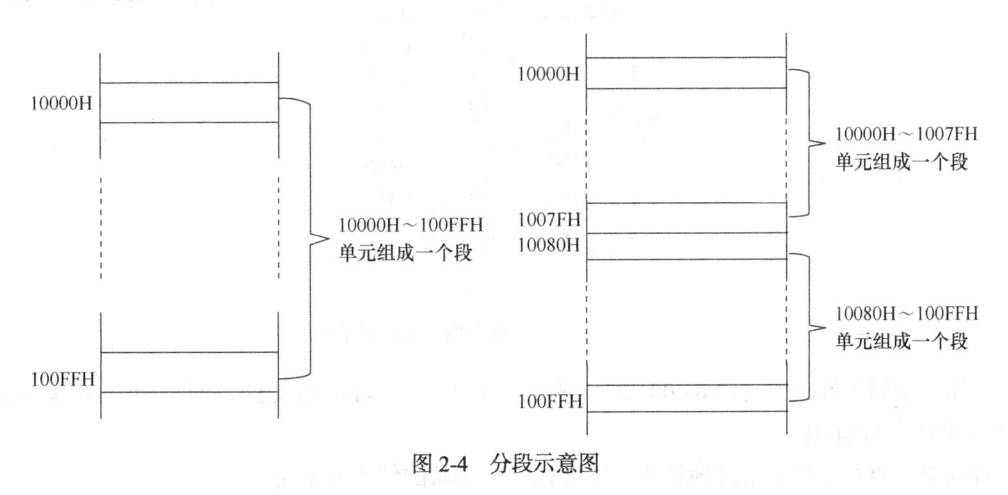

图 2-4 分段示意图

8086 系统对存储器的分段采用这种灵活的方法，允许各个逻辑段在整个存储空间中浮动，这样在程序设计的时候可以使得程序保持相对的完整性。

2. 段的类型

8086 汇编语言中把逻辑段分为 4 种类型，分别是代码段、数据段、附加段和堆栈段。数据和程序都是以二进制的形式保存在存储器中的，如果不加以区分，将无法获知读取的数据是数值还是指令。

存储器逻辑分段类型如下：

- 代码段——用于存放指令，代码段段基址存放在段寄存器 CS；
- 数据段——用于存放数据，数据段段基址存放在段寄存器 DS；
- 附加段——用于辅助存放数据，附加段段基址存放在段寄存器 ES；
- 堆栈段——是重要的数据结构，可用来保存数据、地址和系统参数，堆栈段段基址存放在段寄存器 SS。

存储器分段管理的方式符合模块化程序设计思想，程序员在编写程序时可以方便地将程序的各部分安排在不同的段中；这样，计算机就可以根据汇编语言源程序在汇编时得到的指令，到不同的存储区中取得所需的数据或指令了。

在编写汇编程序的时候，必须要有代码段，而数据段、堆栈段和附加段可以根据需要选择；

包括代码段在内每种类型的段在程序中可以有多个。在编写程序中采用的是逻辑地址形式。有关逻辑地址和寄存器等概念，将分别在2.2.3和2.3中进行介绍。

2.2.4 逻辑地址

逻辑地址是用户编程时使用的地址，分为段地址和偏移地址两部分。在8086汇编语言中，把内存地址空间划分为若干逻辑段，每段由一些存储单元构成。用段地址指出是那一段，偏移地址标明是该段中的哪个单元。段地址和偏移地址都是16位二进制数。由于段地址和偏移地址有多种组合，则有可能多种逻辑地址组织对应到同一物理单元上，因此存储单元的逻辑地址不是唯一的，如图2-5所示。

逻辑地址的形式：

段地址：偏移地址

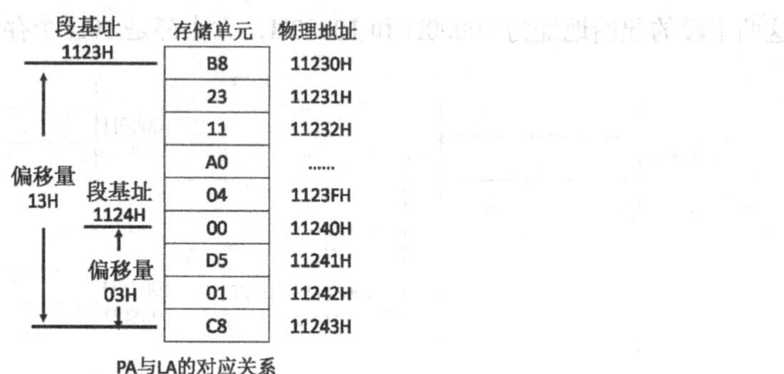

图2-5 物理地址与逻辑地址对应关系图

在图中逻辑地址A为1123H:0013H，逻辑地址B为1124H：0003H。这两个地址指向的是同一个物理地址11243H。

如何更加直观地理解物理地址呢？下面以一个形象的例子来说明。

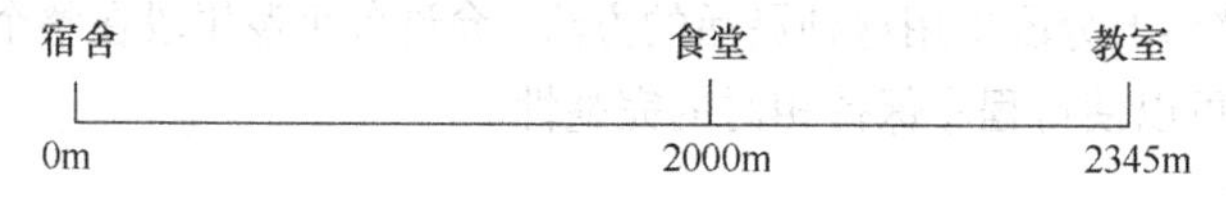

图2-6 学校、食堂和教室位置关系图

在生活中我们如何描述从宿舍到教室的距离呢，如图2-6所示。常用的描述方法有两种：1）从宿舍走2345m到图书馆。这种描述方法中2345m可以看成是去教室的物理地址；2）从宿舍先走2000m到食堂，然后以食堂作为起点再走345m。这种描述方法中第一个距离2000m是相对于起点的基础地址（段基础地址，简称段基址；也可直接称段地址），第二个距离345m是相对于基础地址的偏移地址（以基础地址为起点的地址）。

第一种方式是直接给出了物理地址2345m，而第二种方式是用基础地址和偏移地址相加来得到物理地址的。

如果我们在此问题上再加一些限制条件，比如只能通过纸条来相互通信，告知你从宿舍去教室的距离，那么显然可以将地址写在一张可容纳4位数据的纸条上，如图2-7所示。

如果限定没有可容纳4位数据的纸条，只有两张可容纳3位数据的纸条，教室的地址可以通过下面的方式获得，如图2-8所示。

图 2-7　可以容纳 4 位数据的纸条　　　图 2-8　可以容纳 3 位数据的纸条

在第一张纸上写上 200（段地址），在第二张纸上写上 345。假设事先有过约定，得到两个地址后进行这样的运算，200（段地址）×10（十进制，向左移动一位）+345（偏移地址）=2345（物理地址），得到的地址 2345 就是从宿舍到教室的距离。

8086 CPU 内部寄存器只有 16 位，无法存放 20 位的地址，就好比上面的列子中 3 位的纸条写不下 4 位的地址一样。只不过 8086 CPU 存放的数据是二进制数，相差 4 位数据，因此在进行计算时，所用公式为：段地址×16（二进制，向左移动四位）+偏移地址=物理地址。其内在的原理是一样的。

例 2.1　段基址为 1896H，偏移地址为 1655H。其物理地址为多少？

18960H+1655H=19FB5H

例 2.2　段基址与内存分段情况如图 2-9 所示，观察各个段的大小与分布，判断其地址范围标出每个段首地址和末地址。

从图 2-9 中看出如下内容。

- 代码段有 64KB，其地址范围在 210E0H～310DFH，已经达到段的最大范围。
- 附加段只有 2KB，其地址范围为 34500H～34CFFH。
- 数据段为 16KB，其地址范围为 34D00H～38CFFH。可知数据段紧接着附加段的最后单元存放，而不必在附加段的 64KB 最大区域之外设置其他段。此方式也称为段重叠，可充分利用现有的存储空间。
- 堆栈段的空间最小，只有 512 个字节单元，它的地址范围是 84180H～8437FH。

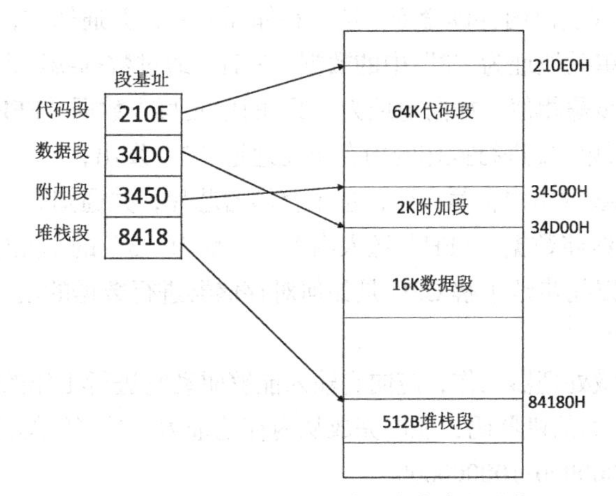

图 2-9　给定段基址和段大小的内存分段示意图

2.2.5　CPU 对内存的读写操作

CPU 要从内存中读数据，首先要指定存储单元的地址。也就是说它要先确定读取哪一个单元中的数据。另外，在一台微机中，不只是有存储器这一种器件。CPU 在读写数据时还要指明，它要对哪一个器件进行操作，进行哪种操作，是从中读出数据，还是向里面写入数据。

通过上面的分析可以得到，CPU要想进行数据的读写，必须和外部器件（芯片）进行下面3类的信息交互。

（1）存储单元的地址（地址信息）；

（2）器件的选择，读或写命令（控制信息）；

（3）读或写的数据（数据信息）。

CPU通过专门的导线将地址、数据和控制信息传送到存储器芯片中，这种导线在计算机中通常称为"总线"。总线从物理上来讲，就是一根根导线的集合。根据传送信息的不同，总线从逻辑上又分为3类，分别是地址总线、控制总线和数据总线。

CPU从地址为3的内存单元中读取数据的过程如图2-10所示。

CPU

地址总线

发送内存单元地址"3"

数据总线

从编号为3的内存单元取数据"32H"

控制总线

发送读内存命令

内存单元	内存地址
34	1
12	2
32	3
4B	4
C2	5
5A	6
31	7
23	8
7E	9
6D	10

图2-10　CPU读内存数据的过程

（1）CPU通过地址线将要进行操作的内存单元地址"3"发出；

（2）CPU通过控制线发出内存读命令，选中存储器芯片，并通知它，将要从中读取数据；

（3）存储器将内存单元地址为"3"中的数据"32H"通过数据线送入CPU。

写操作与读操作的步骤相似，如向地址为"3"的单元写入数据"FFH"。

（1）CPU通过地址线将要进行操作的内存单元地址"3"发出；

（2）CPU通过控制线发出内存写命令，选中存储器芯片，并通知它，要向其中写入数据；

（3）CPU通过数据线将数据"FFH"送入内存的地址为"3"的单元中。

从上面的分析中可以初步地了解CPU是如何对存储器进行数据的读写的。那么，如何命令计算机进行数据的读写呢？

要让一个计算机或微处理器工作，应向它输入能够驱动它进行工作的电平信息（即机器码）。

对于8086 CPU，下面的机器码，能够完成从内存地址为"3"的单元读数据。

机器码：101000010000001100000000

含义：从内存地址为"3"的单元读取数据送入寄存器AX

CPU接收到这条机器码后将完成上面所述的读写工作。

机器码是01串，难以记忆和书写，用汇编指令来表示，情况如下。

机器码：10100001 00000011 00000000

对应的汇编指令：Mov AX, [3]

含义：从内存地址为“3”的单元读取数据送入寄存器 AX

2.3　中央处理器（CPU）中的寄存器

2.3.1　寄存器介绍

一个典型的 CPU 由运算器、控制器、寄存器等器件构成，寄存器相当于运算器中的高速存储单元，放置当前参与运算的操作数地址、数据、中间结果、处理机状态等。

作为汇编语言程序员，实际上是通过对寄存器的操作来实现对 CPU 的操作。也就是说这些寄存器是可编程的，因此我们只对寄存器感兴趣。

不同的 CPU，其寄存器的个数、结构是不相同的。8086 CPU 有 14 个寄存器，每个寄存器有一个名称。按照使用类别进行划分，80x86 CPU 中的寄存器可以分为通用寄存器、段寄存器和专用寄存器三类。80x86 的寄存器组如图 2-11 所示。

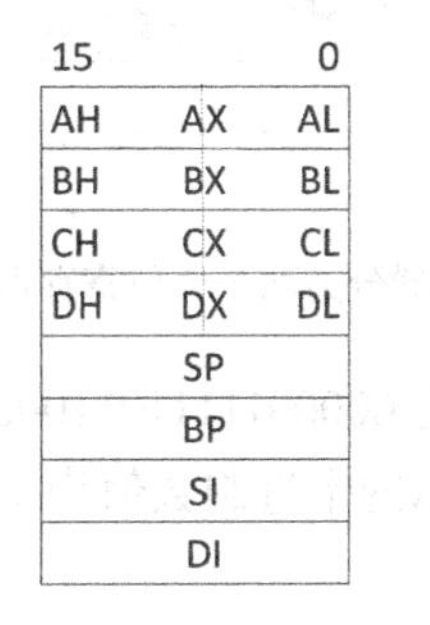

图 2-11　80x86 的寄存器组

1. 通用数据寄存器

8086 CPU 的所有寄存器都是 16 位的，可以存放两个字节。AX、BX、CX、DX 这 4 个寄存器通常用来存放一般性的数据，有时候也可以存放地址，被称为通用数据寄存器。

① AX：累加器，运算时较多使用这个寄存器，有些指令规定必须使用它。

② BX：基址寄存器，除了存放数据，它经常用来存放一段内存的起始偏移地址。

③ CX：计数寄存器，除了存放数据，它经常用来存放重复操作的次数。

④ DX：数据寄存器，除了存放数据，它有时存放 32 位数据的高 16 位。

一个 16 位寄存器可以存储一个 16 位的数据。以 AX 为例，寄存器的逻辑结构如图 2-12 所示。

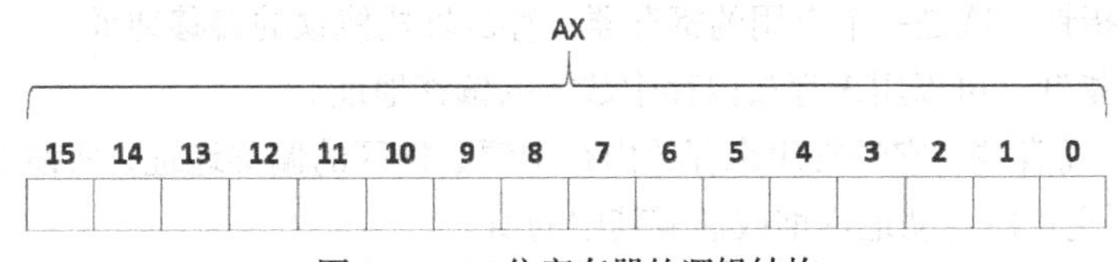

图 2-12　16 位寄存器的逻辑结构

一个字存放在 16 位的寄存器中，这个字的高位字节和低位字节自然就存在这个寄存器的高 8 位和低 8 位中。

数据：83

二进制表达：1010011

该数据在寄存器 AX 中的存放情况如图 2-13 所示。

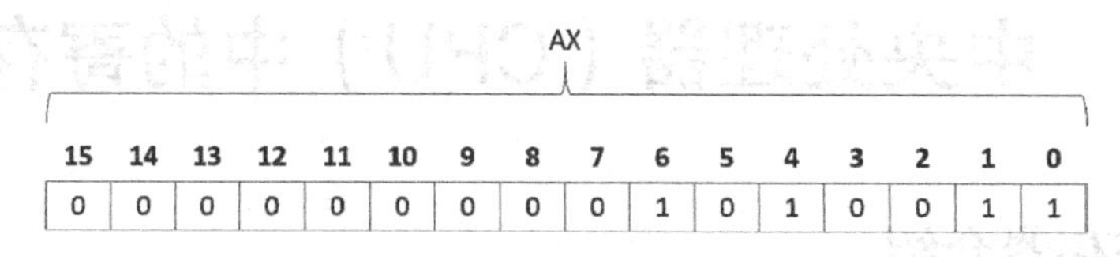

图 2-13　16 位数据在寄存器中的存放情况

8086 CPU 的上一代 CPU 中的寄存器都是 8 位的，为了保证兼容，使原来基于上代 CPU 编写的程序稍加修改就可以运行在 8086 之上，8086 CPU 的 AX、BX、CX、DX 这 4 个寄存器都可以分成两个可独立的 8 位寄存器来用，分别命名为：AH，AL，BH，BL，CH，CL，DH，DL。以 AX 为例，8086 CPU 的 16 位寄存器分为两个 8 位寄存器的情况如图 2-14 所示。

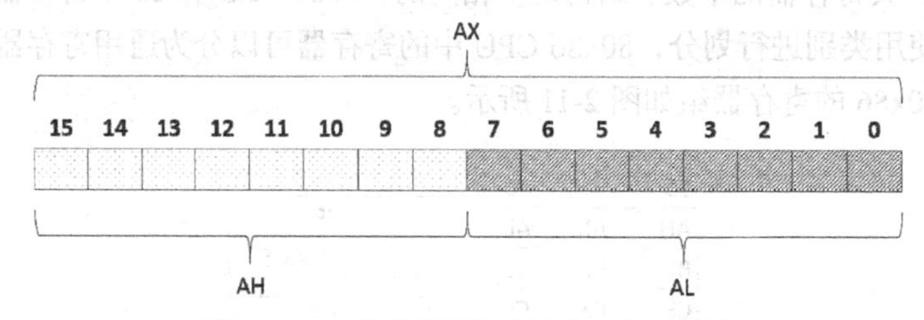

图 2-14　16 位寄存器分为两个 8 位寄存器

在图 2-15 中，16 位寄存器 AX 中存放数据为 0000011111011000，所表示的十进制数值为 2008；8 位寄存器 AH 中存放数据为 00000111，所表示的十进制数值为 7；8 位寄存器 AL 中存放数据为 11011000，所表示的十进制数值为 216。

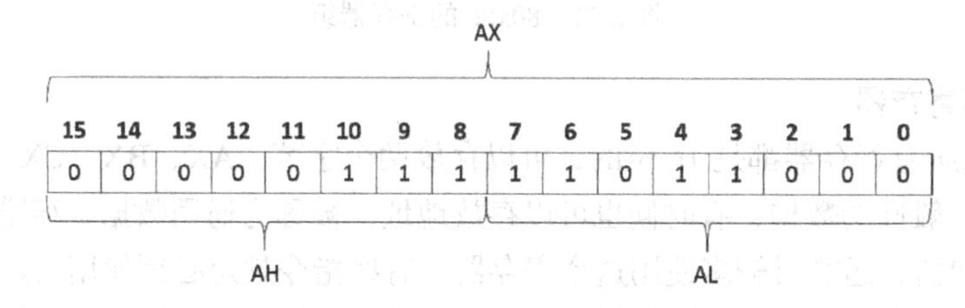

图 2-15　16 位寄存器以及 8 位寄存器的数据存放情况

2. 地址寄存器

16 位的 8086 处理器有 4 个 16 位的通用地址寄存器。它们的主要作用是存放数据的所在偏移地址，也可以存放数据。这 4 个寄存器不能再拆分使用。

① SP：堆栈指针，这是一个专用的寄存器，存放堆栈栈顶的偏移地址。

② BP：基址指针，可以用来存放内存中数据的偏移地址。

③ SI：源变址寄存器，它经常用来存放内存中源数据区的偏移地址，所谓变址寄存器，是指在某些指令作用下它可以自动地递增或递减其中的值。

④ DI：目的变址寄存器，它经常用来存放内存中目的数据区的偏移地址，并在某些指令作用下可以自动地递增或递减其中的值。

3. 段寄存器

16 位 80x86 处理器有 4 个 16 位的段寄存器，分别命名为 CS，SS，DS，ES。它们用来存放

4 个段的段基址。

① CS：代码段寄存器，用来存放当前正在执行的程序段的段基址。

② SS：堆栈段寄存器，用来存放堆栈段的段基址。

③ DS：数据段寄存器，用来存放数据段的段基址。

④ ES：附加段寄存器，用来存放另一个数据段的段基址。

32 位 80x86 处理器仍然使用 16 位的段寄存器，但是它们存储的内容发生了变化。此外，32 位 80x86 处理器还增加了两个段寄存器 FS 和 GS，它们的作用与 ES 类似。

4. 指令指针寄存器

IP：指令指针寄存器，存放即将执行指令的偏移地址。

5. 标志寄存器

FLAGS：存放 CPU 的两类标志。

状态标志：反映处理器当前的状态，如有无溢出、有无进位等。状态标志有 6 个：CF、PF、AF、ZF、SF 和 OF。

控制标志：用来控制 CPU 的工作方式，如是否响应可屏蔽中断等。控制标志有 3 个：TF、IF 和 DF。

在汇编环境中进行标志位状态查看，标志位的情况是用两位符号进行描述的，如图 2-16 所示。具体见表 2-2。

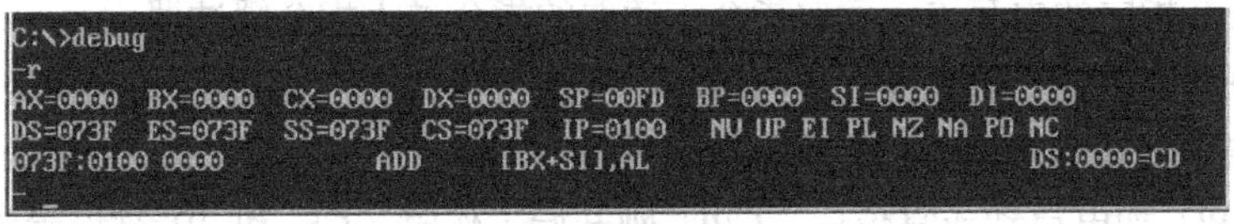

```
C:\>debug
-r
AX=0000  BX=0000  CX=0000  DX=0000  SP=00FD  BP=0000  SI=0000  DI=0000
DS=073F  ES=073F  SS=073F  CS=073F  IP=0100   NV UP EI PL NZ NA PO NC
073F:0100 0000          ADD     [BX+SI],AL                         DS:0000=CD
-_
```

图 2-16　标注位的描述

表 2-2　标志位的符号说明

标志名	标志为 1	标志为 0
OF　溢出（是/否）	OV	NV
DF　方向（减/增）	DN	UP
IF　中断（允许/不允许）	EI	DI
SF　符号（负/正）	NG	PL
ZF　零（是/否）	ZR	NZ
AF　辅助进位（有/无）	AC	NA
PF　奇偶（偶/奇）	PE	PO
CF　进位（有/无）	CY	NC

各标志位的含义如下。

① OF：溢出标志。OF=1 表示两个有符号数的运算结果超出了可以表示的范围，结果是错误的；OF=0 表示没有溢出，结果正确。进行无符号数运算时也会产生新的 OF 标志（CPU 不知道处理对象是否为有符号数），此时程序员可以不关心 OF 标志。

② DF：方向标志。DF=0 时，每次执行字符串指令后，源或目的地址指针用加法自动修改地址；DF=1 时用减法来修改地址。它用来控制地址的变化方向。

③ IF：中断允许标志。IF=1 表示允许处理器响应可屏蔽中断请求信号，称为开中断，IF=0 表示不允许处理器响应可屏蔽中断请求信号，称为关中断。

④ SF：符号标志。SF=1 表示运算结果的最高位为“1”。对于有符号数，在溢出标志 OF=0 时，SF=1 表示运算结果为负，SF=0 表示运算结果非负（正或零）。OF=1 时，由于结果是错误的，所以符号位也和正确值相反。例如，两个负数相加产生溢出，此时 SF=0。对于无符号数运算，SF 无意义（但是可以看出结果的大小规模）。

⑤ ZF：零标志。ZF=1 表示运算结果为零，减法运算后结果为零意味着两个参加运算的数大小相等；ZF=0，表示运算结果非零。

⑥ AF：辅助进位标志。在进行字操作时，低字节向高字节进位时，AF=1，否则为 0。一般用于两个 BCD 数运算后调整结果用，对其他数的运算没有意义。

⑦ PF：奇偶标志。PF=1 表示运算结果的低 8 位中有偶数个“1”；PF=0 表示有奇数个“1”。它可以用来进行奇偶校验。

⑧ CF：进位/借位标志。CF=1 表示两个无符号数的加法运算有进位，或者是减法运算有借位，需要对它们的高位进行补充处理；CF=0 表示没有产生进位或借位。同样，进行有符号数运算时也会产生新的 CF 标志，此时程序员可以不关心 CF 标志。

状态标志在每次运算后自动产生，控制标志的值则由指令设置。

2.3.2 CS 和 IP

通过上面的过程展示，8086 CPU 的工作过程可以简要描述如下。

（1）从 CS:IP 指向的内存单元读取指令，读取的指令进入指令缓冲器；

（2）IP=IP+所读取指令的长度，从而指向下一条指令；

（3）执行指令，转到步骤（1），重复这个过程。

在 8086 CPU 加电启动或复位后，CPU 刚开始工作时，CS 和 IP 被设置为 CS=FFFFH，IP=0000H，即在 8086 PC 机刚启动时，CPU 从内存 FFFF0H 单元中读取指令执行，FFFF0H 单元中的指令是 8086 PC 机开机后执行的第一条指令。

CS 和 IP 的内容提供了 CPU 要执行指令的地址。

在内存中，指令和数据都是以二进制的形式存放的，CPU 在工作的时候把有的信息看作指令，有的信息看作数据。CPU 根据什么将内存中的信息看作指令呢？CPU 将 CS：IP 指向的内存单元中的内存看作指令，因为，在任何时候，CPU 将 CS、IP 中的内容当作指令的段地址和偏移地址，用它们合成指令的物理地址，到内存中读取指令码，然后执行。如果说，内存中的一段信息曾被 CPU 执行过的话，那么它所在的内存单元必然被 CS:IP 指向过。

2.3.3 堆栈

堆栈的概念和货栈的概念很相似，存放货物时要从底部往上叠放，而在取货时，应该从最上部的货物拿起，一个一个拿，最底下的货物最后一个拿走。堆栈区就是这样一个特殊的存储区，它的末单元称为栈底，数据先从栈底开始存放，最后存入的数据所在单元称为栈顶。当堆栈区为空时，栈顶和栈底是重合的。数据在堆栈区存放时，必须以字存入，每次存入一个字，后存入的数据依次放入栈的低地址单元中。栈指针 SP 每次减 2，由栈指针 SP 指出当前栈顶的位置，数据存取时采用后进先出的方式，如图 2-17 所示。

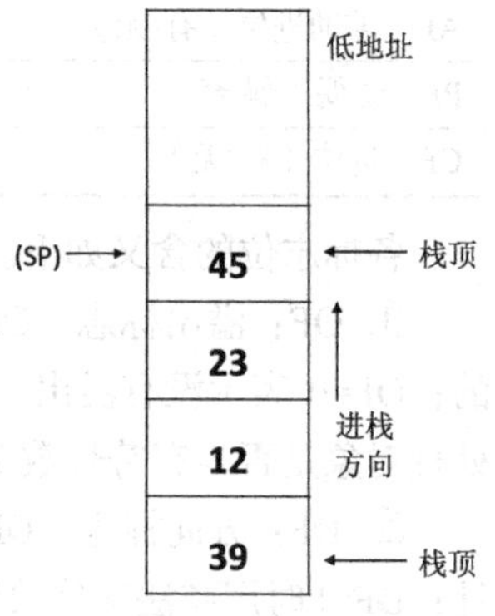

图 2-17 堆栈区示意图

堆栈是一个非常有用的概念，堆栈区常常用于保存调用的程序的返回地址以及现场参数，也可以作为一种临时的数据存储区。

2.4　外部设备和接口

外部设备是计算机系统不可缺少的重要组成部分。通过输入设备把程序和数据输入计算机主机（CPU 和内存），通过输出设备把结果输出给用户或保存起来。外部设备也称做输入/输出设备或 I/O 设备。外部设备大多由机械、电子、光学器件构成，使用的信号电平或信号格式和主机有所差异，相对于高速的主机，它们的工作速度较慢，因此，为方便管理和使用外部设备，系统通过输入/输出接口（Input/Output Interface）和主机连接。

接口由电子器件组成，它一方面连接外部设备，另一方面通过总线与主机相连。接口内有若干寄存器，用于在 CPU 与外部设备之间传递信息。和内存的存储单元类似，系统对外设接口中的寄存器进行统一编号，给每个寄存器规定一个端口（Port）号。CPU 可以通过端口地址来区分和访问不同的外设。根据不同用途，接口中的寄存器（端口）分为以下 3 类。

（1）数据端口，用来存放要在外设和主机间传送的数据。实际上起数据缓冲作用。数据端口的传送方向可以是输入，也可以是输出。

（2）控制端口，传递 CPU 对外部设备的控制信号。该信号由 CPU 发出，传递到接口内的控制端口，然后发送到外部设备。例如启动磁盘工作。控制端口的传送方向对于 CPU 而言总是输出。

（3）状态端口，用来协调外设与主机的同步。外设的工作状态在状态端口那里得到反映，CPU 需要了解这个外设状态时，可以通过读状态端口，得到外设的状态，从而确定下一步的操作。例如某设备还没有准备好接收数据，你就不能向它发送数据。状态端口的传送方向对于 CPU 而言总是输入。

CPU 与 I/O 接口中端口的信息传输也都是通过数据总线进行的。

2.5　32 位 80x86CPU 的工作模式

为保持兼容性，32 位 80x86CPU 引入三种工作模式：实模式、保护模式、虚拟 8086 模式。

1. 实模式

实模式的特点就是为了兼容 16 位机的特点，内存寻址为 0～0FFFFFH 的 1MB 空间，20 位的物理地址由 16 位的段地址和 16 位的偏移地址组成，CPU 地址线也只能低 20 位线有效。可以使用 32 位寄存器和 32 位操作数。MS DOS 只能在实模式下运行。

2. 保护模式

保护模式是 32 位 80x86CPU 主要工作模式，其特点是全部地址线参于寻址。程序访问内存使用的是逻辑地址（或称为虚拟地址）。该虚拟地址由 16 位的段选择符和 32 位偏移地址得到，16 位的段选择符存放在段寄存器中，应用程序不得修改，由操作系统决定。而实际上的物理地址是用 16 位的段选择符所对应的 32 位段基址和 32 位偏移地址组成。32 位偏移地址使得每段的长度为 2^{32}=4GB，由于采用虚拟地址，使各程序之间有严格的内存保护和隔离，支持了多任务的运行。Windows 系统及应用程序在保护模式下运行。

3. 虚拟 8086 模式

虚拟 8086 模式就是生成多个虚拟的 8086CPU，以便运行实模式下的 8086 程序。也支持内存保护和隔离，可同时运行多个程序。

Windows 下在打开的 DOS 窗口运行一个 DOS 应用程序，则该程序运行在虚拟 8086 模式。这就是我们常用的运行模式。

习题 2

2.1 简述计算机系统组成。

2.2 简述 16 位机的各类寄存器的主要作用。

2.3 写出每条汇编指令执行后相关寄存器的值。

Mov ax,1345H ax=________

Mov ah,24H ax=________

Mov al 45H ax=________

Mov bx,3412H bx=________

Mov al,bh ax=________

Mov ah,bl ax=________

2.4 实模式下，写出段地址和偏移地址为 1234:2002、1430:0042、FF00:0FFF 的物理地址。

2.5 下列各数均为十进制数，请采用 8 位二进制补码运算，并回答标志寄存器 FLAGS 中 CF 和 OF 的值，运算结果所代表的十进制数是多少？如果用 16 位二进制补码运算，其结果所代表的十进制数是多少？FLAGS 中 CF 和 OF 的值呢？

（1）85+69 （2）85+（-69） （3）85-（-69） （4）85-（69）

2.6 给定段地址为 0001H，仅通过变化偏移地址寻址，CPU 的寻址范围从______到______。

2.7 有一数据存放在内存 20000H 单元中，现给定段地址为 SA，若想用偏移地址寻到此单元，则 SA 应满足的条件是：最小为____________，最大为__________。

2.8 已知 8086 系统某存储单元物理地址为：52506H，你认为段基址的最大值、最小值分别是多少？8086 微机最多可以有多少个不同的段基址？

2.9 从物理地址为 00100H 开始到 00103H 单元中顺序存放的数据为：12H、34H、56H，78H。请画出数据存放示意图，并回答以下问题：

（1）写出地址 00101H 字节单元的内容；

（2）写出地址 00102H 字节单元的内容。

实验 1 用 Debug 命令查看寄存器和内存中的内容

实验目的：要求掌握使用 Debug 命令查看寄存器和内存的方法。

实验内容：（1）掌握安装使用汇编语言编译运行环境。

（2）使用 Debug 命令查看寄存器的值。

（3）使用 Debug 命令查看内存的内容。

Debug 是 DOS、Windows 都提供的实模式（8086 方式）程序的调试工具。使用它，可以查看 CPU 各种寄存器中的内容、内存的情况和机器码级跟踪程序的运行。

在本次实验中，需要用到的 Debug 命令及其相关的功能有：

（1）用 Debug 的 R 命令查看、改变 CPU 寄存器的内容；

（2）用 Debug 的 D 命令查看内存中的内容；

（3）用 Debug 的 E 命令改写内存中的内容。

进入 Debug。Debug 是在 DOS 方式下使用的程序，在进入 Debug 前，应先进入 DOS 方式。在 Windows 环境下选择【开始】菜单中的【运行】命令，如图 2-18 所示。在【运行】对话框中"打开（O）:"后面的文本框中输入"command"（也可以输入简写"cmd"）后，单击【确定】按钮，进入 DOS 方式。

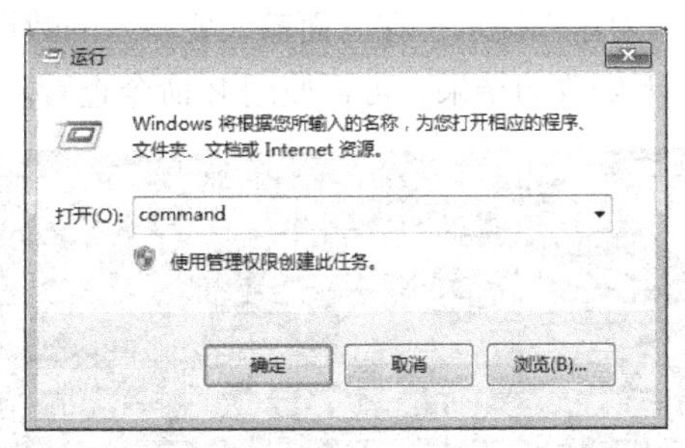

图 2-18 运行对话框中输入"command"

进入 DOS 方式后，如果显示为窗口方式，可以按下 Alt+Enter 组合键将窗口变为全屏方式，然后运行 Debug 程序，如图 2-19 所示，这个程序在不同的 Windows 系统中所在的路径不尽相同，在 Windows 7 版本中通常在 C:\Windows\System32 下，由于系统指定了搜索路径，所以在任何一个路径中都可以运行。

图 2-19 运动 Debug 程序示意图

【1】用 R 命令查看、改变 CPU 寄存器的内容。

使用 R 命令可以查看所有寄存器的值，如图 2-20 所示。

图 2-20 使用 R 命令查看 CPU 中各个寄存器中的内容

注意 CS 和 IP 的值，图 2-20 中 CS=13A1，IP=0100，也就是说，内存 13A1:0100 处的指令为 CPU 当前要读取、执行的指令。在所有寄存器的下方，Debug 还列出了 CS:IP 所指向的内存单元处所存放的机器码，并将它翻译为汇编指令。可以看出，CS:IP 所指向的内存单元为 13A1:0100，此处存放的机器码为 027548，对应的汇编指令为 ADD DH, [DI+48]。

Debug 输出的右下角还有一条指令："DS：0048=00"，表示的是在"ADD DH, [DI+48]"中需要用到的存储单元“DS：0048”的值为“00”。

还可以用 R 命令来改变寄存器中的内容，如图 2-21 所示。

```
-r
AX=0000  BX=0000  CX=0000  DX=0000  SP=FFEE  BP=0000  SI=0000  DI=0000
DS=13A1  ES=13A1  SS=13A1  CS=13A1  IP=0100   NV UP EI PL NZ NA PO NC
13A1:0100 027548        ADD     DH,[DI+48]                         DS:0048=00
-r ax
AX 0000
:1234
-r
AX=1234  BX=0000  CX=0000  DX=0000  SP=FFEE  BP=0000  SI=0000  DI=0000
DS=13A1  ES=13A1  SS=13A1  CS=13A1  IP=0100   NV UP EI PL NZ NA PO NC
13A1:0100 027548        ADD     DH,[DI+48]                         DS:0048=00
```

图 2-21　用 R 命令修改寄存器 AX 中的内容

若要修改一个寄存器中的值，比如 AX 中的值，可用 R 命令后加寄存器名来进行，输入“r ax”后按 Enter 键，将出现“:”作为输入提示，在后面输入要写入的数据后按 Enter 键，即完成了对 AX 中内容的修改。若想看一下修改的结果，可再使用 R 命令查看。

```
-r
AX=1234  BX=0000  CX=0000  DX=0000  SP=FFEE  BP=0000  SI=0000  DI=0000
DS=13A1  ES=13A1  SS=13A1  CS=13A1  IP=0100   NV UP EI PL NZ NA PO NC
13A1:0100 027548        ADD     DH,[DI+48]                         DS:0048=00
-r ip
IP 0100
:200
-r
AX=1234  BX=0000  CX=0000  DX=0000  SP=FFEE  BP=0000  SI=0000  DI=0000
DS=13A1  ES=13A1  SS=13A1  CS=13A1  IP=0200   NV UP EI PL NZ NA PO NC
13A1:0200 5B            POP     BX
-r cs
CS 13A1
:ff00
-r
AX=1234  BX=0000  CX=0000  DX=0000  SP=FFEE  BP=0000  SI=0000  DI=0000
DS=13A1  ES=13A1  SS=13A1  CS=FF00  IP=0200   NV UP EI PL NZ NA PO NC
FF00:0200 51            PUSH    CX
```

图 2-22　用 R 命令修改 CS 和 IP 中的内容

在图 2-22 中，一进入 Debug，用 R 命令查看，CS:IP 指向 13A1:0100，此处存放的机器码为 027548，对应的汇编指令为“ADD DH, [DI+48]”；

接着，用 R 命令将 IP 的值修改为 0200，则 CS:IP 指向 13A1:0200，此处存放的机器码为 5B，对应的汇编指令是“POP BX”；

再接着，用 R 命令将 CS 的值修改为 FF00，则 CS:IP 指向 FF00:0200，此处存放的机器码为 51，对应的汇编指令是“PUSH CX”

【2】用 Debug 的 D 命令查看内存中的内容。

用 Debug 的 D 命令，可以查看内存中的内容，D 命令的格式较多，这里只介绍在本次实验中用到的格式。

如果我们想要知道内存 1000H 处的内容，可以用“d 段地址：偏移地址”的格式来查看，如图 2-23 所示。

```
-d 1000:0
1000:0000  72 64 73 20 63 6D 6D 3A-C7 74 DA AA FE 06 B0 56   rds cmm:.t.....V
1000:0010  EB F0 B9 02 00 83 FD 00-74 02 B1 04 53 E8 4B E7   ........t...S.K.
1000:0020  5B 73 03 E9 F2 FB 8B C2-83 FD 00 74 07 AB FE 06   [s.........t....
1000:0030  B0 56 EB 01 AA FE 06 B0-56 EB AA 8B 2E 81 56 E8   .V......V.....V.
1000:0040  D4 E7 89 16 7F 56 A3 81-56 E9 DF F5 8B 2E 1F 4A   .....V..V......J
1000:0050  BF 83 56 8B 0E 34 4A D1-E9 D1 E9 E8 C1 E5 89 16   ..V..4J.........
1000:0060  83 56 A3 85 56 89 0E 87-56 E8 5B 00 E8 30 E4 F7   .V..V...V.[..0..
1000:0070  06 87 56 FF FF 75 F2 C3-1E 56 C5 36 83 56 8A 44   ..V..u...V.6.V.D
-
```

图 2-23　用 D 查看内存 10000H 处的内容

要查看内存 10000H 处的内容，首先将这个地址表示为“段地址：偏移地址”的格式，可以是 1000:0，然后用“d 1000:0”列出 1000:0 处的内容。

使用“d 段地址：偏移地址”的格式，Debug 将列出从指定内存单元开始的 128 个内存单元的内容，图 2-23 中，在使用 d 1000:0 后，Debug 列出了 1000:0～1000:7F 中的内容。

使用 D 命令，Debug 将输出三部分的内容（三列），如图 2-23 所示。

- 最左侧是每行的起始地址以逻辑地址的形式给出。
- 中间是从指定地址开始的 128 个内存单元的内容，用十六进制的格式输出，每行的输出从 16 的整数倍的地址开始，最多输出 16 个单元的内容。从图中可知，内存 1000:0 单元中的内容是 72H，内存 1000:1 单元中的内容是 64H，内存 1000:0～1000:F 中的内存都在第一行；内存 1000:10 中的内容是 EBH，内存 1000:11 处的内容是 F0H，内存 1000:10～1000:1F 中的内容都在第二行。注意在每行的中间都有一个“-”，它将每行的输出分为两部分，这样便于查看。比如，要想从图中找出 1000:6B 单元中内容，可以从 1000:60 找到行，“-”前面是 1000:60～1000:67 的 8 个单元，后面是 1000:68～1000:6F 的 8 个单元，这样我们就可以从 1000:68 单元的后数 3 个单元，找到 1000:6B 单元，可以看到，1000:6B 中的内容是 00H。
- 右边是每个内存单元中的数据对应的可显示的 ASCII 码字符。比如，内存单元 1000:0、1000:1、1000:2 中存放的数据是 72H、64H、73H，它对应的 ASCII 字符分别是“r”“d”“s”；内存单元 1000:07 中的数据是 3AH，它没有对应可显示的 ASCII 字符，Debug 就用“.”来代替。

注意，内存中的内容，在不同的计算机中是不一样的，也可能每次用 Debug 看到的内容都不相同，因为使用 Debug 看到的都是原来就在内存中的内容，这些内容因为系统环境的变化会发生变化，当然，也可以使用 Debug 命令来改变内存、寄存器中的内容。

在一进入 Debug 后，用 D 命令直接查看，将列出 Debug 预设的地址处的内容，如图 2-24 所示。

```
C:\>debug
-d
13A1:0100  00 00 00 00 00 00 00 00-00 00 00 00 00 00 00 00   ................
13A1:0110  00 00 00 00 00 00 00 00-00 00 00 00 34 00 90 13   ............4...
13A1:0120  00 00 00 00 00 00 00 00-00 00 00 00 00 00 00 00   ................
13A1:0130  00 00 00 00 00 00 00 00-00 00 00 00 00 00 00 00   ................
13A1:0140  00 00 00 00 00 00 00 00-00 00 00 00 00 00 00 00   ................
13A1:0150  00 00 00 00 00 00 00 00-00 00 00 00 00 00 00 00   ................
13A1:0160  00 00 00 00 00 00 00 00-00 00 00 00 00 00 00 00   ................
13A1:0170  00 00 00 00 00 00 00 00-00 00 00 00 00 00 00 00   ................
-
```

图 2-24 列出 Debug 预设的地址处的内容

接着使用 D 命令，可列出后续的内容。

也可以指定 D 命令的查看范围，此时采用“D 段地址：偏移地址 结尾偏移地址”的格式。比如要看 1000:0～1000:9 中内容，可以用“D 1000:0 9”来实现，如图 2-25 所示。

```
-d 1000:0 9
1000:0000  72 64 73 20 63 6D 6D 3A-C7 74                     rds cmm:.t
-
```

图 2-25 查看内存 1000:0～1000:9 中的内容

如果我们只想查看内存单元 10000H 中的内容，可以用图 2-26 中的任何一种方法来实现。因为图中所有的“段地址：偏移地址”都表示了 10000H 这一物理地址。

其中结尾偏移地址和偏移地址是同一个，因而查看到的是一个内存单元的内容。

```
-d 1000:0 0
1000:0000  72                                                r
-d 0fff:10 10
0FFF:0010  72                                                r
-d 0100:f000 f000
0100:F000  72                                                r
-
```

图 2-26 用多种方式查看内存中同一物理地址中的内容

【3】用 Debug 的 E 命令改写内存中的内容。

可以使用 E 命令来改写内存中的内容，比如，要将内存 1000:0～1000:9 单元中的内容分别写为 0,1,2,3,4,5,6,7,8,9，可以使用"E 起始地址 数据 数据 数据 数据……"的格式来进行，如图 2-27 所示。

```
-d 1000:0 f
1000:0000  72 64 73 20 63 6D 6D 3A-C7 74 DA AA FE 06 B0 56   rds cmm:.t.....V
-
-e 1000:0 0 1 2 3 4 5 6 7 8 9
-d 1000:0 f
1000:0000  00 01 02 03 04 05 06 07-08 09 DA AA FE 06 B0 56   ...............V
-
```

图 2-27 用 E 命令修改从 1000:0 开始的 10 个单元的内容

在图 2-27 中，先用 D 命令查看 1000:0～1000:f 单元的内容，再用 E 命令修改从 1000:0 开始的 10 个单元的内容，最后用 D 命令查看 1000:0～1000:f 中内容的变化。

也可以采用提问的方式来一个一个地修改内存中的内容，如图 2-28 所示。

在图 2-28 中，输入 e 1000:10，按 Enter 键。Debug 显示起始地址 1000:0010 和第一个单元（即 1000:0010 单元）的原始内容：EBH，然后光标停在"."后面提示想要写入的数据，此时可以有两种选择：其一为输入数据（此时输入的数据为"0"），然后按空格键，即用输入的数据改写当前的内存单元；其二为不输入数据，直接按空格键，则不对当前内存单元进行改写。

```
-d 1000:10 19
1000:0010  EB F0 B9 02 00 83 FD 00-74 02                     ........t.
-e 1000:10
1000:0010  EB.0    F0.1    B9.2    02.3    00.4
-d 1000:10 19
1000:0010  00 01 02 03 04 83 FD 00-74 02                     ........t.
-
```

图 2-28 用 E 命令逐一修改从 1000:0 开始的 10 个单元的内容

所有希望改写的内存单元改写完毕后，按 Enter 键，E 命令操作结束。

可以用 E 命令向内存中写入字符，采用如图 2-29 所示的方法进行。

```
-e 1000:0 1 'h' 'e' 'l' 'l' 'o' '!' 2 'w' 'o' 'r' 'l' 'd' 3

-d 1000:0 f
1000:0000  01 68 65 6C 6C 6F 21 02-77 6F 72 6C 64 03 B0 56   .hello!.world..V
-
```

图 2-29 使用 E 命令向内存中写入字符并查看

同样，也可以用 E 命令向内存中写入字符串，比如，用 E 命令从内存 1000:0 开始写入：数值 1、字符串"a+b"、数值 2、字符串"c++"、字符"3"，字符串"IBM"，如图 2-30 所示。

```
-e 1000:0 1 "a+b" 2 "c++" '3' "IBM"

-d 1000:0 f
1000:0000  01 61 2B 62 02 63 2B 2B-33 49 42 4D 64 03 B0 56   .a+b.c++3IBMd..V
```

图 2-30 使用 E 命令向内存中写入字符串并查看

如何向内存中写入机器码呢？机器码也是数据，当然可以用 E 命令将机器码写入内存，比如我们要从内存 1000:0 单元开始写入这样一段机器码：

机器码　对应的汇编指令

```
b80100   mov ax,0001
b90200   mov cx,0002
01c8     add ax,cx
```

可用图 2-31 中所示的方法进行。

```
-e 1000:0 b8 01 00 b9 02 00 01 c8
-
```

图 2-31　用 E 命令将机器码写入内存

如何查看写入的或内存中原有的机器码所对应的汇编指令呢？可以使用 U 命令，U 命令为反汇编命令。可以用 U 命令将从 1000:0 开始的内存单元中的内容翻译为汇编指令，并显示出来，如图 2-32 所示。

在图 2-32 中，首先用 E 命令向 1000:0 开始的内存单元中写入了 8 个字节的机器码；然后用 D 命令查看内存 1000:0～1000:1f 中的数据；最后用 U 命令查看从 1000:0 开始的内存单元中的机器指令及其所对应的汇编指令。

U 命令的显示输出分为 3 部分，包括每一条机器指令的地址、机器指令、机器指令所对应的汇编指令。我们可以看到：

```
-e 1000:0 b8 01 00 b9 02 00 01 c8
-
-d 1000:0 1f
1000:0000  B8 01 00 B9 02 00 01 C8-C7 74 DA AA FE 06 B0 56   .........t.....V
1000:0010  EB F0 B9 02 00 83 FD 00-74 02 B1 04 53 E8 4B E7   ........t...S.K.
-
-u 1000:0
1000:0000 B80100        MOV     AX,0001
1000:0003 B90200        MOV     CX,0002
1000:0006 01C8          ADD     AX,CX
1000:0008 C774DAAAFE    MOV     WORD PTR [SI-26],FEAA
1000:000D 06            PUSH    ES
1000:000E B056          MOV     AL,56
1000:0010 EBF0          JMP     0002
1000:0012 B90200        MOV     CX,0002
1000:0015 83FD00        CMP     BP,+00
1000:0018 7402          JZ      001C
1000:001A B104          MOV     CL,04
1000:001C 53            PUSH    BX
1000:001D E84BE7        CALL    E76B
-
```

图 2-32　用 U 命令将内存单元中的内容翻译为汇编指令显示

1000:0 处存放的是写入的机器码 b8 01 00 所组成的机器指令，对应的汇编指令是 MOV AX,1；

1000:3 处存放的是写入的机器码 b9 02 00 所组成的机器指令，对应的汇编指令是 MOV CX,2；

1000:6 处存放的是写入的机器码 01 c8 所组成的机器指令；对应的汇编指令是 ADD AX,CX；

1000:8 以后的内容是驻留在内存中的碎片信息，可能由之前的程序产生，与本次反汇编的三条指令无关，可忽略。

由此我们可以再一次看到，内存中的数据和代码没有任何区别，关键在于如何解释。

第3章 汇编语言程序实例及上机操作

从本章开始就要接触汇编语言了，如果先学习每条指令，再来学习编程，这不仅推迟了上机练习的时间，可能前面学过的指令也淡忘了。汇编语言程序设计课程实践性很强，结合上机是最好的学习方法。一个简单程序，其实涉及的语句很少，本章通过两个简单的程序实例，介绍如何建立工作环境和上机操作。Windows 系统包含了 DOS 系统，系统也自带 Debug（动态调试程序），因此本章还介绍了和开发调试程序有关的 Debug 命令和 DOS 命令。通过本章的学习，读者可初步认识汇编语言程序，熟悉和掌握建立程序和上机操作的过程，以后就可以利用学到的指令来动手编制程序了。

3.1 汇编语言的工作环境

3.1.1 汇编语言的系统工作文件

汇编语言程序从设计到形成可执行程序文件，在计算机上的操作过程分为三步：编辑、汇编、连接。用文本编辑程序写程序，形成.ASM 文件，用汇编程序对.ASM 文件进行汇编，形成.OBJ 文件，再用连接程序对.OBJ 文件进行连接，形成.EXE 文件，如图 3-1 所示。可执行文件一般应先在调试程序的控制下调试运行，以便观察程序的执行过程。调试成功后再直接执行。

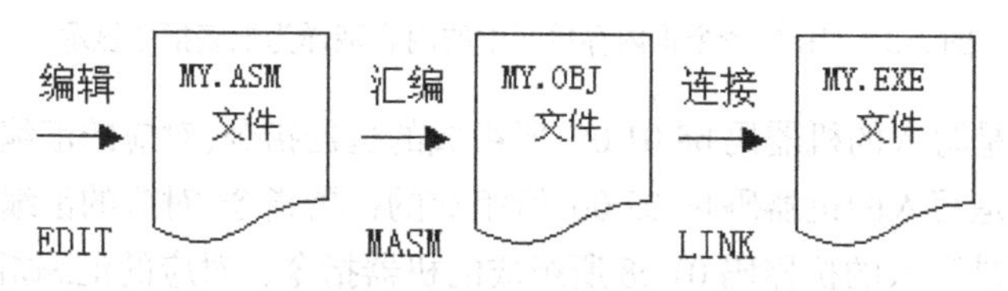

图 3-1 汇编语言程序的建立过程

因此建立汇编语言程序至少要有以下几个文件：

（1）编辑程序，如 EDIT.COM；

（2）汇编程序，如 MASM.EXE；

（3）连接程序，如 LINK.EXE；

（4）调试程序，如 DEBUG.EXE。

这里需说明的是：

本书使用Microsoft MASM 6.15版本和Microsoft LINK 5.13版本。MASM.EXE(包括ML.EXE，ML.ERR 等其他辅助文件）和 LINK.EXE 需自行安装。读者如使用其他版本，方法是类似的。

编辑程序 EDIT.COM，调试程序 DEBUG.EXE 由 Windows 系统自带。读者也可以用其他文本编辑程序和集成调试程序。

为方便操作，以上系统文件及用户文件应尽可能放在同一文件目录下。例如在根目录下建立一个 MASM 文件夹，把以上文件都放在该文件夹中。

3.1.2　进入 DOS 命令行的方式

有 2 种进入 DOS 命令行的方式，如图 3-2 所示（而退出 DOS 方式的命令是：EXIT）。

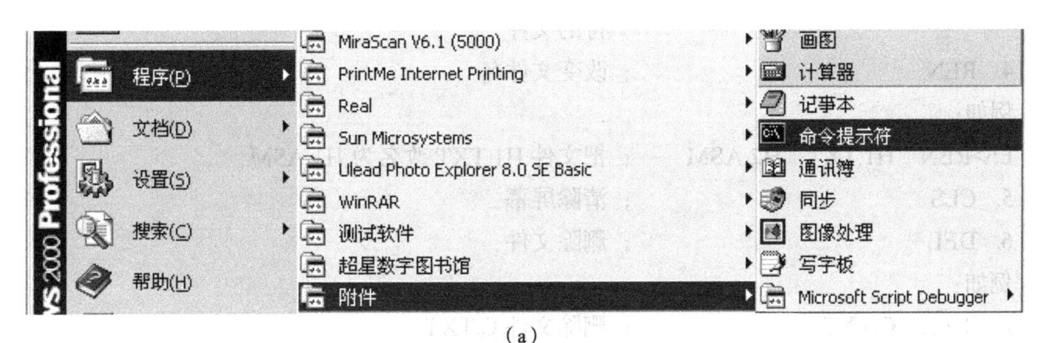

（a）

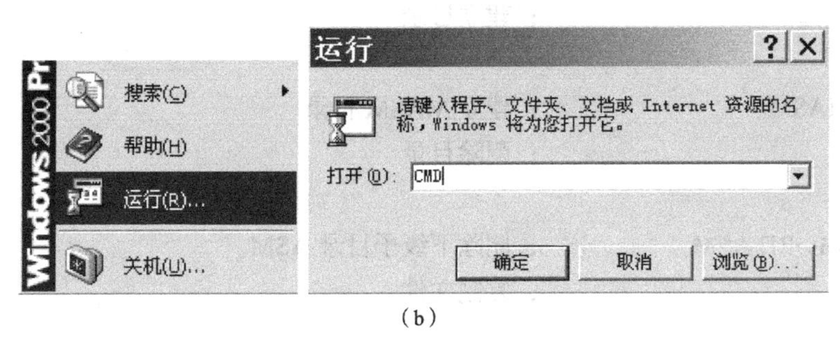

（b）

图 3-2　进入 DOS 命令行方式

3.1.3　常用的 DOS 命令

用户在 Windows 图形用户界面下借助鼠标完成有关目录和文件的操作，目录在 Windows 下叫文件夹。进入 DOS 状态后，只能通过键盘输入 DOS 命令控制计算机操作，下面介绍部分常用的 DOS 命令。前 5 个命令是最常用的，必须掌握。

1. 盘：　　　　　　　　　　　　；选择盘符

如果屏幕显示为 C:\>，表示你当前在 C 盘，你希望到 E 盘，则可键入：

C:\>E: ↙　　　（↙表示 Enter 键）

2. CD　　　　　　　　　　　　；选择目录

例如：

```
E:\>CD                      ；显示当前目录，当前目录是根目录
E:\>CD MASM                 ；进到 MASM 子目录
E:\>MASM>CD MY              ；从当前目录 MASM 进到下一级 MY 子目录
```

E:\>MASM\MY>CD‥ ；从当前目录MY退到上一级目录MASM

E:\>MASM>CD\ ；从当前目录MASM退到根目录

E:\>

3. DIR ；显示目录和文件

例如：

E:\>MASM>DIR ；列出当前目录下的子目录和文件

E:\>MASM\>DIR *.ASM ；列出所有扩展名为ASM的文件，*为通配符

E:\>MASM>DIR HELLO.* ；列出所有名为HELLO而扩展名不限的文件

E:\>MASM>DIR HE*.??? ；列出所有文件名前2个字符为“HE”而扩展名有3个字符的文件

4. REN ；改变文件名

例如：

E:\>REN H1.TXT H2.ASM ；把文件H1.TXT改名为H1.ASM

5. CLS ；清除屏幕

6. DEL ；删除文件

例如：

E:\>DEL C.TXT ；删除文件C.TXT

7. MD ；建立目录

例如：

E:\>MD MASM ；建立MASM目录

8. RD ；删除目录

例如：

E:\>MASM\>RD ASM ；删除下级子目录ASM

9. COPY ；复制文件

例如：

E:\>COPY H1.TXT H2.TXT ；复制文件H1.TXT到文件H2.TXT

E:\>COPY A+B C.TXT ；把文件A和B连接后得到文件C.TXT

10. TYPE ；显示文本文件的内容

例如：

E:\>TYPE C.TXT ；显示文件C.TXT的内容

11. > ；输出的重定向操作符

例如：

E:\>DIR > THIS.TXT ；把DIR显示结果输出到文件THIS.TXT

12. SET PATH ；设置或显示可执行文件的搜索路径

例如：

E:\>PATH ；显示可执行文件的搜索路径

E:\>SET PATH ；设置可执行文件的搜索路径

E:\>SET PATH=E:\MASM；D:\MASM6 ；设置可执行文件的搜索路径

；EXE；COM；BAT都是可执行文件，设置搜索路径后，文件按路径搜索并执行。

```
13. HELP                    ; 显示命令格式和用法
E:\>HELP                    ; 显示所有命令的格式
E:\>HELP  DIR               ; 显示 DIR 命令的用法
```

3.2　汇编语言程序实例

3.2.1　单个字符的键盘输入与显示输出

先认识一个简单的汇编语言程序。

例 3.1　键盘输入一个字符并显示其后继字符。

```
code    segment                   ; 1
        assume cs:code            ; 2
start:  mov  ah,1                 ; 3
        int  21h                  ; 4
        mov  dl,al                ; 5
        add  dl,1                 ; 6
        mov  ah,2                 ; 7
        int  21h                  ; 8
        mov  ah,4ch               ; 9
        int  21h                  ; 10
code    ends                      ; 11
        end  start                ; 12
```

程序解析：

该程序只有 12 行，只有 1 个代码段，每一行就是一条汇编语言语句，现详细解释如下。

代码段的定义由第 1 行 CODE　SEGMENT 和第 11 行 CODE　ENDS 这一对说明语句说明。CODE 是段名，SEGMENT 和 ENDS 是关键字。

第 2 行：说明语句，指定 CODE 段与 CS 寄存器关联。

第 3 行：START：是一个标号，MOV AH，1 指令表示把 1 送 AH 寄存器，这是因为 DOS 系统功能的 1 号功能是键盘输入，所以要把功能号 1 送 AH。

第 4 行：INT 21H 指令即调用 DOS 系统功能，其 1 号功能被执行，程序等待键盘输入，从键盘输入一个字符后，程序才继续执行。注意，这个从键盘输入的字符到哪里去了呢？它被放到寄存器 AL 中，是该字符的 ASCII 码。如果是字符“A”，则 AL 中就为 41H。

第 5 行：把 AL 送 DL 寄存器。

第 6 行：DL 内容加 1。为后面的 2 号功能调用准备输出的字符。

第 7～8 行：调用 DOS 系统功能的 2 号功能，显示 DL 中的字符。

第 9～10 行：调用 DOS 系统功能的 4CH 号功能，4CH 号功能是程序结束并返回到操作系统。

第 12 行：说明语句，告诉汇编程序，汇编到此结束，程序的启动地址为标号为 START 的那条指令（第 3 行）。

请注意代码段中的指令，只有 3 种类型，包括 MOV 传送指令、ADD 加法指令和中断调用指令 INT 21H。

例如 MOV DL，AL 指令，MOV 是指令的操作码，DL 在左边，是目的操作数地址，AL 在右边，为源操作数（地址）。INT 21H 指令的意思是执行 DOS 系统功能调用。有关 DOS 系统功能调用可参阅本章 3.5 节。

程序运行时，只有代码段中的指令才会被 CPU 逐条执行，说明语句只是提供数据和程序运行的条件。

3.2.2 显示字符串

很多高级语言的学习也是从一个显示“HELLO,WORLD !”程序开始。

例 3.2 显示“HELLO, WORLD !”程序。

```
Data segment                          ; 1
string db 'hello,world!$'             ; 2 在数据段定义数据
data ends                             ; 3
code segment                          ; 4
assume cs:code,ds:data                ; 5
start:   mov ax, data                 ; 6
         mov  ds,ax                   ; 7
         mov  dx,offset string        ; 8
         mov  ah,9                    ; 9
         int  21h                     ; 10 利用功能调用显示信息
         mov  ah,4ch                  ; 11
         int  21h                     ; 12
code ends                             ; 13
end  start                            ; 14 汇编结束，程序起始点 start
```

程序解析：

程序只有 14 行，分为 2 个段。

第 1～3 行：设立了一个数据段，段名为 DATA，由 DATA SEGMENT 和 DATA ENDS 这两句说明，语句须成对出现。并在其中定义了一个字符串 STRING。

第 2 行：说明语句，STRING 是字符串的名称，DB 是定义字节说明，字符串内容‘HELLO, WORLD ! $’须用单引号括起。其中$是串的结束标志。分号后面的内容是注释，可不写。

第 4～13 行：设立了一个代码段，段名为 CODE。由 CODE SEGMENT 和 CODE ENDS 这两句成对说明。

第 5 行：说明语句，指定 CODE 段与 CS 寄存器关联，DATA 段与 DS 寄存器关联。

第 6 行：START：是一个标号，MOV AX，DATA 表示把 DATA 段的值传送给 AX 寄存器。

第 7 行：再把 AX 寄存器的值传给 DS 寄存器。

第 8 行：把字符串 STRING 的起始偏移地址传给 DX 寄存器。OFFSET STRING 是求 STRING 的偏移地址，如果没有 OFFSET 说明，那就是取 STRING 的值了。

第 9 行：AH 寄存器得到 9，为下一步调用 DOS 系统功能的 9 号功能作准备。

第 10 行：INT 21H 指令即调用 DOS 系统功能，9 号功能是屏幕显示字符串。

第 11～12 行：调用 DOS 系统功能，4CH 号功能是程序结束并返回到操作系统。

第 14 行：说明语句，告诉汇编程序，汇编到此结束，程序的启动地址为标号为 START 的那条指令（第 6 行）。

该程序运行的结果是在显示屏上显示“hello,world!”。

3.3　程序实例的上机步骤

一个汇编源程序从写出到最终执行，需要经过如下几个步骤。

（1）编写汇编源程序；

（2）对源程序进行汇编和连接；

（3）执行或调试可执行文件中的程序。

其中，第 2 步编译链接后出现错误，则会回到第 1 步。第 3 步执行时可以直接执行，也可以使用 Debug 环境进行调试和跟踪，了解程序的详细信息，下面将详细介绍每一步的实现。

3.3.1　编辑——建立 ASM 源程序文件

下面开始建立第一个实例程序了，首先写源程序。编辑 ASM 源程序文件就是在机器上写程序，大多数文字编辑软件都可用来输入和修改汇编语言源程序，DOS 命令行方式下的 EDIT 使用很方便。也可以使用 Windows 下的记事本（Notepad）、写字板（Writer）。但要注意，源程序文件一定要储存为“纯文本”格式，源程序文件应该使用“ASM”作为扩展名。

下面介绍用 EDIT 编辑 ASM 源文件的步骤。

（1）进入 DOS 命令行方式。

（2）假定汇编语言的系统工作文件目录为 C:\MASM6.15\，其中 C:\表示 C 盘的根目录。可以通过以下命令指向 C 盘：

C: ↙

（3）如果屏幕显示不在此目录，可以通过以下命令进入该目录：

C:\>CD \MASM6.15 ↙

注意，加黑字体是键入的命令。当屏幕显示进入该目录后，用如下命令编辑源程序文件：

C: \>MASM6.15\>EDIT HELLO.ASM ↙

源程序文件须用“ASM”作为扩展名。最好存放在系统工作目录，便于下一步汇编。

EDIT 编辑源文件如图 3-3 所示。如果屏幕显示区太小，可用 Alt 键和 Enter 键组合扩大显示区。EDIT 以下拉式菜单操作，用 Alt 键可激活菜单。

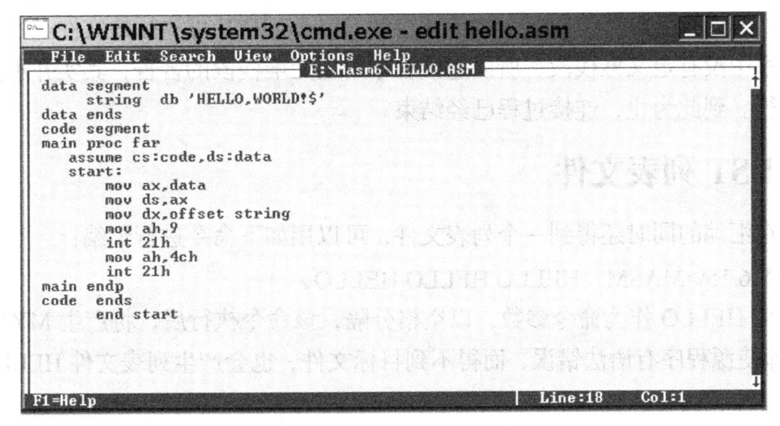

图 3-3　EDIT 编辑源文件

3.3.2 汇编——产生 OBJ 二进制目标文件

汇编程序的作用是把汇编语言源程序翻译成为机器代码，产生二进制格式的目标文件（Object File）。

假定汇编语言源程序文件 HELLO.ASM 已经在当前目录 C:\MASM6.15\下，用如下命令进行汇编：

C: \>MASM6.15\>MASM　HELLO.ASM ↙ 或者 C:\>MASM6.15\>MASM HELLO ↙

该命令执行后，将产生一个同名的二进制目标文件 HELLO.OBJ，如图 3-4 所示。

```
C:\MASM615>masm hello
Microsoft (R) MASM Compatibility Driver
Copyright (C) Microsoft Corp 1993.  All rights reserved.

 Invoking: ML.EXE /I. /Zm /c hello.asm
```

图 3-4　MASM 编辑源文件

如果源程序有语法错误，则不会产生目标文件，同时报错，提示源程序的出错位置和错误原因。

3.3.3 连接——产生 EXE 可执行文件

连接就是使用连接程序 LINK 把目标文件（OBJ）转换为可执行的 EXE 文件。键入以下命令：

C: \>MASM6.15\>LINK　HELLO.OBJ ↙ 或者 C: \>MASM6.15\>LINK　HELLO ↙

如果文件 HELLO.OBJ 存在，机器有如下回应，要求用户对话，如图 3-5 所示。

```
C:\MASM615>link hello

Microsoft (R) Segmented Executable Linker  Version 5.60.339 Dec  5 1994
Copyright (C) Microsoft Corp 1984-1993.  All rights reserved.

Run File [hello.exe]:
List File [nul.map]:
Libraries [.lib]:
Definitions File [nul.def]:
LINK : warning L4021: no stack segment
```

图 3-5　LINK 编辑源文件

用户只需回车键认可默认值即可，这样就得到 HELLO.EXE 可执行的文件。

因为源程序中没有定义堆栈段，所以连接程序给出无堆栈段的警告，其实并不是错误，并不影响程序的运行。到此为止，连接过程已经结束。

3.3.4 LST 列表文件

如果希望在汇编的同时还得到一个列表文件，可以用如下命令进行汇编：

C: \>MASM6.15\>MASM　HELLO HELLO HELLO↙

即给出 3 个 HELLO 作为命令参数，以空格分隔，该命令执行后，将产生 MY.OBJ 和列表文件 MY.LST。即使源程序有语法错误，而得不到目标文件，也会产生列表文件 HELLO.LST，如图 3-6 所示。

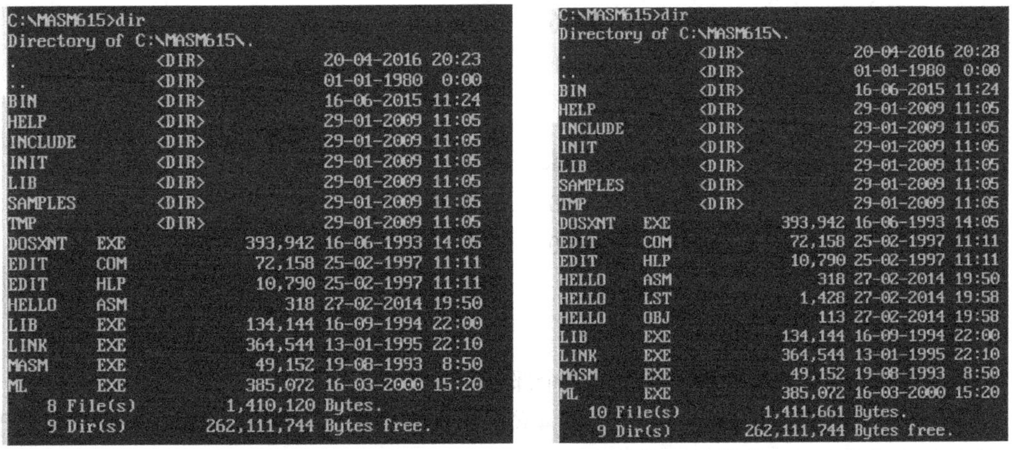

```
C:\MASM615>dir
Directory of C:\MASM615\.
.                  <DIR>                 20-04-2016 20:23
..                 <DIR>                 01-01-1980  0:00
BIN                <DIR>                 16-06-2015 11:24
HELP               <DIR>                 29-01-2009 11:05
INCLUDE            <DIR>                 29-01-2009 11:05
INIT               <DIR>                 29-01-2009 11:05
LIB                <DIR>                 29-01-2009 11:05
SAMPLES            <DIR>                 29-01-2009 11:05
TMP                <DIR>                 29-01-2009 11:05
DOSXNT      EXE              393,942 16-06-1993 14:05
EDIT        COM               72,158 25-02-1997 11:11
EDIT        HLP               10,790 25-02-1997 11:11
HELLO       ASM                  318 27-02-2014 19:50
LIB         EXE              134,144 16-09-1994 22:00
LINK        EXE              364,544 13-01-1995 22:10
MASM        EXE               49,152 19-08-1993  8:50
ML          EXE              385,072 16-03-2000 15:20
     8 File(s)         1,410,120 Bytes.
     9 Dir(s)        262,111,744 Bytes free.
```

（a）命令执行前

```
C:\MASM615>dir
Directory of C:\MASM615\.
.                  <DIR>                 20-04-2016 20:28
..                 <DIR>                 01-01-1980  0:00
BIN                <DIR>                 16-06-2015 11:24
HELP               <DIR>                 29-01-2009 11:05
INCLUDE            <DIR>                 29-01-2009 11:05
INIT               <DIR>                 29-01-2009 11:05
LIB                <DIR>                 29-01-2009 11:05
SAMPLES            <DIR>                 29-01-2009 11:05
TMP                <DIR>                 29-01-2009 11:05
DOSXNT      EXE              393,942 16-06-1993 14:05
EDIT        COM               72,158 25-02-1997 11:11
EDIT        HLP               10,790 25-02-1997 11:11
HELLO       ASM                  318 27-02-2014 19:50
HELLO       LST                1,428 27-02-2014 19:58
HELLO       OBJ                  113 27-02-2014 19:58
LIB         EXE              134,144 16-09-1994 22:00
LINK        EXE              364,544 13-01-1995 22:10
MASM        EXE               49,152 19-08-1993  8:50
ML          EXE              385,072 16-03-2000 15:20
    10 File(s)         1,411,661 Bytes.
     9 Dir(s)        262,111,744 Bytes free.
```

（b）命令执行后

图 3-6　产生列表文件的汇编命令

列表文件报告了汇编过程中产生的很多有价值的参考信息。主要包括源程序和机器语言清单、指令和变量的偏移地址等。列表文件是文本文件，可用 EDIT 调入。列表文件是可有可无的。例 3.2 的列表文件 HELLO.LST 如下：

```
Microsoft (R) Macro Assembler Version 6.00                 02/09/06 16:16:26
HELLO.ASM                                          Page 1 - 1

 0000                           DATA    SEGMENT
 0000 48 45 4C 4C 4F 2C         STRING    DB 'HELLO, WORLD !$'
      20 57 4F 52 4C 44
      20 21 24
 000F                           DATA    ENDS
 0000                           CODE    SEGMENT
                               ASSUME CS:CODE,DS:DATA
 0000                             START:
 0000    B8 ---- R                     MOV AX,DATA
 0003    8E D8                         MOV DS,AX
 0005    BA 0000 R                     MOV DX,OFFSET STRING
 0008    B4 09                         MOV AH,9
 000A    CD 21                         INT 21H
 000C    B4 4C                         MOV AH,4CH
 000E    CD 21                         INT 21H
 0010                           CODE    ENDS
                                  END START

Microsoft (R) Macro Assembler Version 6.00                 02/09/06 16:16:26
HELLO.ASM                                     Symbols 2 - 1

Segments and Groups:
 Name                     Size      Length     Align     Combine Class
```

```
CODE . . . . . . . . . . . . .  16 Bit    0010    Para    Private
DATA . . . . . . . . . . . . .  16 Bit    000F    Para    Private
Symbols:
 Name                           Type      Value    Attr
START   . . . . . . . . . . . . L Near    0000    CODE
STRING . . . . . . . . . . . .  Byte      0000    DATA
      0 Warnings
      0 Errors
```

列表文件 HELLO.LST 可以看成上下两个部分。

上面一部分列出程序清单。左边第一列 4 位十六进制数表示程序的偏移地址，第二列若干位十六进制数表示指令的机器码即机器指令，它们当中有些不是十六进制数，如 B8 ---- R，BA 0000 R，“R”表示该指令的操作数需要重定位，即地址值在汇编时还无法确定，必须在 LINK 时进行定位后才能确定机器指令。暂时还不能确定的机器指令，只能得到一个指令的半成品。但请特别注意，这条指令的长度已经确定，这样不会影响后面指令的偏移地址的确定。第三列显然是汇编语言指令。

下面一部分列出程序中所有名字的信息。对段名，将列出其大小（16 位或 32 位段）、长度、定位类型和组合类型等信息；对标号和变量，将列出其类型、偏移地址值和其所属的段名等信息。

最后报告的 0 Warnings，0 Errors，表示无警告性错误，无致命性错误。如果有致命性错误，则不产生.OBJ 目标文件。

无致命性错误，则产生.OBJ 目标文件，只是说明源程序没有语法错误，至于程序的算法或其他语义错误要在程序的调试过程中来发现。

3.3.5 程序的运行

当汇编源程序编辑完成，经过汇编和连接后将生成*.EXE 文件，即一个可以直接在操作系统下执行的程序文件。只需在命令行输入所需执行的文件名称，回车，即可得到运行结果。如执行 HELLO.EXE，命令如下：

HELLO.EXE ↙ 或 HELLO ↙

程序文件必须在当前目录下。这里文件扩展名 EXE 可省略。真正的可执行文件是生成的，不是用改名操作得到的。运行结果如图 3-7 所示，分别给出了加扩展名和不加扩展名的运行结果。

（a）不带后缀名的运行结果

```
C:\MASM615>hello.exe
Hello World!
```

（b）带后缀名的运行结果

图 3-7 exe 文件运行结果举例

3.3.6 程序的跟踪和调试

有些程序没有要求显示结果，程序运行结束，结果也已经得到，存放在某寄存器中或内存中，只是没有显示输出。那么程序执行的结果是否正确呢？此外，即使程序有显示输出，却是错误的结果，如何知道错在哪里呢？因此，必须经过调试阶段，才能观测结果和发现程序中的错误。调试程序 Debug.EXE 由 Windows 系统自带，使用方便，下面结合实例 3.2 的 HELLO 程序予以介绍。

在 Debug 下调试运行程序，并输入命令如下：

```
Debug HELLO.EXE ↙
```

用 Debug 调入 HELLO.EXE，出现“-”Debug 命令提示符。在“-”后可键入 Debug 命令，如图 3-8 所示。

图 3-8　Debug 界面

1. 反汇编命令 U

U 命令把机器语言反汇编为汇编语言，便于用户看程序。命令格式为 U[地址范围]。方括号表示可选。图 3-9 所示为反汇编命令 U 的执行结果。

```
-u
076B:0000 B86A07        MOV     AX,076A
076B:0003 8ED8          MOV     DS,AX
076B:0005 BA0000        MOV     DX,0000
076B:0008 B409          MOV     AH,09
076B:000A CD21          INT     21
076B:000C B44C          MOV     AH,4C
076B:000E CD21          INT     21
076B:0010 16            PUSH    SS
076B:0011 8A59B9        MOV     BL,[BX+DI-47]
076B:0014 0C00          OR      AL,00
076B:0016 D1E0          SHL     AX,1
076B:0018 D1D2          RCL     DX,1
076B:001A E2FA          LOOP    0016
076B:001C 8946CE        MOV     [BP-32],AX
076B:001F 8956D0        MOV     [BP-30],DX
```

图 3-9　反汇编命令 U 的执行结果

图中分 3 列，第 1 列表示各条指令的逻辑地址，即段地址：偏移地址，用十六进制表示。如 076B:0000 是第一条指令 MOV AX，076A 的逻辑地址，显然其物理地址是 076B0H。

第 2 列为各条指令的机器码（十六进制），如第一条指令的机器码 B86A07 为 3 个字节长度，占 0 到 2 共 3 个内存单元，所以第二条指令的偏移地址是 0003H。

第 3 列为汇编语言指令。本程序只有 7 条指令，在偏移地址 0010H 前就结束了。

那么，程序中定义的字符串‘HELLO, WORLD !$’在那里呢？

2. 运行程序命令 G

G 命令用于执行程序，命令格式为 G[=起始地址] [中止地址]。其中[中止地址]是为了给程序设置断点，让程序暂停在某个位置，便于观测。本例中用 G=0 命令，即从偏移地址 0000 处执行程序，如图 3-10 所示。

图 3-10　G 命令运行结果

3. 跟踪程序命令 T

T 命令用于单步执行程序，所以又叫跟踪程序。命令格式为 T[=起始地址] [指令条数]。可以控制程序每执行一条指令就暂停，并显示当前机器情况。图 3-11 为跟踪程序命令 T 执行一次的结果。

```
-r
AX=FFFF  BX=0000  CX=0020  DX=0000  SP=0000  BP=0000  SI=0000  DI=0000
DS=075A  ES=075A  SS=0769  CS=076B  IP=0000   NV UP EI PL NZ NA PO NC
076B:0000 B86A07        MOV     AX,076A
-t=0

AX=076A  BX=0000  CX=0020  DX=0000  SP=0000  BP=0000  SI=0000  DI=0000
DS=075A  ES=075A  SS=0769  CS=076B  IP=0003   NV UP EI PL NZ NA PO NC
076B:0003 8ED8          MOV     DS,AX
-_
```

图 3-11　跟踪程序命令 T 的执行结果

注意，上图的运行结果是在 U 命令之后，为了显示寄存器内容的变化，首先用 R 命令查看各寄存器的值，再输入 T 命令。

当输入 T=0 命令，从偏移地址 0000 处开始执行一条指令就暂停，也即执行了第一条指令 MOV AX，076A，注意命令执行后的 AX 发生了变化。指令指针寄存器 IP 由 0 变成 3，意味着下条指令位于 0003 处。可见寄存器 IP 总是指向下条将执行的指令。如果继续跟踪，只需用 T 命令即可，无需跟参数。

这里需要特别指出：对于 INT 指令不能使用 T 命令跟踪。因为 INT 指令实质上是调用一个系统例行程序，T 命令使程序进入了一个陌生的系统程序之中，如图 3-12 所示，当需要执行的单条指令为“INT 21H”时，则会出现陌生的系统程序。

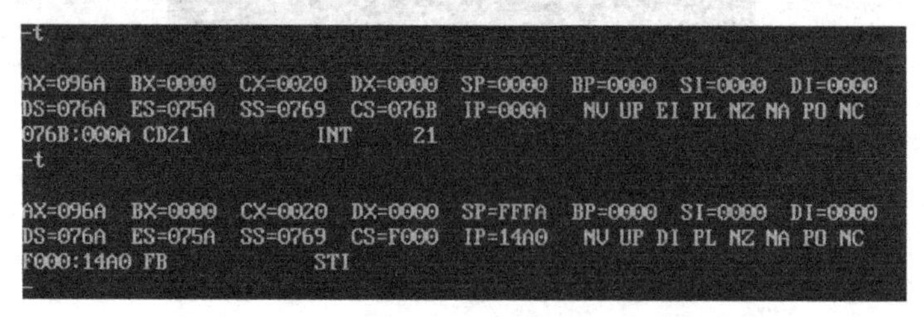

```
-t

AX=096A  BX=0000  CX=0020  DX=0000  SP=0000  BP=0000  SI=0000  DI=0000
DS=076A  ES=075A  SS=0769  CS=076B  IP=000A   NV UP EI PL NZ NA PO NC
076B:000A CD21          INT     21
-t

AX=096A  BX=0000  CX=0020  DX=0000  SP=FFFA  BP=0000  SI=0000  DI=0000
DS=076A  ES=075A  SS=0769  CS=F000  IP=14A0   NV UP DI PL NZ NA PO NC
F000:14A0 FB            STI
-
```

图 3-12　跟踪执行系统例行程序指令的结果

4. 单步执行程序命令 P

针对单步跟踪命令 T 的局限性，现介绍 P 命令。P 命令用以执行循环、重复的字符串指令、软件中断或子例程。例如 T 命令无法一次执行的 INT 指令，P 命令就可以一次执行完这个系统例行程序，回到用户程序中。运行结果如图 3-13 所示。

```
-p

AX=076A  BX=0000  CX=0020  DX=0000  SP=0000  BP=0000  SI=0000  DI=0000
DS=076A  ES=075A  SS=0769  CS=076B  IP=0008   NV UP EI PL NZ NA PO NC
076B:0008 B409          MOV     AH,09
-p

AX=096A  BX=0000  CX=0020  DX=0000  SP=0000  BP=0000  SI=0000  DI=0000
DS=076A  ES=075A  SS=0769  CS=076B  IP=000A   NV UP EI PL NZ NA PO NC
076B:000A CD21          INT     21
-p
Hello World!
AX=096A  BX=0000  CX=0020  DX=0000  SP=0000  BP=0000  SI=0000  DI=0000
DS=076A  ES=075A  SS=0769  CS=076B  IP=000C   NV UP EI PL NZ NA PO NC
076B:000C B44C          MOV     AH,4C
-_
```

图 3-13　P 命令执行系统例行程序指令后的结果

5. 退出命令 Q

用 Q 命令退出 Debug。运行结果如图 3-14 所示。

图 3-14　G 命令运行结果

以上举例介绍的 U、G、T、P 是最常用的 Debug 命令，熟练掌握它们就可以有效地进行程序调试。

3.4　在 WIN7 系统中执行汇编

Microsoft MASM 是微软公司为 X86 微处理器家族开发的汇编环境。目前最新版本为 MASM 8.0，它支持 64 位机，但功能相对复杂。对于初学者，使用 DOSBox 是一个较好的 64 位环境下编译汇编程序的解决方案。

DOSBox 是一款在 Windows 系统运行 DOS 程序的环境模拟器。可以解决在 64 位机中汇编程序编译调试等问题。其官方网站为 http://www.dosbox.com，该网站提供下载，目前最新版本为 DOSBox 0.74。本章以 DOSBox 0.74 为例，介绍其使用，读者如使用其他版本，可参阅官方网站相关说明文档，方法是类似的。

下载安装 DOSBox，安装目录缺省为 C:\Program Files (x86)\DOSBox-0.74，如图 3-15 所示。

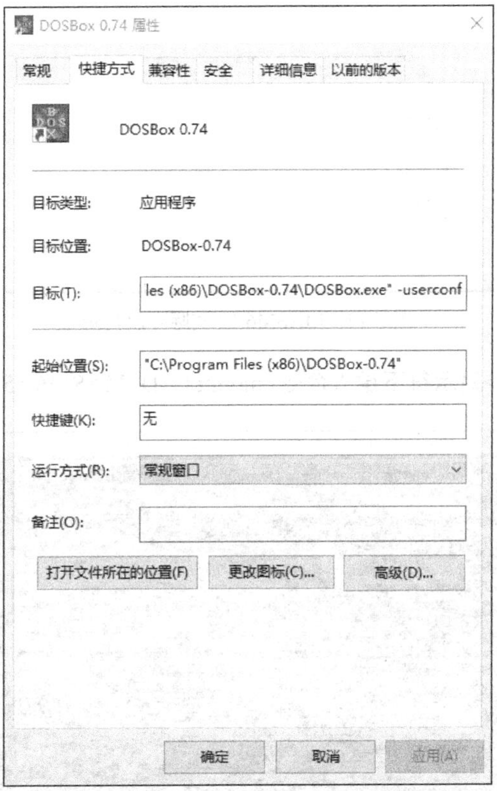

图 3-15　DOSBox 缺省保存路径

运行该程序，出现 DOSBox 运行界面，如图 3-16 所示。

```
Z:>SET BLASTER=A220 17 D1 H5 T6
```

该语句为程序运行后自行出现的命令。

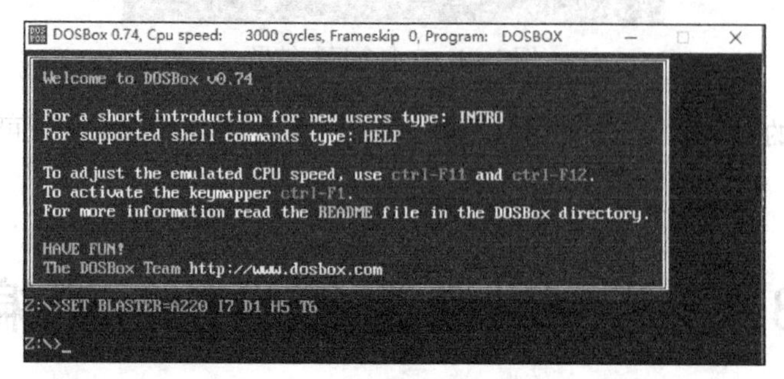

图 3-16　DOSBox 运行界面

DOSBox 为 Windows 环境下 DOS 模拟器，可以将 DOS 程序放置在该环境中运行。其过程即为挂载。挂载命令为 mount。

这里需要挂载的 DOS 程序为汇编编译程序 MASM 6.15，本例中其实际存放路径为 D:\MASM6.15，如图 3-17 所示。

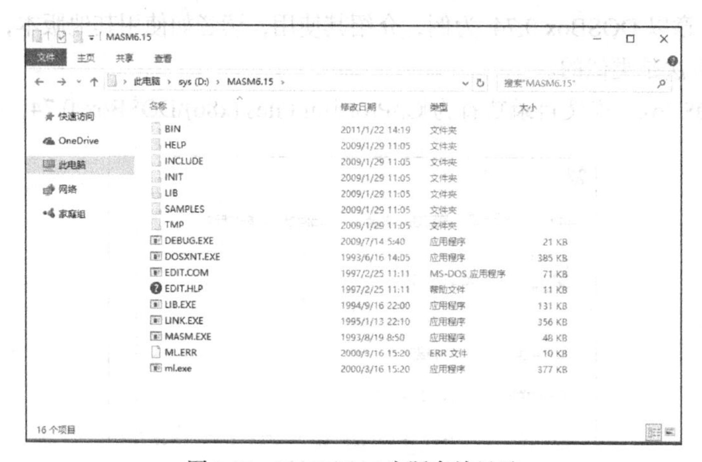

图 3-17　MASM6.15 实际存放目录

在 DOSBox 环境下 Z:>提示符下键入命令 mount C: D:\MASM6.15，如图 3-18 所示。

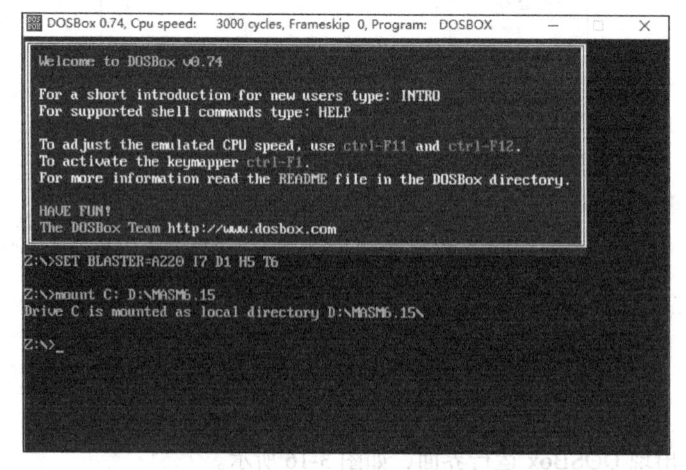

图 3-18　在 DOSBox 中挂载

如果挂载成功，会在该命令的下面自动出现提示语句：

```
Drive C is mounted as local directory D:\MASM6.15\
```

语句 mount C: D:\MASM6.15 表示使用 mount 命令将实际存放在 Windows 下 D:\MASM6.15 的文件映射到 DOSBox 环境下的 C:，该过程也称为挂载。

在 DOSBox 环境下，查看 C:目录下的文件，如图 3-19 所示，可以看出和 Windows 下 D:\MASM6.15 的文件完全一样。即 mount 命令将原本存放在 Windows 环境下的文件映射到了 DOSBox 中。

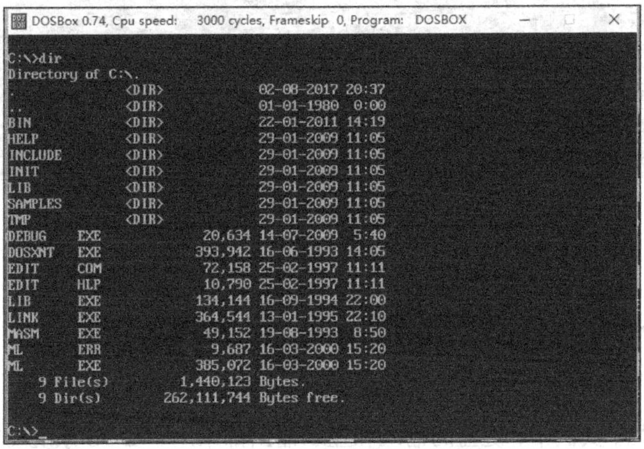

DOSBox 0.74, Cpu speed: 3000 cycles, Frameskip 0, Program: DOSBOX
C:\>dir
Directory of C:\.
.   <DIR>   02-08-2017 20:37
..   <DIR>   01-01-1980 0:00
BIN   <DIR>   22-01-2011 14:19
HELP   <DIR>   29-01-2009 11:05
INCLUDE   <DIR>   29-01-2009 11:05
INIT   <DIR>   29-01-2009 11:05
LIB   <DIR>   29-01-2009 11:05
SAMPLES   <DIR>   29-01-2009 11:05
TMP   <DIR>   29-01-2009 11:05
DEBUG   EXE   20,634 14-07-2009 5:40
DOSXNT   EXE   393,942 16-06-1993 14:05
EDIT   COM   72,158 25-02-1997 11:11
EDIT   HLP   10,790 25-02-1997 11:11
LIB   EXE   134,144 16-09-1994 22:00
LINK   EXE   364,544 13-01-1995 22:10
MASM   EXE   49,152 19-08-1993 8:50
ML   ERR   9,687 16-03-2000 15:20
ML   EXE   385,072 16-03-2000 15:20
9 File(s)   1,440,123 Bytes.
9 Dir(s)   262,111,744 Bytes free.
C:\>_

图 3-19　显示挂载到 DOSBox 环境中的 MASM 文件夹

在 DOSBox 环境下，对 C:根目录下文件的访问对应于对 Windows D:\MASE6 中文件的访问。

在该环境下的相关操作与 32 位机中运行 MASM 6.15 步骤完全一致。需要提醒的是，如果在实际存放目录（本例中为 D:\MASE6.15）中新存放一个事先写好的汇编程序，在 DOSBox 中需要重新启动并进行挂载，才能对该汇编程序进行 Debug 等相关操作。图 3-20 中显示在实际存放目录 D:\MASE6.15 中新增了汇编程序文件 HELLO.ASM，HELLO.EXE，HELLO.LST，HELLO.OBJ，直接在 DOSBox 中查看对应目录 C:，并没有新文件出现。图 3-21 为重新启动 DOSBox，再次查看 DOSBox 对应目录 C:，新增的四个文件出现在其中了。

文件　主页　共享　查看
此电脑 › sys (D:) › MASM6.15
名称　修改日期　类型　大小
快速访问
OneDrive
此电脑
网络
家庭组
BIN
HELP
INCLUDE
INIT
LIB
SAMPLES
TMP
DEBUG.EXE
DOSXNT.EXE
EDIT.COM
EDIT.HLP
HELLO.ASM
HELLO.exe
HELLO.lst
HELLO.obj
LIB.EXE
LINK.EXE
MASM.EXE
ML.ERR
ml.exe
20 个项目　已选择 4 个项目 2.34 KB
DOSBox 0.74, Cpu speed: 3000 cycles, Frameskip 0, Program: DOSBOX
C:\>dir
Directory of C:\.
9 File(s)   1,440,123 Bytes.
9 Dir(s)   262,111,744 Bytes free.
C:\>

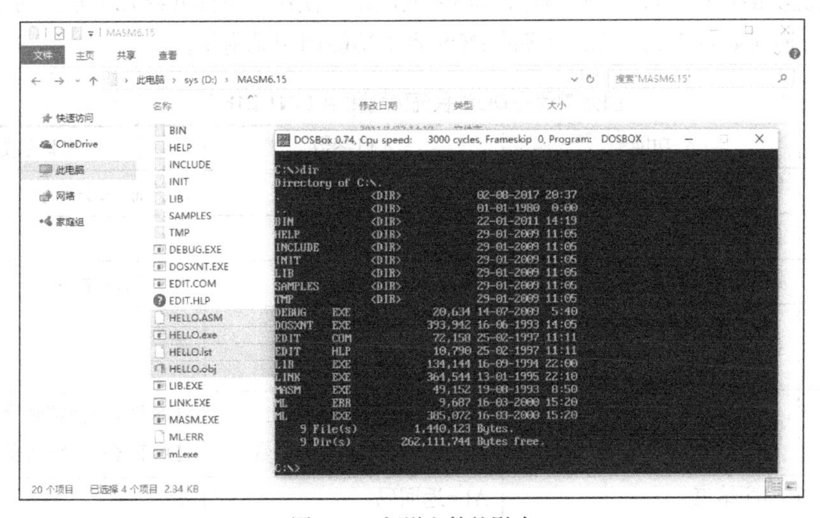

图 3-20　新增文件的影响

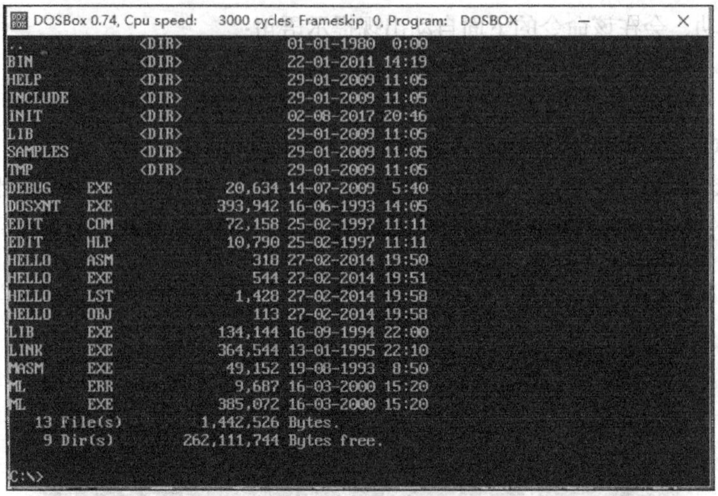

```
DOSBox 0.74, Cpu speed:    3000 cycles, Frameskip  0, Program:  DOSBOX
..              <DIR>            01-01-1980  0:00
BIN             <DIR>            22-01-2011 14:19
HELP            <DIR>            29-01-2009 11:05
INCLUDE         <DIR>            29-01-2009 11:05
INIT            <DIR>            02-08-2017 20:46
LIB             <DIR>            29-01-2009 11:05
SAMPLES         <DIR>            29-01-2009 11:05
TMP             <DIR>            29-01-2009 11:05
DEBUG    EXE             20,634 14-07-2009  5:40
DOSXNT   EXE            393,942 16-06-1993 14:05
EDIT     COM             72,158 25-02-1997 11:11
EDIT     HLP             10,790 25-02-1997 11:11
HELLO    ASM                318 27-02-2014 19:50
HELLO    EXE                544 27-02-2014 19:51
HELLO    LST              1,428 27-02-2014 19:58
HELLO    OBJ                113 27-02-2014 19:58
LIB      EXE            134,144 16-09-1994 22:00
LINK     EXE            364,544 13-01-1995 22:10
MASM     EXE             49,152 19-08-1993  8:50
ML       ERR              9,687 16-03-2000 15:20
ML       EXE            385,072 16-03-2000 15:20
   13 File(s)         1,442,526 Bytes.
    9 Dir(s)        262,111,744 Bytes free.

C:\>
```

图 3-21　重新挂载后新增文件出现

3.5　几个常用的 DOS 系统功能调用（INT 21H）

在前面介绍的程序实例中，键盘的输入和显示输出都采用了 DOS 系统功能调用 INT 21H，大大简化了编程。

所谓功能调用是计算机系统设计的简单 I/O 子程序，程序员不必了解繁琐的输入/输出的操作细节，而以一种简单、统一的方式使用外部设备，从而集中精力于算法编程，来实现程序目标。

DOS 系统功能 INT 21H 调用的方法：

（1）将调用功能的功能号存入 AH 寄存器；

（2）如必要，设置该调用功能的入口参数（调用参数）；

（3）执行 INT 21H 指令；

（4）如必要，按规定取得出口参数（返回参数）。

DOS 系统功能调用 INT 21H，有数百种功能供用户使用。下面介绍几个常用的 DOS 系统功能调用，简要描述如表 3-1 所示。更多的 DOS 系统功能调用见附录。

表 3-1　部分常用的 DOS 系统功能调用（INT 21H）

AH	功能	入口参数	出口参数
01	键盘输入一个字符并回显	无	AL=输入字符
02	显示输出一个字符	DL=输出字符	无
07	键盘输入（无回显）	无	AL=输入字符
09	显示字符串	DS:DX=串地址 字符串以‘$’结束	无
0A	键盘输入到缓冲区	DS:DX=缓冲区首地址 (DS:DX)=缓冲区字节数	(DS:DX+1)=实际字节数 (DS:DX+2)=输入的串地址
4C	程序结束	AL=返回码	无

注意

I/O 处理操作的都是 ASCII 码，对于键盘输入的数字，做计算时需将 ASCII 码转为二进制数，输出显示时需要将二进制数转为 ASCII 码。

1. 键盘输入单个字符并回显（1 号功能）

例如：

MOV AH，1

INT 21H

功能：等待从键盘输入一个字符，将该字符的 ASCII 码送入 AL 中，并送屏幕显示。

2. 显示单个字符（2 号功能）

例如：

MOV AH，2

MOV DL，'A'

INT 21H

功能：在当前光标位置显示字符 A。

注意：执行后 AL 寄存器的值被修改为 DL 的值。

3. 显示字符串（9 号功能）

例如：

MOV AH，9

LEA DX，STR

INT 21H

功能：显示由 DS:DX 所指向的以“$”结束的字符串 STR。

注意：执行后 AL 寄存器的值被修改为$的 ASCII 码 24H。

4. 键盘输入到缓冲区（0A 号功能）

例如：

MOV AH，0AH

LEA DX，BUF

INT 21H

功能：从键盘输入一串 ASCII 码到缓冲区，用“回车”结束输入。DS:DX= BUF 首地址即缓冲区首地址，BUF 缓冲区第 1 个字节是缓冲区大小（含回车键），可见键盘输入缓冲区最大为 255 个字节，是事先定义的。第 2 个字节是实际输入的字节数（不含回车键），当以回车键结束输入时系统自动存入的。从第 3 个字节开始存放输入的内容（含回车键）。数据段中的缓冲区应按上述规定的格式定义。

例 3.3　键盘输入缓冲区程序。

```
data   segment
        buf  db  9              ; 定义缓冲区大小为 9 个字节（含回车键）
        real db  ?              ; 实际输入的字符个数
        str  db  9 dup(?)       ; 输入的字符在这里（含回车键）
data   ends
code    segment
        assume  cs:code, ds:data
start:
        mov  ax, data
```

```
        mov  ds, ax
        lea  dx, buf       ; 指向缓冲区
        mov  ah, 0ah
        int  21h
        mov  ah, 4ch
        int  21h
code    ends
        end start
```

5. 结束程序并返回DOS（4CH号功能）

例如：

MOV AH，4CH

INT 21H

功能：结束程序并返回操作系统。

本章小结

本章通过介绍两个简单的程序实例，介绍了如何建立工作环境和上机操作。另外，本章还介绍了和开发调试程序有关的Debug命令和DOS命令。通过本章的学习，读者可初步认识汇编语言程序，熟悉上机操作的相关步骤，以及相关的Debug指令，从而在后续章节的学习中，可以边学习边实践了。

习题3

3.1 写出从汇编语言源程序的建立到产生可执行文件的步骤和上机操作命令。

3.2 列表文件.LST是在什么阶段产生的？列表文件.LST中有哪些内容？

3.3 写出定义一个代码段的语句，段名为MYPRG。

3.4 程序中用什么语句来结束程序的执行？用什么语句来表示程序的结束和指出程序执行的开始？

3.5 汇编语言源程序的文件扩展名是什么？把它改为.EXE扩展名后，可以认为是可执行程序吗？

3.6 列出子目录C:\YOUPRG下的扩展名为.ASM的所有文件，在D盘根目录下建立一个子目录MYPRG，并进入子目录MYPRG，再把C:\YOUPRG下的文件YOU.ASM复制到D:\MYPRG下。写出完成以上要求的DOS命令。

3.7 下图为Debug调入的可执行程序，回答以下问题：

（1）程序的起始物理地址是多少？结束地址是多少？

（2）CS寄存器的值是什么？

（3）程序的功能是什么？

（4）写出查看DS:0处内容的Debug命令。

（5）设置断点执行程序，两处的INT 21指令执行后有什么结果？

（6）如果要运行这个程序应该用什么Debug命令？

（7）Debug 命令 T=0 4 之后，寄存器 AX、DS、DX 的值是多少？

```
-U
0B63:0000 B8620B        MOV     AX,0B62
0B63:0003 8ED8          MOV     DS,AX
0B63:0005 BA0000        MOV     DX,0000
0B63:0008 B409          MOV     AH,09
0B63:000A CD21          INT     21
0B63:000C B44C          MOV     AH,4C
0B63:000E CD21          INT     21
0B63:0010 8B4506        MOV     AX,[DI+06]
0B63:0013 8B1ED00D      MOV     BX,[0DD0]
0B63:0017 8907          MOV     [BX],AX
0B63:0019 8306D00D02    ADD     WORD PTR [0DD0],+02
0B63:001E F606544D01    TEST    BYTE PTR [4D54],01
```

3.8 解释 Debug 程序中的如下调试命令。

D, E, T, G, A, R

3.9 用 Debug 调入 PROG.EXE 后，若程序列出如下：

```
1234:0100  MOV  BX, [4000]
1234:0104  MOV  AX, [BP]
1234:0106  MOV  AH, 1
1234:0108  INT  21
1234:010A  MOV  DL, AL
1234:010C  MOV  AH, 2
1234:010E  INT  21
1234:0110  RET
```

列出上面程序的 Debug 命令是（　　）

寄存器 CS 的值为（　　），第一条指令的物理地址为（　　）。

如果要修改寄存器 BX 为 1200H，应键入 Debug 命令（　　）。

若要修改第二条指令中的 BP 为 BX，应键入 Debug 命令（　　）。

3.10 简述在 WIN7 系统中执行汇编的方法。

3.11 简述 DOS 系统功能 INT 21H 调用方法。

3.12 Debug 命令调试含有“INT 21H”指令的程序段时，如何实现单步执行，“t”命令为何无法实现？

3.13 假定数据段存放情况如下图所示，请写出代码，输出数据段的字符串“inspire a generation!”。

```
-d 145B:0
145B:0000  69 6E 73 70 69 72 65 20-61 20 67 65 6E 65 72 61   inspire a genera
145B:0010  74 69 6F 6E 21 00 00 00-00 00 00 00 00 00 00 00   tion!...........
145B:0020  B8 5B 14 8E D8 B4 4C CD-21 26 8B 07 89 46 FE 8B   .[....L.!&...F..
145B:0030  D7 03 D1 3B C2 77 2A 8B-DE C1 E3 02 8B 36 B4 52   ...;.w*......6.R
145B:0040  8B 10 8B 18 C1 E3 02 83-38 FF 74 10 8B C7 2B 46   ........8.t...+F
145B:0050  FE 03 C8 8B F2 33 FF 89-7E F4 EB C0 B8 1D 00 EB   .....3..~.......
145B:0060  5B 89 4E F0 89 7E FA 8B-C6 E8 05 9E 89 46 F6 89   [.N..~.......F..
145B:0070  56 F8 0B D0 75 05 B8 1F-00 EB 41 89 76 FC 8B 5E   V...u.....A.v..^
```

实验 2 上机过程及程序调试

实验目的：

1. 通过第 2 章两个简单实例认识汇编语言程序，初步了解程序格式；段定义；标号；DOS 系统功能；操作数；指令；说明语句等作用。

2. 掌握汇编语言程序从设计到形成可执行程序文件的方法和步骤，即编辑、汇编、连接。了解汇编语言的系统工作文件和工作环境。理解汇编程序和连接程序的作用。理解列表文件内容。

3. 初步了解程序的运行和调试方法。学会使用 Debug 主要命令和常用的 DOS 命令。

实验内容：

【1】编辑第 3 章两个简单实例，通过汇编、连接。

【2】用 Debug 对 HELLO 程序进行调试。

```
-U
0B63:0000 B8620B        MOV     AX,0B62
0B63:0003 8ED8          MOV     DS,AX
0B63:0005 BA0000        MOV     DX,0000
0B63:0008 B409          MOV     AH,09
0B63:000A CD21          INT     21
0B63:000C B44C          MOV     AH,4C
0B63:000E CD21          INT     21
0B63:0010 8B4506        MOV     AX,[DI+06]
0B63:0013 8B1ED00D      MOV     BX,[0DD0]
0B63:0017 8907          MOV     [BX],AX
0B63:0019 8306D00D02    ADD     WORD PTR [0DD0],+02
0B63:001E F606544D01    TEST    BYTE PTR [4D54],01
```

问题：

（1）该程序在内存中的起始地址是多少？结束地址是多少？共占几个字节？

（2)程序中定义的串'HELLO, WORLD !$'在内存中的起始地址是多少？请先用 D 命令显示该字符串，再用 G 命令运行对应程序段并显示该串。

（3）用 P 命令单步执行程序，查看相关寄存器的内存。

【3】

（1）用 A 命令从地址 0B63：000CH 处输入汇编语句：

```
MOV AH,09
INT 21H
MOV AH,4C
INT 21H
```

（2）如果用带有断点的 G 命令显示字符串'HELLO, WORLD !'，写出命令。

（3）用 T 命令跟踪程序 HELLO.EXE，写出每一步执行后，相关寄存器的内容。

（4）用 T 命令跟踪程序，在跟踪执行 INT 21 时出现什么问题，如何解决？进一步说明 P 命令和 T 命令的区别。

第 4 章 操作数的寻址方式

汇编语言程序由指令序列构成，指令的操作对象是数据。在一条指令中通常要指出数据所存放的地址，所以计算机中的指令由操作码字段和操作数字段两部分组成。操作码字段指示计算机所要执行的操作，而操作数字段则指出在指令执行操作的过程中所需要的操作数。例如，前面提到的数据传送指令 MOV AX，VAL 中，操作码指明做数据传送操作，操作数字段包含 2 个操作数，把内存变量 VAL 的值传送到 CPU 的 AX 寄存器。

操作数字段可以有一个、二个或三个，通常称为一地址、二地址或三地址指令。例如，MOV 指令就是二地址指令。此时分别称两个操作数为源操作数和目的操作数。运算型指令似乎以使用三地址指令为好，例如处理算式 C=A+B，希望在加法指令中，除了给出参加运算的两个操作数外，还可以指出运算结果的存放地址。但三地址指令必然会增加系统设计的复杂性。

实际上运算型指令也使用二地址指令，例如两个操作数相加，其和存放到目的操作数地址，虽然覆盖了原来参加运算的一个操作数，但如果需要保留的话，可以先转存到别处。可见二地址指令可以处理运算问题。

所谓寻址方式（addressing mode）就是指令中寻找操作数的方式，同时寻址方式也规定了指令的结构和格式。在学习指令之前先了解操作数的寻址方式，以便指导我们识别和写出正确有效的指令。

对于指令的操作数，80x86 提供了多种表示方法，以指出操作数或操作数的地址，提高了指令的灵活性和多样性，同时也带来复杂性，但寻址方式还是有其规则的。在 80x86 系列中，8086/8088 和 80286 的字长 16 位，通常一条指令只处理 8 位和 16 位数据。本节主要介绍 16 位机的寻址方式，对 32 位机也是适用的。为方便讨论，寻址方式以传送指令为例说明。

4.1 立即寻址方式

所要找的操作数直接写在指令中，这种操作数称为立即数。立即数就在指令中（紧跟在操作码之后），这种寻址方式称为立即寻址方式。8086 中立即数是 8 位或者 16 位。立即寻址方式用来表示常数，需要注意两个问题：①立即寻址方式只能用于源操作数字段；②立即数的类型必须与目的操作数的类型一致，目的操作数是字节，立即数也必须是字节，或者两者都是字。

立即寻址方式的用途：用于直接指定一个常数送给寄存器。

立即寻址方式的操作数就在指令里，而指令本身在代码段中存放，当机器从内存取指令到

CPU时，操作数作为指令的一部分一起取出来存入CPU的指令队列中。当CPU开始执行这条指令时，就可以立即得到操作数而无需再到内存去取。

例4.1 MOV AL，6H

则指令执行以后，AL=06H

指令中立即数6在机器中是8位而不是4位。

例4.2 MOV AX，12AFH

则指令执行以后，AX=12AFH，即AH=12H，AL=AFH，遵循高位数据在高地址的规定。

以上两条指令在Debug下的实验如图4-1所示。

```
C:\>debug
-A
13A1:0100 MOV AL,6
13A1:0102 MOV AX,12AF
13A1:0105
-U100L5
13A1:0100 B006          MOV     AL,06
13A1:0102 B8AF12        MOV     AX,12AF
-T=100

AX=0006  BX=0000  CX=0000  DX=0000  SP=FFEE  BP=0000  SI=0000  DI=0000
DS=13A1  ES=13A1  SS=13A1  CS=13A1  IP=0102   NV UP EI PL NZ NA PO NC
13A1:0102 B8AF12        MOV     AX,12AF
-T

AX=12AF  BX=0000  CX=0000  DX=0000  SP=FFEE  BP=0000  SI=0000  DI=0000
DS=13A1  ES=13A1  SS=13A1  CS=13A1  IP=0105   NV UP EI PL NZ NA PO NC
13A1:0105 0000          ADD     [BX+SI],AL                         DS:0000=CD
-
```

图4-1 立即寻址示例

由图4-1可见，指令MOV AX，12AFH的机器指令为B8AF12，指令中直接含有操作数12AF，而且操作数在指令中也是遵循“双高”原则存放。立即寻址方式在内存中的示意图如图4-2所示。

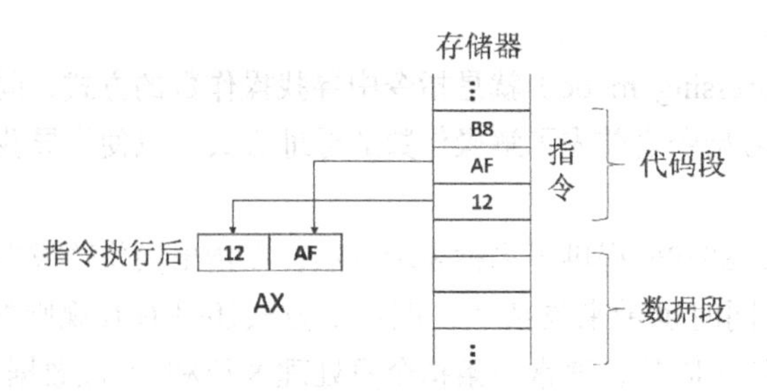

图4-2 立即寻址方式在内存中存放示例图

4.2 寄存器寻址方式

操作数就是寄存器中的值，这种寻址方式称为寄存器寻址方式。指令中给出寄存器名。

对于16位操作数，寄存器可以是AX、BX、CX、DX、SI、DI、SP和BP等，对于8位操作数，寄存器可以是AH、AL、BH 、BL、CH、CL、DH、DL。

例4.3 MOV AX，BX

指令执行后，AX=BX，BX保持不变。

在寄存器寻址方式中，由于操作数在CPU内部的寄存器中，指令在执行时不需要访问内存，因而执行速度快，这一点和立即寻址相同，不同的是，立即数是指令的一部分，寄存器寻址方式中的操作数在 CPU 内部的寄存器中。

寄存器寻址方式的用途：用于指定 2 个寄存器作为操作数。

以上立即寻址方式和寄存器寻址方式的指令在执行时，都无需到存储器寻找操作数。

以下各种寻址方式的操作数都在存储器中，要想得到操作数，CPU 必须经过系统总线访问存储器，在指令执行阶段通过采用不同寻址方式求得操作数地址，才能取得操作数。由于存储器各个段的段地址已分别由各个段寄存器存放，因此，我们只需要根据操作数的偏移地址就可求出其物理地址。这里也可把偏移地址称为有效地址（Effective Address，简称 EA）。

4.3　直接寻址方式

操作数的有效地址 EA 就在指令中，这种寻址方式称为直接寻址方式。指令中直接给出了操作数的有效地址，当指令被机器取到 CPU 中并执行时，CPU 就可以马上从指令中获取有效地址。

指令形式如下：

```
MOV  AX, DS:[4050H]
```

操作数的有效地址 EA 直接写在指令中，用方括号里的数值作为操作数的偏移地址（有效地址）。操作数的段地址为数据段，由 DS 指出，即操作数本身存放在数据段中。CPU 在取指令阶段可直接取得操作数 EA，因而称为直接寻址方式。CPU 根据 EA 和段地址 DS 计算出物理地址后，再访问存储器取出操作数的数值。

操作数的物理地址=（DS）*10H+EA

在书写汇编源程序（.ASM 文件）的时候，对于直接寻址方式而言，必须用前缀“DS:”指出该单元在数据段中。例如，DS:[2000H]代表一个数据段的存储单元，其偏移地址为 2000H。如果没写前缀“DS:”，则系统在用 MASM 汇编时就认为 2000H 是立即数而不是偏移地址。但是如果是用 Debug 的 A 命令输入指令，就不要加上前缀，系统均默认为数据段。

以上指令在 Debug 下的实验如图 4-3 所示。

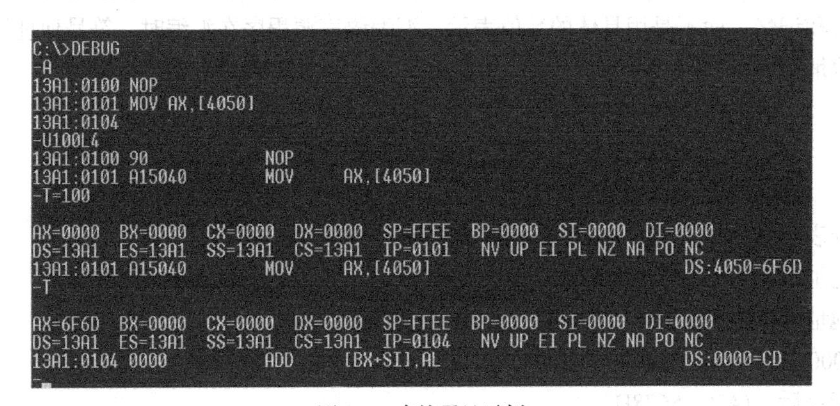

图 4-3　直接寻址示例

由图 4-3 可见，在 Debug 中使用 A 命令输入指令：MOV AX，[4050]，使用 U 命令对该指令进行反汇编，可以查看其机器指令为 A15040，指令中直接含有操作数的地址。而且 4050H 在指令中也是遵循“双高”原则存放。

由图可见，DS=0B13H，DS:4050=6D6FH，则指令执行以后，AX= 6D6FH。

直接寻址方式适于处理单个变量。在本书中，我们将存储单元看成变量，存储单元的名字（偏移地址）为变量名，存储单元的内容为变量值。

（1）存储器读操作

例 4.4 MOV AX, DS: [2000H]

该指令表示从数据段的 2000H 单元读出一个字送入 AX。

其中(DS)=1500H, (17000H)=31H, (17001H)=65H, (AX)=1020H。则

有效地址 EA=2000H

物理地址=(DS)*10H+EA=15000H+2000H=17000H

执行指令后：(AX)=6531H

（2）存储器写操作

如果要实现 CPU 写内存操作，只要把 MOV 指令的目的操作数变为存储单元，源操作数变为 CPU 的寄存器即可。

例 4.5 MOV DS: [4000H], AX

将 AX 的值写入数据段的 4000H 单元。已知(DS)=1500H, (AX)=3946H。则

有效地址 EA=4000H

物理地址 =(DS)×10H+EA

=15000H+4000H=19000H

执行指令后：(19000H)=46H

(19001H)=39H

（3）符号地址

直接寻址方式除了用数值作为有效地址之外，还可以用符号地址的形式。为存储单元定义一个名字，该名字就是符号地址。如果把存储单元看成变量，该名字也是变量名。

采用符号地址时，用数据定义伪指令 DB、DW 等定义的存储单元名字，其对应的段默认为数据段；但是如果用 EQU 符号定义伪操作来定义符号地址，则需要加上前缀“DS:”。

实际上，源程序中的变量总是用符号定义的，通常使用符号来表示操作数地址，可以方便程序员的编写和记忆，而不是用具体的数值表示。汇编语言源程序在汇编时，符号地址被转换为实际的偏移地址值。

例 4.6 VALUE DW 5678H

MOV AX, VALUE

MOV AX, [VALUE]

该指令表示从数据段的 VALUE 单元读出数据 5678H 送入 AX；

有效地址 EA=VALUE=1000H

物理地址=(DS)×10H+EA=15000H+1000H=16000H

若(16000H)=5678H

执行指令后：(AX)=5678H

（4）段前缀

在于内存有关的寻址方式中，操作数的段地址默认为数据段，80×86 规定除了数据段之外，数据还可以存放在其他三种段中。如果操作数在其他段中存放，称为段超越，需要在指令中用段超越前缀指出，即用操作数前加上段寄存器名和冒号表示。

例 4.7　VALUE EQU 1000H

MOV AX, DS: [VALUE]

MOV AX, ES: [VALUE]

若已知(ES)=3600H，EA=VALUE=1000H，则有段超越前缀 ES 的指令源操作数的物理地址计算方法为：

物理地址=(ES)×10H+EA=36000H+1000H=37000H

若字单元(37000H)=9091H

执行完 MOV AX, ES: [VALUE]后：(AX)=9091H

需要提醒的是：上面的指令形式是在汇编源程序中的书写格式，在 Debug 下用 A 命令输入寻址方式指令时，不能使用符号地址，要改成具体的偏移地址值；用段超越指令时，需要将段超越前缀单独在一行输入，不要写在 MOV 指令中。在 Debug 下也不能识别伪指令，因此 EQU 等伪指令不能使用 A 命令输入，如图 4-4 所示。

```
C:\>debug
-a
13A1:0100 mov ax,[1000]
13A1:0103 es:
13A1:0104 mov ax,[1000]
13A1:0107
```

图 4-4　Debug 环境使用段超越前缀

直接寻址方式的用途：用于直接指定一个变量作为操作数。

4.4　寄存器间接寻址方式

操作数的有效地址 EA 就在寄存器中，这种寻址方式称为寄存器间接寻址。寄存器间接寻址方式与寄存器寻址方式不同，它不是把寄存器的内容作为操作数，而是把寄存器的内容作为操作数的地址，而操作数还是在内存中，故称为间接寻址。注意，在寄存器间接寻址中只允许 BX、BP、SI 和 DI。

操作数的物理地址=(DS)×10H+(BX)

操作数的物理地址=(DS)×10H+(SI)

操作数的物理地址=(DS)×10H+(DI)

操作数的物理地址=(SS)×10H+(BP)

由于 EA 是间接从寄存器中得到的，所以称为寄存器间接寻址方式。8086 CPU 只允许 BX、BP、SI、DI 这四个寄存器作为间接地址寄存器。

在这种寻址方式中，操作数同样也可以用段超越前缀。此寻址方式适于简单的表格处理。

例 4.8　MOV AX, [BX]

已知（DS）=1500H，（BX）=4580H，则

EA=（BX）=4580H

物理地址=（DS）×10H+EA=15000H+4580H=19580H

若（19580H）=2364H

执行指令后：（AX）=2364H

例 4.9 MOV SS:[DI], AX

已知（ES）=2500H，（DI）=5318H，则

EA=（DI）=5318H

物理地址=（SS）×10H+EA=25000H+5318H=2A318H

若（AX）=2468H

执行指令后：（2A318H）=68H

（2A319H）=24H

例 4.10

```
MOV  AX, [BX]          ; 默认 DS 寄存器作段地址
MOV  DX, [BP]          ; 默认 SS 寄存器作段地址
MOV  ES:[DI], AX       ; 指定 ES 寄存器作段地址
```

Debug 下的实验如图 4-5 所示。

```
-U100L9
13A1:0100 90            NOP
13A1:0101 8B07          MOV     AX,[BX]
13A1:0103 8B5600        MOV     DX,[BP+00]
13A1:0106 26            ES:
13A1:0107 8905          MOV     [DI],AX
-T=100

AX=0000  BX=0000  CX=0000  DX=0000  SP=FFEE  BP=0000  SI=0000  DI=0000
DS=13A1  ES=13A1  SS=13A1  CS=13A1  IP=0101   NV UP EI PL NZ NA PO NC
13A1:0101 8B07          MOV     AX,[BX]                          DS:0000=20CD
-T

AX=20CD  BX=0000  CX=0000  DX=0000  SP=FFEE  BP=0000  SI=0000  DI=0000
DS=13A1  ES=13A1  SS=13A1  CS=13A1  IP=0103   NV UP EI PL NZ NA PO NC
13A1:0103 8B5600        MOV     DX,[BP+00]                       SS:0000=20CD
-T

AX=20CD  BX=0000  CX=0000  DX=20CD  SP=FFEE  BP=0000  SI=0000  DI=0000
DS=13A1  ES=13A1  SS=13A1  CS=13A1  IP=0106   NV UP EI PL NZ NA PO NC
13A1:0106 26            ES:
13A1:0107 8905          MOV     [DI],AX                          ES:0000=20CD
-
```

图 4-5　寄存器间接寻址示例

图中第一条指令 NOP 为空操作，是为了便于观察跟踪指令有意安排。由于 BX、BP、SI 寄存器的值为 0，所以由图中右侧可见，上面 3 条指令的操作数逻辑地址分别是：

```
DS:0000
SS:0000
ES:0000
```

巧合的是：这里 3 个内存单元的值都是 20CD。

注意，如果指令中指定 BX、SI、DI 寄存器作间接寻址的有效地址，则默认 DS 寄存器作段地址，如果指令中指定 BP 寄存器作间接寻址的有效地址，则默认 SS 寄存器作段地址。

寄存器间接寻址方式的用途：用寄存器间接指向一个内存单元，寄存器的值不同，指向的内存单元的地址就不同，常用于循环程序中。

4.5　寄存器相对寻址方式

操作数的有效地址 EA 是一个寄存器和位移量之和，这种寻址方式称为寄存器相对寻址。和寄存器间接寻址方式不同的是，有效地址 EA 的构成除了寄存器以外，还要加上位移量。这里允许的寄存器和默认段寄存器的规定与寄存器间接寻址方式中一样，默认搭配也是 DS 段寄存器和

BX、SI、DI。SS 段寄存器和 BP。

操作数的物理地址=（DS）×10H+（BX）+8 位（16）位位移量

操作数的物理地址=（DS）×10H+（SI）+8 位（16）位位移量

操作数的物理地址=（DS）×10H+（DI）+8 位（16）位位移量

操作数的物理地址=（SS）×10H+（BP）+8 位（16）位位移量

由于有相对的位移量，所以称为寄存器相对寻址方式。此寻址方式常用于查表操作。可利用寄存器做首地址，用位移量做指针寻找表中特定的单元；或用位移量做表格的首地址，用寄存器做指针，来连续查表。

例 4.11 MOV AX, TOP[SI]

以上指令 TOP 为符号地址，即位移量。

已知（DS）=1500H，（SI）=7310H，TOP=25H，则

有效地址 EA=（SI）+TOP=7310H+25H=7335H

物理地址=（DS）×10H+EA=15000H+7335H=1C335H

若（1C335H）=2428H

执行指令后，（AX）=2428H

例 4.12 MOV [BX+2623H], AX

或写成 MOV [BX].2623H, AX

已知（DS）=1500H，（BX）=6854H，则

有效地址 EA=（BX）+2623H=8E77H

物理地址=（DS）×10H+EA=15000H+8E77H=1DE77H

若（1DE77H）=3567H

执行指令后：（AX）=3567H

例 4.13

```
MOV  AX, ARRY[BX]
MOV  AX, [ARRY][BX]
MOV  AX, [ARRY+BX]
MOV  AL, BUF[BX]
MOV  AL, [BX+8H]
MOV  AL, [BX].8H
```

前 3 条指令写法不同，但都是等效的。其中位移量 ARRY，通常是 16 位的变量，因为要和 16 位的寄存器匹配。注意，这里源操作数的有效地址是由 ARRY 的偏移地址加上 BX 的值组成。ARRY 也可以是常量，第 4 条指令中的 BUF 通常是 8 位的变量，也可以是常量。

寄存器间接寻址方式的用途：特别适用于访问一维数组，寄存器可作为数组下标（或数组元素的位置），利用修改寄存器的值来定位数组中的各个元素。

4.6 基址变址寻址方式

操作数的有效地址是一个基址寄存器和一个变址寄存器的内容之和，这种寻址方式称为基址变址寻址。允许使用的基址寄存器为 BX 和 BP，变址寄存器为 SI 和 DI。默认段寄存器的规定与

寄存器间接寻址方式中一样。

操作数的物理地址=（DS）×10H+（BX）+（DI）

操作数的物理地址=（DS）×10H+（BX）+（SI）

操作数的物理地址=（SS）×10H+（BP）+（SI）

操作数的物理地址=（SS）×10H+（BP）+（DI）

例 4.14 MOV AX, [BX+DI]

执行前：已知（DS）=2100H，（BX）=0158H，（DI）=10A5H，（221FD）=34H，（221FE）=95H，（AX）=0FFFFH。则

有效地址 EA=（BX）+（DI）=0158H+10A5H=11FDH

物理地址=（DS）×10H+EA=21000H+11FDH=221FDH

执行后，（AX）=9534H

例 4.15

```
MOV  AX, [BX][SI]          ; 默认 DS 寄存器作段地址
MOV  AX, [BP][DI]          ; 默认 SS 寄存器作段地址
MOV  AX, ES:[BX][DI]       ; 指定 ES 寄存器作段地址
MOV  DX, [BP][SI]          ; 默认 SS 寄存器作段地址
MOV  [BX+DI], CX           ; 默认 DS 寄存器作段地址
MOV  [BP+SI], AL           ; 默认 SS 寄存器作段地址
```

这种寻址方式可用于一维数组的处理，数组的首地址可放在基址寄存器，利用修改变址寄存器的内容来定位数组中的各元素。由于基址寄存器和变址寄存器都可以修改，所以访问数组中的各个元素更加灵活。

4.7 相对基址变址寻址方式

操作数的有效地址是一个基址寄存器和一个变址寄存器以及一个位移量之和，这种寻址方式称为相对基址变址寻址。它所允许使用的基址寄存器为 BX 和 BP，变址寄存器为 SI 和 DI。默认段寄存器的规定与寄存器间接寻址方式中一样。位移量可以是常量，也可以是符号地址。

操作数的物理地址=（DS）×10H+（BX）+（DI）+8 位（16 位）位移量

操作数的物理地址=（DS）×10H+（BX）+（SI）+8 位（16 位）位移量

操作数的物理地址=（SS）×10H+（BP）+（SI）+8 位（16 位）位移量

操作数的物理地址=（SS）×10H+（BP）+（DI）+8 位（16 位）位移量

例 4.16

```
MOV  AX, MASK[BX][SI]      ; 默认 DS 寄存器作段地址
MOV  AX, [MASK+BX+SI]      ; 默认 DS 寄存器作段地址
MOV  AX, [BX+SI].MASK      ; 默认 DS 寄存器作段地址
```

以上 3 种表示形式实现的功能是一样的。其有效地址 EA=MASK+(BX)+(SI)；物理地址=(DS)×10H+EA。

这种寻址方式可用于二维数组的处理，数组的首地址为 ARRY，基址寄存器指向数组的行，变址寄存器指向该行的某个元素。利用修改基址寄存器和变址寄存器的内容可以方便地访问数组

中的各个元素。

本章小结

本章主要介绍了操作数的寻址方式。常用的寻址方式有 7 种之多，到底选择哪一种较为合适？选择寻址方式有两个原则：第一，实用；第二，有效。最终都应达到运行速度快、指令代码短的高效率目标程序的目的。立即寻址和寄存器寻址无论从指令长度还是指令执行时间来看，都比存储器寻址要好，但是也要依据情况灵活选用。

立即寻址方式一般用于对寄存器、存储单元赋值，且立即数在运算指令中作为源操作数使用，不允许立即数出现在目的操作数中。

寄存器寻址简便、实用，既可以用在源操作数中，也可以用在目的操作数中。由于寄存器就在 CPU 内部，所以执行速度非常快，而且指令长度也短。缺点是寄存器的个数太少，不能满足保存大量数据的要求。寄存器可以作为中间媒介重复使用。

存储器寻址方式满足了大批量数据的保存和读取的需求。但是缺点也很明显，CPU 到存储器中读写数据时，要经过总线访问存储器；而且存储器的速度比 CPU 要慢很多，CPU 需要等待，因此执行时间上要增加很多。不过，存储器寻址方式作为一种重要的获取操作数的手段，在汇编指令使用中起着举足轻重的作用。

直接寻址方式由于偏移地址直接在指令中给出了，因此可以很方便地访问存储单元，如“MOV AX，DS：[2000H]”的表示形式需要程序员写出偏移地址的数值，而且在程序执行的过程中不能随意修改。如果采用符号地址的表示则有助于程序员编程，如“MOV AX，[VALUE]”，程序员可以不并关系具体的地址值。

寄存器间接寻址和寄存器相对寻址很灵活，它相当于 C 语言中的指针。在程序中只要改变寄存器的值，同一条访问存储单元的指令就可以访问不同的单元，大大提高了程序的灵活性和效率。例如，从存储单元中读出一个字送到 AX 寄存器的指令“MOV AX，[BX]”。当 BX 的值改变了，存储单元也就变了。

基址变址寻址和相对基址变址寻址方式稍微复杂一些，一般用于一维数组和二维数组的处理。

另外关于双操作数的指令有两点提示，后面将在伪指令中进行更加详细的介绍。

（1）双操作数指令的两个操作数，长度须匹配。下面的指令是错误的：

```
MOV  BX, AH        ; BX为16位, AH为8位
```

（2）双操作数指令的两个操作数中，不能两个操作数同为内存单元。

例如下面的指令是错误的：

```
MOV  B, A
MOV  [BX], [DI]
```

CPU 与内存交换数据，是通过地址线选中该内存单元，经数据线对该内存单元进行读出或写入操作。如果要用一条指令把内存单元 A 的数据传送到另一个内存单元 B，需要在地址线上同时给出这两个变量的地址，显然不现实。如果一定要设计一条指令做这件事，那指令的操作也只能分两步进行，第一步是读出 A 单元的数据，此时地址线上是 A 单元的地址，第二步是写到 B 单元，此时地址线上是 B 单元的地址。为了便于设计，双操作数指令中规定不能两个操作数同为内存单元。但有些单操作数指令是可以完成两个内存单元直接传送的。

习题 4

4.1 何为段地址？何为有效地址？何为逻辑地址？何为物理地址？用指令举例说明。

4.2 指出以下指令的寻址方式，array 是变量。

（1）MOV AX, 9

（2）MOV BYTE PTR[BX],9

（3）MOV BX,[DI]

（4）MOV AX,BX

（5）MOV [SI+BX],9

（6）MOV ARRAY[BX],CX

（7）MOV AX, ARRAY+9

（8）MOV AX, ARRAY[BX+DI]

4.3 假定(DS)=1200H，(SS)=4400H，(BX)=463DH，(BP)=2006H，(SI)=6A00H，位移量 D=4524H，以 AX 寄存器为目的操作数，试写出以下各种寻址方式下的传送指令，并确定源操作数的有效地址 EA 和物理地址。

（1）立即寻址；

（2）直接寻址；

（3）使用 BX 的寄存器寻址；

（4）使用 BX 的间接寻址；

（5）使用 BP 的寄存器相对寻址；

（6）基址变址寻址；

（7）相对基址变址寻址。

4.4 在数据段定义了 ARRAY 数组，其中依次存储了五个字数据，ARRAY 的起始地址（第一个数据的地址）为 24H，请用不同寻址方式的指令，把第 5 个字送 AX 寄存器，指令条数不限。

实验 3　不同寻址方式的灵活运用

实验目的：熟悉和掌握 7 种不同的操作数寻址方式的使用方法。

实验内容：对指定内存单元的数据进行不同寻址方式的访问。

【1】立即寻址方式的使用

在 Debug 环境下使用 A 命令进行汇编，执行语句 MOV AL，6H 和 MOV AX，12AFH，如图 4-6 所示。

```
C:\>debug
-A
13A1:0100 MOV AL,6
13A1:0102 MOV AX,12AF
13A1:0105
-
```

图 4-6　立即寻址方式的使用

由上面 A 命令下最左侧的逻辑地址栏我们可以得知：CS=13A1，第一条指令的偏移地址为 0100；第二条指令的偏移地址为 0102。

使用反汇编指令可以看出，立即寻址方式中立即数存放在指令中，即机器码 B006 后两位 06 为第一条指令的地址；机器码 B8AF12 中 AF12 是第二条指令的地址，如图 4-7 所示。

```
-U0100 0105
13A1:0100 B006          MOV     AL,06
13A1:0102 B8AF12        MOV     AX,12AF
13A1:0105 0000          ADD     [BX+SI],AL
-
```

图 4-7 立即寻址方式中立即数存放于机器码中的情况查看

使用 D 命令查看代码段这两条地址处的存储情况。CS=DS=13A1，如图 4-8 所示。

```
-D13A1:0100
13A1:0100  B0 06 B8 AF 12 00 00 00-00 00 00 00 00 00 00 00   ................
13A1:0110  00 00 00 00 00 00 00 00-00 00 00 34 00 90 13   ...........4...
13A1:0120  00 00 00 00 00 00 00 00-00 00 00 00 00 00 00 00   ................
13A1:0130  00 00 00 00 00 00 00 00-00 00 00 00 00 00 00 00   ................
13A1:0140  00 00 00 00 00 00 00 00-00 00 00 00 00 00 00 00   ................
13A1:0150  00 00 00 00 00 00 00 00-00 00 00 00 00 00 00 00   ................
13A1:0160  00 00 00 00 00 00 00 00-00 00 00 00 00 00 00 00   ................
13A1:0170  00 00 00 00 00 00 00 00-00 00 00 00 00 00 00 00   ................
-
```

图 4-8 使用 D 查看内存单元 13A1:0100 和 13A1:0102 的存储情况

【2】寄存器寻址方式的使用

在内存单元 DS:4050H 中存储情况如下，如图 4-9～图 4-11 所示。

```
-d4050
13A1:4050  12 34 45 67 89 AB CD EF-00 00 00 00 00 00 00 00   .4Eg............
13A1:4060  00 00 00 00 00 00 00 00-00 00 00 00 00 00 00 00   ................
13A1:4070  00 00 00 00 00 00 00 00-00 00 00 00 00 00 00 00   ................
13A1:4080  00 00 00 00 00 00 00 00-00 00 00 00 00 00 00 00   ................
13A1:4090  00 00 00 00 00 00 00 00-00 00 00 00 00 00 00 00   ................
13A1:40A0  00 00 00 00 00 00 00 00-00 00 00 00 00 00 00 00   ................
13A1:40B0  00 00 00 00 00 00 00 00-00 00 00 00 00 00 00 00   ................
13A1:40C0  00 00 00 00 00 00 00 00-00 00 00 00 00 00 00 00   ................
-
```

图 4-9 使用 D 查看内存单元 13A1:4050 的存储情况

```
-rbx
BX 0000
:4050
-a
13A1:0100 mov ax,bx
13A1:0102
-U0100 0102
13A1:0100 89D8          MOV     AX,BX
13A1:0102 0000          ADD     [BX+SI],AL
```

图 4-10 在内存中写入寄存器寻址方式的 MOV 命令

```
-g=0100 0102

AX=4050  BX=4050  CX=0000  DX=0000  SP=FFEE  BP=0000  SI=0000  DI=0000
DS=13A1  ES=13A1  SS=13A1  CS=13A1  IP=0102   NV UP EI PL NZ NA PO NC
13A1:0102 0000          ADD     [BX+SI],AL                         DS:4050=12
-
```

图 4-11 运行寄存器寻址方式的 MOV 命令

由图 4-10 可知，原本存储在 BX 寄存器中的内容 4050H，经过 MOV AX，BX 指令后，被传送到 AX 寄存器中。CPU 在 BX 寄存器中得到操作数，并直接送到 AX 寄存器中，不用访问内存。

【3】直接寻址方式的使用

在内存单元 DS:4050H 中存储情况如图 4-9 所示。在 Debug 环境下使用 A 命令进行汇编，执行语句 MOV AX, DS:[4050H]

```
-a
13A1:0100 mov ax,ds:[4050]
                   ^ Error
13A1:0100 mov ax,[4050]
13A1:0103
```

图 4-12　对直接寻址方式的 MOV 命令使用 A 命令汇编

使用反汇编指令 U 可以看出，其偏移地址 4050 是存放在机器码中的。

```
-U0100 0103
13A1:0100 A15040        MOV     AX,[4050]
13A1:0103 AF            SCASW
-
```

图 4-13　使用反汇编指令对直接寻址方式的偏移地址进行查看

这里需要说明的有两点：（1）在 Debug 环境下，偏移地址默认为十六进制表示，不需要使用十六进制后缀“H”。（2）A 命令输入指令，不需要加前缀，系统均默认为数据段。

执行在代码段 13A1:0100 处的程序可以得到如图 4-14 结果显示。可以看出，内存单元 13A1:4050 存储的数据被传送至 AX 寄存器（注意该系统中分配数据段段基址和代码段段基址一致，即 DS=CS）。

```
-t=0100 1

AX=3412  BX=0000  CX=0000  DX=0000  SP=FFEE  BP=0000  SI=0000  DI=0000
DS=13A1  ES=13A1  SS=13A1  CS=13A1  IP=0103   NV UP EI PL NZ NA PO NC
13A1:0103 0000          ADD     [BX+SI],AL                         DS:0000=CD
```

图 4-14　使用 T 命令执行指令 MOV AX, DS:[4050H]

【4】寄存器间接寻址方式的使用

查看 DS:4050 单元的内容，设置（BX）=4050，如图 4-15 所示。

```
-d4050
13A1:4050  12 34 45 67 89 AB CD EF-00 00 00 00 00 00 00 00   .4Eg............
13A1:4060  00 00 00 00 00 00 00 00-00 00 00 00 00 00 00 00   ................
13A1:4070  00 00 00 00 00 00 00 00-00 00 00 00 00 00 00 00   ................
13A1:4080  00 00 00 00 00 00 00 00-00 00 00 00 00 00 00 00   ................
13A1:4090  00 00 00 00 00 00 00 00-00 00 00 00 00 00 00 00   ................
13A1:40A0  00 00 00 00 00 00 00 00-00 00 00 00 00 00 00 00   ................
13A1:40B0  00 00 00 00 00 00 00 00-00 00 00 00 00 00 00 00   ................
13A1:40C0  00 00 00 00 00 00 00 00-00 00 00 00 00 00 00 00   ................
-rbx
BX 0000
:4050
-
```

图 4-15　查看 DS:4050 单元的内容并设置（BX）=4050

在 CS:0100 处使用 A 命令汇编语句 MOV AX, [BX]。执行后可以看出存放在 BX 寄存器的数值作为偏移地址，进一步找到该地址单元 DS:4050 中的数据并将其存放到了 AX 寄存器中，如图 4-16 所示。

```
-a
13A1:0100 mov ax,[bx]
13A1:0102
-g=0100 0102

AX=3412  BX=4050  CX=0000  DX=0000  SP=FFEE  BP=0000  SI=0000  DI=0000
DS=13A1  ES=13A1  SS=13A1  CS=13A1  IP=0102   NV UP EI PL NZ NA PO NC
13A1:0102 0000          ADD     [BX+SI],AL                         DS:4050=12
```

图 4-16　运行 MOV AX, [BX]

反汇编后可以看出，相比直接寻址方式指令，访问的内存地址不在指令中，因而指令较短，如图 4-17 所示。

```
-U0100 0102
13A1:0100 8B07          MOV     AX,[BX]
13A1:0102 0000          ADD     [BX+SI],AL
-
```

图 4-17　寄存器间接寻址方式的机器码情况

【5】寄存器相对寻址方式的使用

DS:4050H 单元的内容为 3412H。设置（BX）=4000H，如图 4-18 所示。

```
-rbx
BX 4050
:4000
-
```

图 4-18　设置（BX）=4000H

由图 4-19 可以得出，送入 AX 中的数值，是存放在内存单元 DS：4050H 的内容。该内存单元的地址由(BX)+50H 即 4000H+50H=4050H 得到。

```
-a
13A1:0102 mov ax,[bx+50]
13A1:0105
-g=0102 0105

AX=3412  BX=4000  CX=0000  DX=0000  SP=FFEE  BP=0000  SI=0000  DI=0000
DS=13A1  ES=13A1  SS=13A1  CS=13A1  IP=0105   NV UP EI PL NZ NA PO NC
13A1:0105 0000          ADD     [BX+SI],AL                        DS:4000=00
-
```

图 4-19　执行 MOV AX,[BX+50]

【6】基址变址寻址方式的使用

BX 和内存单元 DS:4050H 中的内容如前。使用基址变址寻址方式访问同一内存单元如图 4-20 所示。

```
-rSI
SI 0000
:50
-a
13A1:0105 mov ax,[bx+si]
13A1:0107
-g=0105 0107

AX=3412  BX=4000  CX=0000  DX=0000  SP=FFEE  BP=0000  SI=0050  DI=0000
DS=13A1  ES=13A1  SS=13A1  CS=13A1  IP=0107   NV UP EI PL NZ NA PO NC
13A1:0107 0000          ADD     [BX+SI],AL                        DS:4050=12
-
```

图 4-20　执行 MOV AX,[BX+SI]

【7】相对基址变址寻址方式

BX 和内存单元 DS：4050H 中的内容如前。使用相对基址变址寻址方式访问同一内存单元如图 4-21 所示。

```
-rDI
DI 0000
:10
-a
13A1:0107 mov ax,[bx+di+40]
13A1:010A
-g=0107 010A

AX=3412  BX=4000  CX=0000  DX=0000  SP=FFEE  BP=0000  SI=0050  DI=0010
DS=13A1  ES=13A1  SS=13A1  CS=13A1  IP=010A   NV UP EI PL NZ NA PO NC
13A1:010A 0000          ADD     [BX+SI],AL                        DS:4050=12
-
```

图 4-21　执行 MOV AX, [BX+DI+40]

思考题：参考以上寻址方式，完成下列实验内容。

1. 两个操作数相减运算，结果放在数据段的偏移地址为 0016H 单元。

（1）AX，BX 寄存器分别赋值为 0038H 和 0010H。

（2）AX 和 BX 的内容相减（SUB 指令），结果在 AX 中（该指令为 SUB AX，BX）。

（3）用直接寻址方式将相减的结果保存到 0016H 单元。

2. 两个操作数相加运算，结果放在附加段的 0020H 单元。

（1）AX 的值为 0034H。

（2）AX 和 65 相加，结果在 AX 中（该指令为 AND AX，65）。

（3）用寄存器间接寻址方式（段超越）保存运算结果。

3. 将 AX 寄存器中的 1234H 写入数据段的 0002H 单元，读出 0003H 的 12H 传送给 BL 寄存器（寻址方式自定）。

第 5 章 常用指令系统

每种计算机都有一组指令集供用户使用，这组指令集就称为计算机的指令系统。本章主要介绍 8086 的 16 位机的汇编指令系统，但对于 32 位机来说也是完全兼容的。通过本章的学习，应该掌握汇编语言常用指令的格式和功能，并能使用这些指令编写汇编源程序。

80x86 汇编语言指令的一般格式为：

[标号:]　　指令助记符　　[操作数]　　[; 注释]

例如：

```
START: MOV  AX, DATA    ; DATA 送 AX
```

一般格式中的方括号[]内的内容为可选项，可见一条指令中，只是指令助记符是不可少的。

各部分的意义说明如下。

1. 标号

标号是一个符号地址，用来表示指令在内存中的位置，以便程序中的其他指令能引用该指令。它通常作为转移指令的操作数，以表示转向的目标地址。当一条指令使用标号时，应加冒号“:”，不可省略。

2. 指令助记符

指令助记符表示指令名称，是指令功能的英文缩写。如“MOV”表示传送指令。

3. 操作数

操作数表示指令要操作的数据或数据所在的地址。操作数可以是寄存器、常量、变量，也可以由表达式构成。80x86 指令一般带有 0 个、1 个或 2 个操作数。对于双操作数指令，左边的操作数参与指令操作，存放操作结果，因此也称作目的操作数 DST；而右边的操作数仅仅参与指令操作，指令运行结束后，内容不变，因此称作源操作数 SRC。另外，2 个操作数之间用逗号“,”分隔。如上例中，AX 寄存器是目的操作数，DATA 是源操作数。

4. 注释

注释由分号“;”开始，为了使程序更容易理解而用来对指令的功能加以说明。汇编程序对源程序汇编时，对注释部分不作处理。若注释超过一行则在每行都必须以分号开头。

本章将指令系统分为以下 5 组：

1. 数据传送指令；
2. 算术运算指令；
3. 逻辑与移位指令；
4. 串操作指令；
5. 程序转移指令。

5.1 数据传送指令

数据传送指令负责在寄存器、存储单元或I/O端口之间传送数据，是最简单、最常用的一类指令，又可细分为4种：

1. 通用数据传送指令；
2. 累加器专用传送指令；
3. 地址传送指令；
4. 标志寄存器传送。

5.1.1 通用数据传送指令

- MOV(move) 传送
- PUSH(push onto the stack) 进栈
- POP(pop from the stack) 出栈
- XCHG(exchange) 交换

（1）MOV 传送指令

格式：MOV DST，SRC

操作：（DST）←（SRC），将源操作数传送到目的操作数。

其中，DST表示目的操作数，SRC表示源操作数。

MOV指令为双操作数指令，须遵循双操作数指令的规定：

① 源操作数与目的操作数的长度必须明确且一致，即必须同时为8位或16位。

② 目的操作数与源操作数不能同为存储器，不允许在两个存储单元之间直接传送数据。

③ 目的操作数不能为CS或IP，因为CS:IP指向的是当前要执行的指令所在的地址。

④ 目的操作数不可以是立即数。

例5.1 立即数与寄存器的传送。

```
MOV  AH, 89              ; 十进制数
MOV  AX, 2016H           ; 十六进制数，后面加 H
MOV  AX, 0ABCDH          ; 十六进制数，因非数字（0～9）开头，前面加 0
MOV  AL, 10001011B       ; 二进制数，后面加 B
MOV  AL, 'A'             ; 字符'A'的 ASCII 码是 41H，相当于立即数
```

说明：这5条指令中，源操作数均采用立即数寻址，但目的操作数是寄存器，其长度是明确的。只要立即数的长度不大于寄存器的位数即可。

但以下指令是错误的：

```
MOV  AH, 258
```

因为源操作数258表示成二进制超出8位，也就是比目的寄存器的位数长，不一致，因此指令是错误的。

例5.2 内存访问。

```
MOV  [BX], AX
```

上述指令的源操作数是寄存器AX，明确是16位的，主存单元[BX]可以表示指向一字单元，

因此长度是一致的，指令合法。

但以下指令是错误的：

```
MOV  [BX],0
```

上述指令的源操作数是立即数，其长度是不确定的，目的操作数是主存单元，但以低地址访问主存单元时，[BX]并不能说明是字节单元还是字单元，因此长度也是不确定的。

为了解决这个问题，可以在指令中指定内存单元的类型，将上述指令改写为下面两种形式：

```
MOV  BYTE PTR[BX],0  ; BYTE PTR 说明是字节操作，写一个字节单元
MOV  WORD PTR[BX],0  ; WORD PTR 说明是字操作，写一个字单元
```

这样目的操作数长度就是明确的，指令是正确的。

例 5.3　段地址寄存器的传送。

```
MOV  AX, DATA_SEG
MOV  DS, AX
```

段地址寄存器须通过寄存器得到段地址，不能直接由符号地址、段寄存器、立即数得到。

以下指令是错误的：

```
MOV  DS, DATA_SEG     ; 段寄存器不接受符号地址
MOV  DS, ES           ; 段寄存器之间不能直接传送
MOV  DS, 1234         ; 段寄存器不接受立即数
MOV  CS, AX           ; 指令合法，但代码段寄存器不能赋值
```

例 5.4　传送变量。

```
MOV  BX,  TABLE       ; 假定 TABLE 是 16 位的变量
```

把变量 TABLE 的值送给 BX。

以下指令是错误的：

```
MOV  BL,  TABLE       ; TABLE 是 16 位的变量，操作数长度不一致
MOV  [BX],  TABLE     ; 两个操作数不能同为内存单元
```

例 5.5　传送地址。

```
MOV  BX,  OFFSET  TABLE
```

OFFSET 为偏移地址属性操作符，通常是把变量 TABLE 的偏移地址送给 BX。

以下指令是错误的：

```
MOV  BL,  OFFSET  TABLE
```

不管变量的类型如何，其有效地址总是 16 位。

（2）PUSH　进栈指令

格式：PUSH　SRC

操作：(SP)←(SP)−2

　　　((SP)+1,(SP))←(SRC)

其中 SRC 表示源操作数。

该条指令表示将源操作数压入堆栈（目的操作数），目的操作数地址由 SS:SP 指定，指令中无需给出。堆栈是后进先出（Last in First out，LIFO）内存区，SP 总是指向栈顶，即大地址。因此入栈时，先将栈顶指针 SP 减 2（2 表示 2 个字节，16 位机器字长），以便指向新的内存地址接受 16 位源操作数，同时指向新的栈顶。堆栈操作以字为单位进行操作。

（3）POP　出栈指令

格式：POP　DST

操作：(DST)←((SP)+1,(SP))

(SP)←(SP)+2

其中 DST 表示目的操作数。

将堆栈中源操作数弹出到目的操作数，堆栈中源操作数地址由 SS:SP 指定，指令中无需给出。源操作数弹出后，SP 加 2，下移一个字，指向新的栈顶。

例 5.6 进栈和出栈。

```
MOV  BX, 1234H
PUSH  BX
POP  AX
```

指令执行结果如图 5-1 所示，进栈时 SP-2，SP 向低地址移动。出栈时 SP+2，SP 向高地址移动。

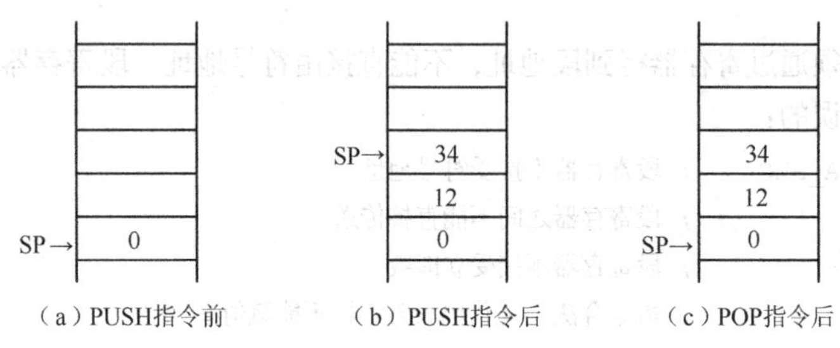

图 5-1　PUSH 和 POP 指令执行情况

例 5.7 主存内容的堆栈操作。

实际上在 Debug 下，我们会发现如下指令也是合法的：

```
PUSH    [2016]          ; 把地址为DS:[2016]的字送往栈顶（SS:SP所指内存）
POP     [2016]          ; 把栈顶（SS:SP 所指内存）的字送往 DS:[2016]的内存指令执行情况如图
```
5-2 所示

```
-u
1416:0000 B81614        MOV     AX,1416
1416:0003 8ED8          MOV     DS,AX
1416:0005 8ED0          MOV     SS,AX
1416:0007 B80000        MOV     AX,0000
1416:000A 50            PUSH    AX
1416:000B FF361620      PUSH    [2016]
1416:000F 50            PUSH    AX
1416:0010 8F061620      POP     [2016]
```

（a）反汇编的汇编程序段

```
-t

AX=00AA  BX=0000  CX=001A  DX=0000  SP=FFFE  BP=0000  SI=0000  DI=0000
DS=1416  ES=1406  SS=1416  CS=1416  IP=000B   NV UP EI PL NZ NA PO NC
1416:000B FF361620      PUSH    [2016]                          DS:2016=247A
-d 1416:FFFE
1416:FFF0                                            AA 00                   ..
-d 1416:2016
1416:2010                    7A 24-0B C0 75 62 FF 76 F4 56          z$..ub.v.V
1416:2020  6A 00 8D 46 F0 50 E8 B3-FC 8B F8 0B F8 74 5A 83   j..F.P.......tZ.
1416:2030  7E FA 00 74 0F 8B 5E 06-8B 46 F4 8B 57 0C E8 AD   ~..t..^..F..W...
1416:2040  F6 89 46 FA F6 06 98 54-01 75 08 8B DF 8B 46 F0   ..F....T.u....F.
1416:2050  E8 2D 01 8B 5E 04 FF B7-0C 01 8B 46 FA 03 C7 50   .-..^......F...P
1416:2060  8B 46 F0 2B 46 FA 50 FF-37 8D 46 D0 50 E8 70 00   .F.+F.P.7.F.P.p.
1416:2070  89 46 F8 0B C0 75 17 46-89 46 FA E9 66 FF BE 26   .F...u.F.F..f..&
1416:2080  00 89 76 F6 8B 7E F6 EB-46 BE 1F 00 EB F3 89 7E   ..v..~..F......~
1416:2090  FC 89 76 FE 8B 76                                 ..v..v
-t

AX=00AA  BX=0000  CX=001A  DX=0000  SP=FFFC  BP=0000  SI=0000  DI=0000
DS=1416  ES=1406  SS=1416  CS=1416  IP=000F   NV UP EI PL NZ NA PO NC
1416:000F 50            PUSH    AX
-d 1416:FFFC
1416:FFF0                                      7A 24 AA 00               z$..
```

（b）执行 PUSH 命令前的堆栈单元以及[2016]主存单元

图 5-2　PUSH 和 POP 指令执行的内存情况

```
-t

AX=00AA  BX=0000  CX=001A  DX=0000  SP=FFFA  BP=0000  SI=0000  DI=0000
DS=1416  ES=1406  SS=1416  CS=1416  IP=0010   NV UP EI PL NZ NA PO NC
1416:0010 8F061620      POP     [2016]                        DS:2016=247A
-d 1416:FFFA
1416:FFF0                               AA 00 7A 24 AA 00          ..z$..
-t

AX=00AA  BX=0000  CX=001A  DX=0000  SP=FFFC  BP=0000  SI=0000  DI=0000
DS=1416  ES=1406  SS=1416  CS=1416  IP=0014   NV UP EI PL NZ NA PO NC
1416:0014 CD21          INT     21
-d 1416:FFFC
1416:FFF0                                     7A 24 AA 00            z$..
-d 1416:2016
1416:2010                    AA 00-0B C0 75 62 FF 76 F4 56         ....ub.v.V
1416:2020  6A 00 8D 46 F0 50 E8 B3-FC 8B F8 0B F8 74 5A 83   j..F.P.......tZ.
1416:2030  7E FA 00 74 0F 8B 5E 06-8B 46 F4 8B 57 0C E8 AD   ~..t..^..F..W...
1416:2040  F6 89 46 FA F6 06 98 54-01 75 08 8B DF 8B 46 F0   ..F....T.u....F.
1416:2050  E8 2D 01 8B 5E 04 FF B7-0C 01 8B 46 FA 03 C7 50   .-..^......F...P
1416:2060  8B 46 F0 2B 46 FA 50 FF-37 8D 46 D0 50 E8 70 00   .F.+F.P.7.F.P.p.
1416:2070  89 46 F8 0B C0 75 17 46-89 46 FA E9 66 FF BE 26   .F...u.F.F..f..&
1416:2080  00 89 76 F6 8B 7E F6 EB-46 BE 1F 00 EB F3 89 7E   ..v..~..F......~
1416:2090  FC 89 76 FE 8B 76                                 ..v..v
-
```

（c）执行 PUSH 命令后的堆栈状况以及执行 POP 命令后的[2016]主存单元

图 5-2　PUSH 和 POP 指令执行的内存情况（续）

这两条指令都为单操作数指令，但实际上另一个默认的操作数是栈顶，即 SS:SP 所指向的内存。而做的操作是从内存到内存的传送！这在双操作数 MOV 指令中是不允许的。

（4）XCHG　交换指令

格式：XCHG　OPR1，OPR2

操作：(OPR1) ← →(OPR2)

其中 OPR1、OPR2 为操作数。

把 2 个操作数互换位置。

XCHG 为双操作数指令，两个操作数均是目的操作数，除了遵循双操作数指令的规定，也不能用立即数寻址。

例 5.8　XCHG 指令举例。

```
XCHG  AX,   BX        ; 两个寄存器长度相等
XCHG  AX,   [BX]      ; AX 要求[BX]也取字单元
XCHG  AX,   VAR       ; VAR 必须是字变量
```

以下指令是错误的：

```
XCHG  AX,   5         ; 显然操作数不能为立即数
XCHG  [BX], VAR       ; 操作数不能同为内存单元
XCHG  AX,   BH        ; 操作数长度要一致
```

5.1.2　累加器专用传送指令

- ◆ IN(input)　　　输入
- ◆ OUT(output)　　输出
- ◆ XLAT(translate)　换码

说明：输入/输出（I/O)端口是 CPU 与外设传送数据的接口，单独编址，不属于内存。端口地址范围为 0000～FFFFH。这组指令只限于 AX，AL（也称累加器）。

（1）IN 输入指令

把端口号 PORT 或由 DX 指向的端口的数据输入到累加器，根据端口号的长度，有长格式和短格式两种形式。

① 长格式：IN　AL，PORT(字节)

IN　AX，PORT(字)

操作：　AL ←(PORT)

　　　　AX ←(PORT)

其中 PORT 为端口号，端口号范围为 00～FFH 时，可以使用长格式指令。所谓长格式指令，是指其机器指令长度为 2 个字节（端口号占 1 个字节）。

② 短格式：IN　AL，DX(字节)

　　　　　IN　AX，DX(字)

操作：　AL ←((DX))

　　　　AX ←((DX))

其中 PORT 为端口号，端口号范围为 0100H～0FFFFH 时，必须使用短格式指令。短格式指令长度为 1 个字节，因为端口号存放在 DX 寄存器中。

例 5.9　读端口 1。

```
IN   AX,  61H
MOV  BX,  AX
```

把端口 61H 的 16 位数据输入到累加器 AX，再转送 BX。

例 5.10　读端口 2。

```
MOV  DX,  2F8H
IN   AL,  DX
```

把端口 2F8H 的 8 位数据输入到累加器 AL。

以下指令是错误的：

```
IN   AX,  2F8H        ; 端口 2F8H 超出 8 位，不能用长格式
IN   AX,  [DX]        ; 端口地址不能加方括号[ ]
```

（2）OUT 输出指令

把累加器的数据输出到端口 PORT 或由 DX 指向的端口。与输入指令相同，根据端口号的长度，分为长格式和短格式两种形式。

① 长格式：OUT　PORT，AL(字节)

　　　　　OUT　PORT，AX(字节)

操作：PORT ← AL

　　　PORT ← AX

② 短格式：OUT　DX，AL(字节)

　　　　　OUT　DX，AX(字节)

操作：(DX) ← AL

　　　(DX) ← AX

例 5.11　写端口。

```
OUT   61H,  AL
OUT   DX,   AL
```

（3）XLAT　换码指令

格式：XLAT

操作：AL ← (BX+AL)

把 BX+AL 的值作为有效地址，取出其中的一个字节送 AL。

例 5.12　换码。

```
DATA SEGMENT
   ORG 0100H
```

```
   STRING DB 'abcdefg'
DATA ENDS

CODE SEGMENT
MAIN PROC FAR
    ASSUME CS:CODE,DS:DATA
    START:
        MOV AX,DATA
        MOV DS,AX
        MOV BX,100H
        MOV AL,4
        XLAT
        INT 21H
        MOV AH,4CH
        INT 21H
MAIN ENDP
CODE ENDS
END START
```

指令执行情况如图 5-3 所示。

```
AX=1416  BX=0000  CX=0121  DX=0000  SP=0000  BP=0000  SI=0000  DI=0000
DS=1416  ES=1406  SS=1416  CS=1427  IP=0005   NV UP EI PL NZ NA PO NC
1427:0005 BB0001        MOV     BX,0100
-d ds:0104
1416:0100              65 66 67 00-00 00 00 00 00 00 00 00       efg.........
1416:0110  B8 16 14 8E D8 BB 00 01-B0 04 D7 CD 21 B4 4C CD   ............!.L.
1416:0120  21 00 00 00 00 00 00 00-00 00 00 00 00 00 00 00   !...............
1416:0130  00 00 00 00 00 00 00 00-00 00 00 00 00 00 00 00   ................
1416:0140  00 00 00 00 00 00 00 00-00 00 00 00 00 00 00 00   ................
1416:0150  00 00 00 00 00 00 00 00-00 00 00 00 00 00 00 00   ................
1416:0160  00 00 00 00 00 00 00 00-00 00 00 00 00 00 00 00   ................
1416:0170  00 00 00 00 00 00 00 00-00 00 00 00 00 00 00 00   ................
1416:0180  00 00 00 00                                       ....
-t

AX=1416  BX=0100  CX=0121  DX=0000  SP=0000  BP=0000  SI=0000  DI=0000
DS=1416  ES=1406  SS=1416  CS=1427  IP=0008   NV UP EI PL NZ NA PO NC
1427:0008 B004          MOV     AL,04
-t

AX=1404  BX=0100  CX=0121  DX=0000  SP=0000  BP=0000  SI=0000  DI=0000
DS=1416  ES=1406  SS=1416  CS=1427  IP=000A   NV UP EI PL NZ NA PO NC
1427:000A D7            XLAT
```

（a）XLAT 执行前

```
AX=1416  BX=0000  CX=0121  DX=0000  SP=0000  BP=0000  SI=0000  DI=0000
DS=1416  ES=1406  SS=1416  CS=1427  IP=0005   NV UP EI PL NZ NA PO NC
1427:0005 BB0001        MOV     BX,0100
-t

AX=1416  BX=0100  CX=0121  DX=0000  SP=0000  BP=0000  SI=0000  DI=0000
DS=1416  ES=1406  SS=1416  CS=1427  IP=0008   NV UP EI PL NZ NA PO NC
1427:0008 B004          MOV     AL,04
-t

AX=1404  BX=0100  CX=0121  DX=0000  SP=0000  BP=0000  SI=0000  DI=0000
DS=1416  ES=1406  SS=1416  CS=1427  IP=000A   NV UP EI PL NZ NA PO NC
1427:000A D7            XLAT
-t

AX=1465  BX=0100  CX=0121  DX=0000  SP=0000  BP=0000  SI=0000  DI=0000
DS=1416  ES=1406  SS=1416  CS=1427  IP=000B   NV UP EI PL NZ NA PO NC
1427:000B CD21          INT     21
```

（b）XLAT 执行后

图 5-3　换码指令的内存情况

5.1.3　地址传送指令

- ◆ LEA(Load Effective Address)　　有效地址送寄存器
- ◆ LDS(Load DS with Pointer)　　指针送寄存器和 DS

◆ LES(Load ES with Pointer)　　指针送寄存器和 ES

（1）LEA 有效地址送寄存器指令

格式：LEA　REG，SRC

操作：REG ← SRC

把源操作数的有效地址 EA 送到指定的寄存器。

例 5.13　取变量的有效地址。

```
LEA   BX, TABLE
MOV   BX, OFFSET TABLE
```

上面 2 条指令是等效的。TABLE 无论是何种类型的变量，其有效地址总是 16 位。

例 5.14　取变量的有效地址。

```
LEA   BX, [2016H]
MOV   BX,  OFFSET [2016H]
```

指令执行后，BX=2016H。

（2）LDS 指针送寄存器和 DS 指令

格式：LDS　REG，SRC

操作：REG ← (SRC)

　　DS　← (SRC+2)

把源操作数 SRC 所指向的内存单元中 2 个字送到指定的寄存器 REG 和 DS。

例 5.15　LDS 指令。

```
LDS   SI, [BX]
```

指令执行前，如 DS=2000H，BX=0400H，(2000:0400)=1234H, (2000:0402)=5678H,

指令执行后，SI=1234H，DS=5678H。

（3）LES 指针送寄存器和 ES 指令

格式：LES　REG，SRC

操作：REG ← (SRC)

　　ES　← (SRC+2)

把源操作数 SRC 所指向的内存单元中 2 个字送到指定的寄存器 REG 和 ES。

5.1.4　标志寄存器传送指令

◆ LAHF(Load AH with Flags)　　标志送 AH 寄存器

◆ SAHF(Store AH into Flags)　　AH 送标志寄存器

◆ PUSHF(Push Flags)　　标志入栈

◆ POPF(Pop Flags)　　标志出栈

说明：以上 4 条指令的格式相同，只有操作码部分，操作数为固定默认值，如表 2.2 所示，且传送类指令（除 SAHF、POPF 外）均不影响标志位。

例 5.16　标志寄存器传送指令执行情况如图 5-4 所示。

```
LAHF        ; 标志寄存器低字节送 AH 寄存器
SAHF        ; AH 送标志寄存器
PUSHF       ; 标志入栈
POPF        ; 标志出栈
```

```
1416:0000 9F            LAHF
1416:0001 B414          MOV     AH,14
1416:0003 9E            SAHF
1416:0004 9C            PUSHF
1416:0005 9D            POPF
-r
AX=0000  BX=0000  CX=0007  DX=0000  SP=0000  BP=0000  SI=0000  DI=0000
DS=1406  ES=1406  SS=1416  CS=1416  IP=0000   NV UP EI PL NZ NA PO NC
1416:0000 9F            LAHF
```

（a）指令执行前

```
AX=0000  BX=0000  CX=0007  DX=0000  SP=0000  BP=0000  SI=0000  DI=0000
DS=1406  ES=1406  SS=1416  CS=1416  IP=0000   NV UP EI PL NZ NA PO NC
1416:0000 9F            LAHF
-t

AX=0200  BX=0000  CX=0007  DX=0000  SP=0000  BP=0000  SI=0000  DI=0000
DS=1406  ES=1406  SS=1416  CS=1416  IP=0001   NV UP EI PL NZ NA PO NC
1416:0001 B414          MOV     AH,14
-t

AX=1400  BX=0000  CX=0007  DX=0000  SP=0000  BP=0000  SI=0000  DI=0000
DS=1406  ES=1406  SS=1416  CS=1416  IP=0003   NV UP EI PL NZ NA PO NC
1416:0003 9E            SAHF
-t

AX=1400  BX=0000  CX=0007  DX=0000  SP=0000  BP=0000  SI=0000  DI=0000
DS=1406  ES=1406  SS=1416  CS=1416  IP=0004   NV UP EI PL NZ AC PE NC
1416:0004 9C            PUSHF
```

（b）LAHF 和 SAHF 执行后

```
AX=1400  BX=0000  CX=0007  DX=0000  SP=0000  BP=0000  SI=0000  DI=0000
DS=1406  ES=1406  SS=1416  CS=1416  IP=0004   NV UP EI PL NZ AC PE NC
1416:0004 9C            PUSHF
-t

AX=1400  BX=0000  CX=0007  DX=0000  SP=FFFE  BP=0000  SI=0000  DI=0000
DS=1406  ES=1406  SS=1416  CS=1416  IP=0005   NV UP EI PL NZ AC PE NC
1416:0005 9D            POPF
-t

AX=1400  BX=0000  CX=0007  DX=0000  SP=0000  BP=0000  SI=0000  DI=0000
DS=1406  ES=1406  SS=1416  CS=1416  IP=0006   NV UP EI PL NZ AC PE NC
1416:0006 F4            HLT
```

（c）PUSHF 和 POPF 执行后

图 5-4　标志寄存器传送指令执行情况

5.2　算术运算指令

加、减、乘、除四则运算是计算机经常进行的基本操作。算术运算指令通常只需要一个操作数，另一个操作数则为默认寄存器，因此进行相关指令操作时，应注意默认的寄存器具体是何类型。

5.2.1　类型扩展指令

当指令需要双操作数时，通常要求两个操作数的长度一致。为了解决操作数长度的一致问题，有时需要将某一操作数的数据类型进行扩展。先介绍两条指令，将操作数视为有符号数，从而将类型从字节扩展成字，或从字扩展成双字。

- CBW　字节扩展成字：convert byte to word
- CWD　字扩展成双字：convert word to double word

这两条指令的格式相同，只有操作码部分，无操作数部分。操作数默认为累加器，无需在指令中给出。当执行 CBW 时，默认将 AL 寄存器的内容扩展到 AX 寄存器中，扩展方法为符号扩展，即如果 AL 的最高位为 1（负数），则 CBW 指令扩展时使 AH=FFH，如果 AL 的最高位为 0（正数），则 CBW 指令扩展时使 AH=00H。当执行 CWD 时，默认将 AX 寄存器的内容扩展到（DX,

AX）中，其中 DX 存放双字中的高位，AX 存放双字中的低位。如果 AX 的最高位为 1（负数），则 CWD 指令扩展时使 DX=FFFFH，如果 AX 的最高位为 0（正数），则 CWD 指令扩展时使 DX=0000H。

例 5.17 正数的扩展。

```
MOV  AH, 11H      ; AH 赋值为 11H
MOV  DX, 1111H    ; DX 赋值为 1111H
MOV  AL, 52H      ; AL 中的 52H 是正数
CBW               ; 指令执行后，AX=0052H
CWD               ; 指令执行后，DX=0000H，AX=0052H
```

指令执行情况如图 5-5 所示。

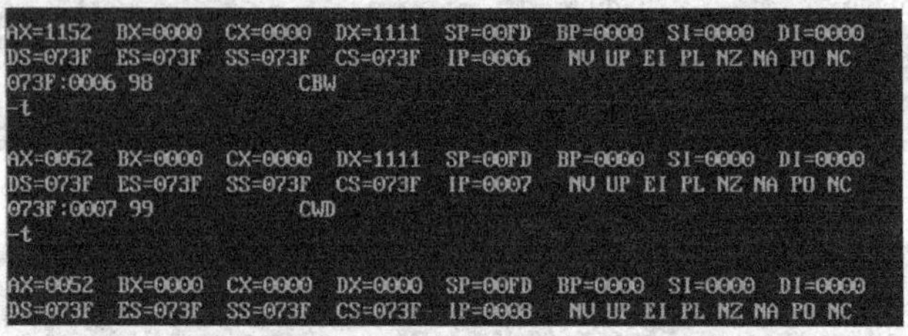

```
AX=1152  BX=0000  CX=0000  DX=1111  SP=00FD  BP=0000  SI=0000  DI=0000
DS=073F  ES=073F  SS=073F  CS=073F  IP=0006   NV UP EI PL NZ NA PO NC
073F:0006 98            CBW
-t

AX=0052  BX=0000  CX=0000  DX=1111  SP=00FD  BP=0000  SI=0000  DI=0000
DS=073F  ES=073F  SS=073F  CS=073F  IP=0007   NV UP EI PL NZ NA PO NC
073F:0007 99            CWD
-t

AX=0052  BX=0000  CX=0000  DX=0000  SP=00FD  BP=0000  SI=0000  DI=0000
DS=073F  ES=073F  SS=073F  CS=073F  IP=0008   NV UP EI PL NZ NA PO NC
```

图 5-5 标志寄存器传送指令执行情况

例 5.18 负数的扩展。

```
MOV  AH, 11H      ; AH 赋值为 11H
MOV  DX, 1111H    ; DX 赋值为 1111H
MOV  AL, 88H      ; AL 中的 88H 是负数
CBW               ; 指令执行后，AX=FF88H
CWD               ; 指令执行后，DX=FFFFH，AX=FF88H
```

指令执行情况如图 5-6 所示。

```
AX=1188  BX=0000  CX=0000  DX=1111  SP=00FD  BP=0000  SI=0000  DI=0000
DS=073F  ES=073F  SS=073F  CS=073F  IP=0006   NV UP EI PL NZ NA PO NC
073F:0006 98            CBW
-t

AX=FF88  BX=0000  CX=0000  DX=1111  SP=00FD  BP=0000  SI=0000  DI=0000
DS=073F  ES=073F  SS=073F  CS=073F  IP=0007   NV UP EI PL NZ NA PO NC
073F:0007 99            CWD
-t

AX=FF88  BX=0000  CX=0000  DX=FFFF  SP=00FD  BP=0000  SI=0000  DI=0000
DS=073F  ES=073F  SS=073F  CS=073F  IP=0008   NV UP EI PL NZ NA PO NC
```

图 5-6 标志寄存器传送指令执行情况

5.2.2 加法指令

- ADD(add)　　加法
- ADC(add with carry)　　带进位加法
- INC(increment)　　加 1

（1）ADD 加法指令

格式：ADD　DST，SRC

操作：(DST) ← (DST)+(SRC)

ADD 指令将源操作数与目的操作数相加，结果存入目的操作数中。特别需要注意，加法指令执行后会影响标志寄存器中的 CF 和 OF 标志位。

例 5.19 无符号数的溢出标志位 CF。

```
MOV  AL, 72H
ADD  AL, 93H
```

指令运算结果如图 5-7 所示。

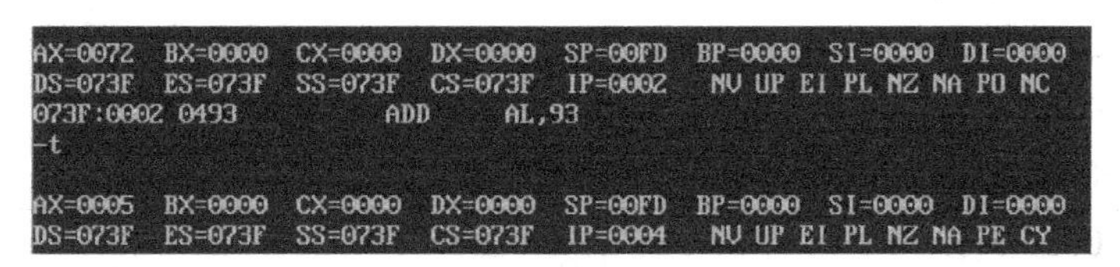

```
AX=0072  BX=0000  CX=0000  DX=0000  SP=00FD  BP=0000  SI=0000  DI=0000
DS=073F  ES=073F  SS=073F  CS=073F  IP=0002   NV UP EI PL NZ NA PO NC
073F:0002 0493          ADD     AL,93
-t

AX=0005  BX=0000  CX=0000  DX=0000  SP=00FD  BP=0000  SI=0000  DI=0000
DS=073F  ES=073F  SS=073F  CS=073F  IP=0004   NV UP EI PL NZ NA PE CY
```

图 5-7 无符号数加法运算结果

① 当 93H 和 72H 被视为无符号数时，该指令在机器中执行后，AL 寄存器中的内容为 05H，而不是我们希望的结果 93H+72H=105H。因为 AL 寄存器只能存放 8 位二进制，而 105H 需要至少 9 位二进制才可以表示，显然 AL 寄存器不可能存放入 105H，而只是存放入了低八位的数值，即 05H。

那么最高位的进位 1 到哪里去了呢？事实上，最高位的 1 进到标志寄存器中的 CF 位了，我们把这种情况叫作产生进位，也叫无符号数的溢出。

② 当 93H 和 72H 被视为有符号数时，则这两个数据都是补码形式，其十进制原码转换可得：

72H=01110010B=114D=[114D]补

93H=10010011B=[-109D]补

则上述加法运算等同于十进制数 114 和（-109）的加法，显然这个结果 AL 寄存器的内容等于 05H 是正确的。

由此可见，当我们用加法运算时，首先自己对参与运算的数要做到心中有数，如果是无符号数，则加法运算的结果是否正确，参看标志寄存器中的 CF 位，如果 CF=0，表明结果是正确的。如果 CF=1，表明结果是错误的。如果参与运算的数据是有符号数，则不需考虑 CF 的结果。

例 5.20 有符号数的溢出标志位 OF。

```
MOV  AL, 92H
ADD  AL, 93H
```

指令运算结果如图 5-8 所示。

```
AX=0092  BX=0000  CX=0000  DX=0000  SP=00FD  BP=0000  SI=0000  DI=0000
DS=073F  ES=073F  SS=073F  CS=073F  IP=0002   NV UP EI PL NZ NA PO NC
073F:0002 0493          ADD     AL,93
-t

AX=0025  BX=0000  CX=0000  DX=0000  SP=00FD  BP=0000  SI=0000  DI=0000
DS=073F  ES=073F  SS=073F  CS=073F  IP=0004   OV UP EI PL NZ NA PO CY
```

图 5-8 有符号数加法运算结果

当 92H 和 92H 均是有符号数时，则其十进制原码转换可得：

92H=10010010B=[-110D]补

93H=10010011B=[-109D]补

则上述加法运算等同于十进制数（-110）和（-109）的加法，其运算结果应该是（-219），但实际运算后 AL 寄存器的内容为 25H。因为 AL 寄存器只有 8 位，其能表示的最小负数为-128，所以结果肯定是溢出了。此时机器对标志寄存器中的 OF 位置 1，表示有符号数的补码加法结果出现溢出。因此，我们就可以根据 OF 位来判断有符号数的补码加法结果是否正确。

下面我们以 8 位二进制运算为例，来全面考察无符号数和有符号数运算后的结果以及进位与溢出的情况。8 位二进制数可以表示的十进制数的范围是：无符号数为 0～255，有符号数为-128～+127。

① 无符号数和有符号数都正常

二进制加法	看作无符号数	看作有符号数
0000 0011	3	+3
+0000 0100	+ 4	+（+4）
0000 0111	7	+7
	CF=0	OF=0

② 无符号数有溢出

二进制加法	看作无符号数	看作有符号数
0000 0011	3	+3
+1111 1111	+255	+（-1）
0000 0010	258	+2
1↙	CF=1	OF=0

③ 有符号数有溢出

二进制加法	看作无符号数	看作有符号数
0000 0011	3	+3
+0111 1110	+126	+（ +126）
1000 0001	129	+129
	CF=0	OF=1

④ 无符号数和有符号数都溢出

二进制加法	看作无符号数	看作有符号数
1000 0001	129	（-127）
+1000 0010	+130	+（-126）
0000 0011	259	-253
1↙	CF=1	OF=1

由上面的分析可知，不管看作无符号数的加法还是有符号数的补码加法，计算机只是做二进制加法，结果是唯一的，但可能是错误的结果，即存在溢出现象。当无符号数发生溢出时，CF 标志位置 1；当有符号数发生溢出时，OF 标志位置 1。

当参与运算的数为无符号数时，其最高位的进位将进位给 CF 标志位，此时 CF 标志位为 1，反映了无符号数有溢出。

当参与运算的有符号数一个是正数，一个是负数，其结果无论是正数或负数，都不会发生溢出。当两个有符号数的符号相同时则有可能发生溢出，此时需要根据 OF 标志位判断有符号数的加法结果是否溢出。

出现溢出的原因是用 8 位表示的数据范围太小，此时可以采用 16 位运算，如果 16 位运算还是不行，则可以采用 32 位双字长运算。

（2）ADC 带进位加法指令

格式：ADD　DST，SRC

操作：(DST) ← (DST)+(SRC)+CF

其中上式中的 CF 为运算前 CF 标志位的值。

例 5.21　用 16 位指令实现 32 位的双精度数的加法运算。设数 A 存放在目的操作数寄存器 DX 和 AX，其中 DX 存放高位字。数 B 存放在寄存器 BX 和 CX，其中 BX 存放高位字。如：

```
DX=2000H, AX=8000H
BX=4000H, CX=9000H
```

则指令序列为：

```
ADD   AX,  CX          ; 低位字加
ADC   DX,  BX          ; 高位字加
```

指令运算结果如图 5-9 所示。

```
AX=8000  BX=4000  CX=9000  DX=2000  SP=00FD  BP=0000  SI=0000  DI=0000
DS=073F  ES=073F  SS=073F  CS=073F  IP=000C   NV UP EI PL NZ NA PO NC
073F:000C 01C8          ADD     AX,CX
-t

AX=1000  BX=4000  CX=9000  DX=2000  SP=00FD  BP=0000  SI=0000  DI=0000
DS=073F  ES=073F  SS=073F  CS=073F  IP=000E   OV UP EI PL NZ NA PE CY
073F:000E 11DA          ADC     DX,BX
-t

AX=1000  BX=4000  CX=9000  DX=6001  SP=00FD  BP=0000  SI=0000  DI=0000
DS=073F  ES=073F  SS=073F  CS=073F  IP=0010   NV UP EI PL NZ NA PO NC
```

图 5-9　双字加法运算结果

① 第一条指令执行后，AX=1000H，CF=1，OF=1，因为这条指令运算的是数据的低位，所以不必考虑溢出问题，但 CF=1 表示运算有进位，此进位应该是合法的进位。

② 第二条指令执行时采用 ADC 指令，相比 ADD 指令，将 CF 标志位的值代入加法中，充分考虑了低位的进位，保证了运算结果的正确性。最终 DX=6001H，CF=0，OF=0，表示结果正常，无溢出。

可以看出，为实现双精度加法，必须用两条指令分别完成低位字和高位字的加，并在高位字相加时使用 ADC 指令，从而把低位字相加时产生的进位值加进来。这时，不论是无符号数还是有符号数，低位字相加时无需考虑溢出，只有在高位字相加时所产生的 CF 位和 OF 位才是判断是否溢出的依据。当用 16 位指令实现 64 位的加法运算，其道理是一样的。

（3）INC 加 1 指令

格式：INC　　OPR

操作：(OPR) ← (OPR)+1

该指令不影响 CF 标志位。

5.2.3　减法指令

- SUB(subtract)　　减法
- SBB(subtract with borrow)　　带借位减法
- DEC(decrement)　　减 1
- NEG(negate)　　求补
- CMP(compare)　　比较

（1）SUB 减法指令

格式：SUB　DST，SRC

操作：(DST) ← (DST)-(SRC)

（2）SBB 带借位减法指令

格式：SBB　DST，SRC

操作：(DST) ← (DST)-(SRC)-CF

（3）DEC 减 1 指令

格式：DEC　OPR

操作：(OPR) ← (OPR)-1

该指令不影响 CF 标志位。

（4）NEG 求补指令（求相反数）

格式：NEG　OPR

操作：(OPR) ← -(OPR)

（5）CMP 比较指令

格式：CMP　OPR1，OPR2

操作：(OPR1)-(OPR2)

减法运算的标志位情况与加法类似，CF 标志位指明无符号数的溢出，OF 标志位指明有符号数溢出。

例 5.22　考察减法中的 CF、OF 标志位。

```
MOV   AL,   72H
SUB   AL,   93H
```

指令运算结果如图 5-10 所示。

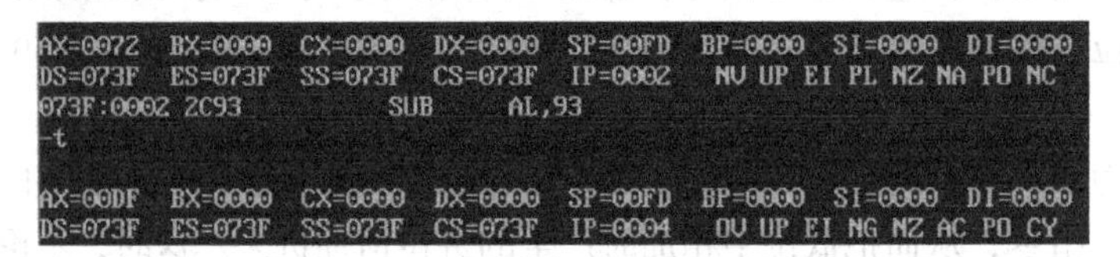

```
AX=0072  BX=0000  CX=0000  DX=0000  SP=00FD  BP=0000  SI=0000  DI=0000
DS=073F  ES=073F  SS=073F  CS=073F  IP=0002   NV UP EI PL NZ NA PO NC
073F:0002 2C93          SUB     AL,93
-t

AX=00DF  BX=0000  CX=0000  DX=0000  SP=00FD  BP=0000  SI=0000  DI=0000
DS=073F  ES=073F  SS=073F  CS=073F  IP=0004   OV UP EI NG NZ AC PO CY
```

图 5-10　减法运算结果

指令执行后，AL 寄存器的内容为 DFH。

① 当将 72H 和 93H 视为无符号数时，被减数 72H 比减数 93H 小，不够减，这个结果显然应该是错误的。在实际运算时，计算机允许被减数向高位借位，因为不存在实际的高位，就体现在 CF 标志位。当减法运算中需要借位时，将 CF 标志位置 1，此时说明无符号数运算的溢出。则上式相当于运算 172H-93H=DFH。

② 当将 72H 和 93H 视为有符号数时，被减数 72H 是正数（符号位为 0），减数 93H 是负数（符号位为 1），正数减去负数，其结果应该为正数。而本题运算结果为 DFH（符号位为 1），是一个负数，此时机器对标志位 OF 置 1，说明有符号数运算的溢出。93H 是（-109D）的补码，72H 是（114D）的补码，72H-93H=（114D）-（-109D）=223D，超出了 8 位有符号数的表示范围，因此确实会发生溢出。

与加法运算相反，当参与运算的两个有符号数的符号相同时，其结果无论是正数或负数，都不会发生溢出。当两个有符号数的符号相反时则有可能发生溢出，此时需要根据 OF 标志位判断有符号数的减法结果是否溢出。

例 5.23 用 16 位指令实现 32 位的双精度数的减法运算。设数 A 存放在目的操作数寄存器 DX 和 AX，其中 DX 存放高位字。数 B 存放在寄存器 BX 和 CX，其中 BX 存放高位字。如：

```
DX=2001H, AX=8000H
BX=2000H, CX=9000H
```

指令序列为：

```
SUB   AX, CX        ; 低位字减法
SBB   DX, BX        ; 高位字减法
```

指令运算结果如图 5-11 所示。

```
AX=8000  BX=2000  CX=9000  DX=2001  SP=00FD  BP=0000  SI=0000  DI=0000
DS=073F  ES=073F  SS=073F  CS=073F  IP=000C   NV UP EI PL NZ NA PO NC
073F:000C 29C8          SUB     AX,CX
-t

AX=F000  BX=2000  CX=9000  DX=2001  SP=00FD  BP=0000  SI=0000  DI=0000
DS=073F  ES=073F  SS=073F  CS=073F  IP=000E   NV UP EI NG NZ NA PE CY
073F:000E 19DA          SBB     DX,BX
-t

AX=F000  BX=2000  CX=9000  DX=0000  SP=00FD  BP=0000  SI=0000  DI=0000
DS=073F  ES=073F  SS=073F  CS=073F  IP=0010   NV UP EI PL ZR NA PE NC
```

图 5-11 双字减法运算结果

第一条指令执行后，AX=F000H，CF=1，而对 OF=0，ZF=0，SF=1，不必在意。

第二条指令执行后，DX=0000H，CF=0，OF=0，表示结果正确。ZF=1，SF=0。

可以看出，为实现双精度减法，必须用两条指令分别完成低位字和高位字的减法，并在高位字作减法时使用 SBB 指令，从而把低位字减法时产生的借位加进来。这时，不论是无符号数还是有符号数，低位字作减法时无需考虑溢出，只有在高位字作减法时所产生的 CF 位和 OF 位才是判断是否溢出的依据。用 16 位指令实现 64 位的减法运算，其道理是一样的。

例 5.24 考察 NEG 指令。

```
MOV   AX,  3
NEG   AX
MOV   DX,  0
NEG   DX
```

指令运算结果如图 5-12 所示。

图 5-12 NEG 指令运算结果

指令序列执行后，AX=FFFDH=−3(补码)，DX=0H。

可以看出，NEG 指令表示求数 X 的相反数，实际上是求解 0−X，只有当 X=0 时，CF=0，其他情况下 CF=1。

例 5.25 考察 CMP 指令。

```
MOV   AX, 5
DEC   AX
CMP   AX, 5
```

指令运算结果如图 5-13 所示。

图 5-13　CMP 指令运算结果

指令序列执行后，AX=4，ZF=0，SF=1，CF=1，OF=0。

CMP 指令虽作减法，但不回送结果，只是产生标志位，为程序员比较两个数的大小提供判断依据。

以上加减法指令都可作字或字节运算，除了 INC、DEC 指令不影响 CF 标志外,其他指令都影响条件标志位。

5.2.4　乘法指令

- MUL(unsigned mulutiple)　无符号数乘法
- IMUL(signed mulutiple)　有符号数乘法

（1）MUL　无符号数乘法指令

格式：MUL　SRC

操作：

当操作数为字节时，　$(AX) \leftarrow (AL) \times (SRC)$

当操作数为字时，　$(DX, AX) \leftarrow (AX) \times (SRC)$

（2）IMUL 有符号数乘法指令

格式和操作与 MUL 相同，用来作有符号数乘法。

在乘法指令中，目的操作数默认为累加器 AX，不必在指令中写出。因为两个相乘的数必须长度相同，根据 SRC 的长度，默认参与运算的是 AL 寄存器的值（即为 AX 寄存器的第八位）或者是 AX 寄存器的值。SRC 可以是寄存器或变量，但不能是立即数，因为立即数的长度是不明确的。

运算结果即乘积的长度默认是乘数的两倍，不会出现溢出情况。和加减法指令不同的是，在作乘法运算时需根据参与运算的是无符号数还是有符号数，选择不同的指令。

例 5.26　无符号数和有符号数的乘法。

```
MOV   AL, 0F1H
MOV   BL, AL
MUL   BL
IMUL  BL
```

指令运算结果如图 5-14 所示。

图 5-14　MUL 指令和 IMUL 指令的运算结果

当作为两个无符号数相乘，指令序列执行后，AX=E2E1H。

当作为两个有符号数相乘，指令序列执行后，AX=00E1H。表明了两个负数相乘，结果为正数。

很显然，这两条指令在机器中的操作有很大的不同，IMUL 指令会考虑符号规则。

5.2.5　除法指令

- DIV(unsigned divide)　无符号数除法
- IDIV(signed divide)　有符号数除法

（1）DIV　无符号数除法指令

格式：DIV　SRC

操作：

SRC 为字节时，(AL)←(AX)/(SRC)的商，(AH)←(AX)/(SRC)的余数。

SRC 为字时，(AX)←(DX,AX)/(SRC)的商，(DX)←(DX,AX)/(SRC)的余数。

该指令将参与运算的数据默认为无符号数，则商和余数都是无符号数。

（2）IDIV 有符号数除法指令

指令格式和操作与无符号数除法相同，用来作有符号数除法。最终商的符号应是两个操作数符号的异或，而余数的符号和被除数符号一致。

在除法指令里，目的操作数必须是累加器 AX 和 DX，不必在指令中写出。被除数长度应为除数长度的两倍，余数放在目的操作数的高位，商放在目的操作数的低位。其中 SRC 不能是立即数。另外，和作乘法时相同，作除法时需考虑是无符号数还是有符号数，从而选择不同的指令。

由于除法指令的字节操作要求被除数为 16 位，字操作要求被除数为 32 位，因此往往需要用符号扩展指令使得被除数长度比除数长度扩大一倍。

需要注意的是，在进行乘法运算时，不会发生溢出问题，但在使用除法指令时，会产生溢出现象。

当除数是字节类型时，除法指令要求商为 8 位。此时如果被除数的高 8 位绝对值≥除数的绝对值，则商会产生溢出。

当除数是字类型时，除法指令要求商为 16 位。此时如果被除数的高 16 位绝对值≥除数的绝对值，则商会产生溢出。

商出现溢出时，系统转 0 号类型中断处理，提示“divide overflow”，并退出程序，返回到操作系统，程序已经崩溃了。要想避免出现这种情况，必须在作除法前对溢出作出预判。

例 5.27 作（字节）除法 300H/2H，商产生溢出。

```
MOV  AX,  300H
MOV  BL,  2
DIV  BL
```

此时被除数的高 8 位（AH=3）绝对值 > 除数的绝对值 2，则商会产生溢出。实际上换成十进制计算也可说明商会产生溢出：300H/2H=768/2=384，显然，8 位的 AL 寄存器存不下商 384。

其实，只要把被除数和除数的长度扩大一倍就可避免商溢出。

例 5.28 作（字）除法 300H/2H，商不会产生溢出。

```
MOV  AX,  300H
CWD
MOV  BX,  2
DIV  BX
```

此时被除数的高 16 位为 0，即 DX=0，则商不会产生溢出。显然 AX 寄存器完全能容下商 384。

例 5.29 算术运算综合举例，计算：(V−(X×Y+Z−16))/X。

其中 X、Y、Z、V 均为 16 位有符号数，在数据段定义，要求上式计算结果的商存入 AX，余数存入 DX 寄存器。编制程序如下：

```
DATA   SEGMENT
X  DW  4
Y  DW  2
Z  DW  14H
V  DW  18H
DATA   ENDS
CODE   SEGMENT
ASSUME  CS:CODE, DS:DATA
START:
MOV    AX, DATA
MOV    DS, AX
MOV    AX, X
IMUL   Y                ; X×Y
MOV    CX, AX           ; 暂存(X×Y)的结果
MOV    BX, DX
MOV    AX, Z
CWD                     ; Z符号扩展
ADD    CX, AX           ; 加Z
ADC    BX, DX
SUB    CX, 16           ; 减16
SBB    BX, 0
MOV    AX, V
CWD                     ; V符号扩展
SUB    AX, CX           ; V减(X×Y)的结果
SBB    DX, BX
IDIV   X
MOV    AH, 4CH
INT    21H
CODE   ENDS
END  START
```

该程序没有显示结果，需要在 Debug 下跟踪运行，验证结果。

经过编辑、汇编、连接生成可执行文件后，用 Debug 调入程序，如图 5-15 所示。

```
076B:0000 B86A07        MOV     AX,076A
076B:0003 8ED8          MOV     DS,AX
076B:0005 A10000        MOV     AX,[0000]
076B:0008 F72E0200      IMUL    WORD PTR [0002]
076B:000C 8BC8          MOV     CX,AX
076B:000E 8BDA          MOV     BX,DX
076B:0010 A10400        MOV     AX,[0004]
076B:0013 99            CWD
076B:0014 03C8          ADD     CX,AX
076B:0016 13DA          ADC     BX,DX
076B:0018 83E910        SUB     CX,+10
076B:001B 83DB00        SBB     BX,+00
076B:001E A10600        MOV     AX,[0006]
076B:0021 99            CWD
076B:0022 2BC1          SUB     AX,CX
076B:0024 1BD3          SBB     DX,BX
076B:0026 F73E0000      IDIV    WORD PTR [0000]
076B:002A B44C          MOV     AH,4C
076B:002C CD21          INT     21
```

图 5-15　算术运算举例

由图 5-15 可见，程序所在范围在偏移地址为 0～2C 之间。

图 5-16 描述了程序的调试，先用 T 命令执行指令，使 DS 赋值为 076A。

再用 D0 L 8 命令可显示位于 DS:0000 处的 8 个字节单元，其值是 4 个 16 位的数据，即 X,Y,Z,V。

用 G=0 2A 命令，从代码段的偏移地址 0 开始执行程序，停于偏移地址 2A 处。尽管程序没有全部结束，但运算结果已经得到，AX=0003，DX=0000 就是结果。

```
-R
AX=FFFF  BX=0000  CX=003E  DX=0000  SP=0000  BP=0000  SI=0000  DI=0000
DS=075A  ES=075A  SS=0769  CS=076B  IP=0000   NV UP EI PL NZ NA PO NC
076B:0000 B86A07        MOV     AX,076A
-t

AX=076A  BX=0000  CX=003E  DX=0000  SP=0000  BP=0000  SI=0000  DI=0000
DS=075A  ES=075A  SS=0769  CS=076B  IP=0003   NV UP EI PL NZ NA PO NC
076B:0003 8ED8          MOV     DS,AX
-t

AX=076A  BX=0000  CX=003E  DX=0000  SP=0000  BP=0000  SI=0000  DI=0000
DS=076A  ES=075A  SS=0769  CS=076B  IP=0005   NV UP EI PL NZ NA PO NC
076B:0005 A10000        MOV     AX,[0000]                          DS:0000=0004
-d0 L 8
076A:0000  04 00 02 00 14 00 18 00                           ........
-g=0 2A

AX=0003  BX=0000  CX=000C  DX=0000  SP=0000  BP=0000  SI=0000  DI=0000
DS=076A  ES=075A  SS=0769  CS=076B  IP=002A   NV UP EI PL ZR NA PE NC
076B:002A B44C          MOV     AH,4C
```

图 5-16　程序调试过程

5.2.6 BCD 码的十进制调整指令

计算机只能进行二进制运算，前面介绍的所有算术运算指令都是二进制数的算术运算指令，但是人们在程序中习惯使用的是十进制数。这样，当计算机进行计算时，必须先把十进制数转换成二进制数，然后进行二进制数的计算，再将计算结果转换成十进制数输出。这种转换在汇编语言程序设计中需要程序员编程来实现，增加了程序的复杂性。为了简化这种转换，便于十进制数的计算，计算机还提供了一组十进制数调整指令，这组指令是在二进制数运算的基础上，给予十进制调整，可以直接得到十进制数的结果，但是需要选择一种合适的编码来表示十进制数，即 BCD 码。

二-十进制（Binary Code Decimal，BCD 码）是 4 位二进制数编码表示一位十进制数的编码。

由于这4位二进制数的位权分别为8、4、2、1，所以BCD码又称8421码。具体的编码如表5-1所示。这种BCD码又叫压缩的BCD码，这是计算机中常用的。

表5-1 BCD码

十进制	0	1	2	3	4	5	6	7	8	9
BCD码	0000	0001	0010	0011	0100	0101	0110	0111	1000	1001

有如下两条指令用于调整。

- DAA (Decimal Adjust for Addition)　　加法的十进制调整指令
- DAS (Decimal Adjust for Subtraction)　　减法的十进制调整指令

（1）DAA（加法的十进制调整指令）

格式：DAA

操作：

加法指令中，以AL为目的操作数，当加法运算结束后，使用本指令可以把AL中的和调整为正确的BCD码格式。即：

① 如果AL低4位>9，或AF=1，则AL=AL+6；

② 如果AL高4位>9，或CF=1，则AL=AL+60H，CF=1。

例5.30　如AL=28H=28(BCD),BL=65H=65(BCD)。

```
ADD    AL, BL        ; AL=28H+65H=8DH
DAA                  ; AL=AL+6H=8DH+6H=93H=93(BCD)
```

AL和BL中都是用BCD码表示的十进制数，含义分别是28和65，ADD指令作二进制加法后得到8DH，不是BCD码，DAA指令作用后，把和调整为93H，但它表示的是十进制数93的BCD码。

例5.31　如AX=88H=88(BCD),BX=89H=89(BCD)。

```
ADD    AL, BL        ; AL=88H+89H=11H, AF=1, CF=1
DAA                  ; AL=AL+66H=11H+66H=77H=77(BCD), CF=1
ADC    AH, 0         ; AX=177H=177(BCD)
```

第一条加法指令中的低四位加产生了向高四位的进位，这使得辅助进位AF置1，高四位加产生的进位使得进位CF置1，因此使用DAA指令后，根据AF的值需要加6H，根据CF的值需要加60H，因此将AL的内容加上66H，把和调整为77H，CF=1，最后ADC指令使AX中得到177H，即十进制数177的BCD码。

（2）DAS（减法的十进制调整指令）

格式：DAS

操作：

减法指令中，以AL为目的操作数，当减法运算结束后，使用本指令可以把差调整为BCD码格式。即：

① 如果AL低4位>9，或AF=1，则AL=AL-6，AF=1；

② 如果AL高4位>9，或CF=1，则AL=AL-60H，CF=1。

例5.32　如AL=93H=93(BCD),BL=65H=65(BCD)。

```
SUB    AL, BL        ; AL=93H-65H=2EH
DAS                  ; AL=AL-6H=2EH-6H=28H=28(BCD)
```

5.3　逻辑与移位指令

5.3.1　逻辑指令

- AND (and)　　与
- OR　(or)　　或
- NOT (not)　　非
- XOR (exclusive or)　　异或
- TEST (test)　　测试

逻辑指令按二进制位进行操作，因此操作数应看成二进制位串。双操作数指令中，至少有一个操作数必须存放在寄存器中，另一个操作数则可以使用任意寻址方式。

（1）AND（与指令）

格式：AND　DST，SRC

操作：(DST)←(DST)∧(SRC)

（2）OR（或指令）

格式：OR　DST，SRC

操作：(DST)←(DST)∨(SRC)

（3）NOT（非指令）

格式：NOT　OPR

操作：(OPR)←(OPR)

（4）XOR（异或指令）

格式：XOR　DST，SRC

操作：(DST)←(DST)∀(SRC)

（5）TEST（测试指令）

格式：TEST　OPR1，OPR2

操作：(OPR1)∧(OPR2)

说明：TEST 指令的两个操作数相与的结果不保存，只根据结果置标志位。

逻辑运算指令只会对部分标志位产生影响，其中 NOT 指令不影响任何标志位，其他指令将使 CF 位和 OF 位为 0，AF 位无定义，其他位则根据运算结果设置。

逻辑指令除了常规的逻辑运算功能外，通常还可以用来对操作数的某些位进行处理，例如屏蔽某些位（将这些位置 O），或使某些位置 1，或测试某些位等。下面举例说明。

例 5.33　屏蔽 AL 寄存器的高四位，目前 AL=36H。

```
AND   AL, 0FH
```

指令执行的结果为 AL=06H，实现了高四位的屏蔽。

```
          0011 0110
   AND    0000 1111
   ----------------
          0000 0110
```

例 5.34　将 AL 寄存器的最低两位置 1，目前 AL=36H。

```
OR    AL, 03H
```

指令执行的结果为 AL=37H，即最低两位实现了置 1。

```
        0011 0110
OR      0000 0011
-----------------
        0011 0111
```

例 5.35 对 AL 寄存器的最低两位取反，目前 AL=36H。

```
XOR    AL, 03H
```

指令执行的结果为 AL=35H，实现了对最低两位的取反。

```
        0011 0110
XOR     0000 0011
-----------------
        0011 0101
```

例 5.36 测试 AL 寄存器中的数，如果是负数则转到标号 NEXT 去执行。如 AL=86H。

```
TEST    AL, 80H
JS      NEXT
```

指令执行的结果 AL=86H（不变），但 TEST 指令的结果将标志寄存器的 SF 位置 1，因此 JS 跳转指令会跳转到标号 NEXT 去继续执行。

5.3.2 移位指令

- SHL (Shift Logical Left) 逻辑左移
- SAL (Shift Arithmetic Left) 算术左移
- SHR (Shift Logical Right) 逻辑右移
- SAR (Shift Arithmetic Right) 算术右移
- ROL (Rotat Left) 循环左移
- ROR (Rotat Right) 循环右移
- RCL (Rotat Left with Carry) 带进位循环左移
- RCR (Rotat Right with Carry) 带进位循环右移

移位指令均是双操作数指令，指令的格式相同，以 SHL 为例，则：

格式：

① SHL OPR，1

② SHL OPR，CL，其中 CL 寄存器的值大于 1。

其中 OPR 为寄存器或内存单元，移位次数可以是 1 或 CL 寄存器，如需移位的次数大于 1，则可以在该移位指令前把移位次数先送 CL 寄存器中。

当执行逻辑或算术左移时，操作结果相同，均是最低位补 0，移出的最高位送 CF 标志位；当执行逻辑右移时，最高位补 0，移出的最低位送 CF 标志位；当执行算术右移时，OPR 被认为是有符号数，则最高位补符号位自身，移出的最低位送 CF 标志位；当执行循环左移时，OPR 整体向左移一位，最高位移出，同时送 CF 标志位和最低位；当执行循环右移时，OPR 整体向右移一位，最低位移出，同时送 CF 标志位和最高位；当执行带进位循环左移时，OPR 整体向左移一位，此时最高位移出送 CF 标志位，而 CF 标志位原始的数值送 OPR 最低位；当执行带进位循环右移时，OPR 整体向右移一位，此时最低位移出送 CF 标志位，而 CF 标志位原始的数值送 OPR 最高位。所有移位指令的操作如图 5-17 所示。

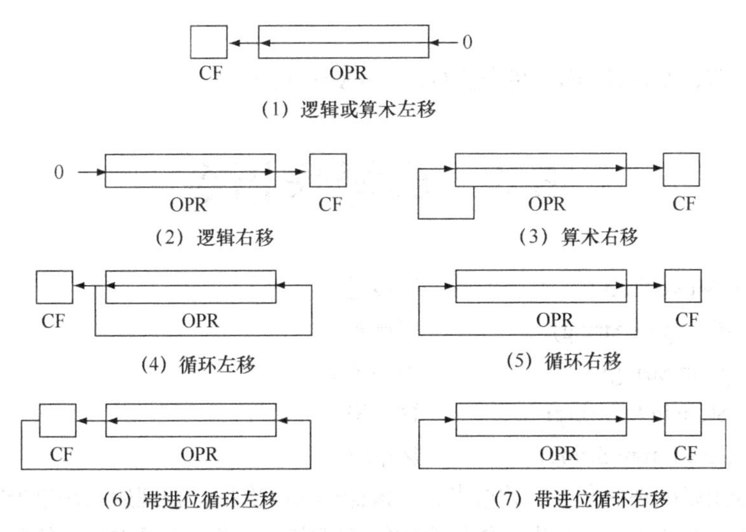

图 5-17　移位指令

例 5.37 （1）SHL　AX，1

（2）SHR　AX，1

（3）SAR　AX，1

（4）ROL　AX，1

（5）ROR　AX，1

（6）RCL　AX，1

（7）RCR　AX，1

如指令执行前，AX=13H=00010011B，CF=1。则指令执行结果如下：

（1）SHL：00010011 整体左移，最高位 0 送入 CF 标志位，最低位补 0，结果为 AX=00100110B=26H，CF=0，相当于对 AX 的内容乘以 2。

（2）SHR：00010011 整体右移，最低位 1 送入 CF 标志位，最高位补 0，结果为 00001001=09H，CF=1，相当于对 AX 的内容除以 2；若 AX=10010011B，则 SHR 执行的结果为 01001001=49H，CF=1。

（3）SAR：00010011 整体右移，最低位 1 送入 CF 标志位，最高位补符号位本身，即 0，结果为 00001001=09H;若 AX=10010011B,则 SAR 执行的结果与 SHR 不同,结果为 11001001=C9H，CF=1。

（4）ROL ：00010011 整体左移，最高位 0 同时送入 CF 标志位和最低位，结果为 AX=00100110B=26H，CF=0。

（5）ROR ：00010011 整体右移，最低位 1 同时送入 CF 标志位和最高位，结果为 AX=10001001B=89H，CF=1。

（6）RCL：00010011 整体左移，最高位 0 送入 CF 标志位，而 CF 标志位原始的值（CF=1）送入最低位，结果为 AX=00100111B=27H，CF=0。

（7）RCR：00010011 整体右移，最低位 1 送入 CF 标志位，而 CF 标志位原始的值（CF=1）送入最高位，结果为 AX=10001001B=89H，CF=1；若 CF 标志位原始的值 CF=0，则结果为 AX=00001001B=09H，CF=1。

例 5.38　对 AX 中内容实现半字交换，即交换 AH 和 AL 中的内容。

```
MOV   CL, 8
ROL   AX, CL
```

如指令执行前，AX=1234H，指令执行后，AX=3412H。

5.4 串操作指令

- MOVS (Move String)　　串传送
- CMPS (Compare String)　　串比较
- SCAS (Scan String)　　串扫描
- STOS (Store in to String)　　存入串
- LODS (Load from String)　　从串取

串操作指令用以处理内存中的数据串，但该操作每一次执行处理的只是单个字节或字，因此对于数据串来说，需要重复执行串操作指令才能处理完整个串。串操作指令的重复有特定的前缀指令配合，下面先介绍前缀指令：

- REP (repeat)　　重复
- REPE/REPZ (repeat while equal/zero)　　相等/为零则重复
- REPNE/REPNZ (repeat while not equal/not zero)　　不相等/不为零则重复

（1）前缀 REP 的作用是重复执行串操作指令，直到寄存器 CX=0 为止，而每执行一次串操作指令，会使 CX 的内容自动减 1，因此总的重复次数等于 CX 寄存器的初始值。

（2）前缀 REPE 也叫 REPZ，只有当 CX 寄存器的值≠0 并且标志位 ZF=1 时，重复执行串操作指令。若用以比较两个字符串是否相等，每次的串操作指令把源串中的一个字节和目的串中的一个字节进行比较，如果相等（即 ZF=1），则还需继续执行串操作指令，若不相等或者比较全部串的数据（CX=0），则停止。

（3）前缀 REPNE 也叫 REPNZ，只有当 CX 寄存器的值≠0 并且标志位 ZF=0 时，重复执行串操作指令。若在一个字符串中查找是否存在某一个字符，串操作指令把字符串中的一个字节和要找的这个字符进行比较，如果不相等（即 ZF=0），则还需继续执行串操作指令，直到找到（ZF=1）或者查找完整个串的数据（CX=0），才停止。

以上三种串操作指令的前缀，和下面介绍的串操作指令配合使用，可以完成对数据串的相关操作。

5.4.1 MOVS 串传送指令

格式有 3 种：

（1）MOVSB：以字节为单位传送；

（2）MOVSW：以字为单位传送；

（3）MOVS DST，SRC：将源串 SRC 传送到目的串 DST 中。

实际上 MOVS 指令的寻址方式是固定的，目的串地址为 ES:[DI]，源串地址为 DS:[SI]，因此前两种格式都将操作数直接省略了。若采用第三种格式指令，则以字节为单位传送时，可以表示为：

```
MOVS   ES:BYTE PTR[DI], DS:[SI]
```

目的操作数指出了是字节的传送，如果源串不在数据段，也可加前缀，如 ES:[SI]。但这种格式不够简洁，因而不太常用。

下面只介绍前两种格式的操作：

（1）字节（MOVSB）操作：

```
(ES:DI)←(DS:SI), DI±1, SI±1
```

（2）字（MOVSW）操作：

```
(ES:DI)←(DS:SI), DI±2, SI±2
```

上述操作中，当方向标志 DF=0 时 SI、DI 用+；DF=1 时 SI、DI 用-。方向标志 DF 的设置有两条指令：

- CLD (clear direction flag) 设置正向（向前，使 DF=0,SI 或 DI 自动加）
- STD (set direction flag) 设置反向（向后，使 DF=1,SI 或 DI 自动减）

上述传送指令默认源操作数是 DS 和源变址寄存器 SI 构成的地址，ES 和目的变址寄存器 DI 构成的地址为目的操作数地址，并且通过方向标志指令设置自动变址功能，数据的传送是从内存到内存的传送！不仅是串传送指令，下面介绍的其他串操作指令也具有同样的特点。

因此，为了实现整个串的传送，在使用串操作指令前，应该做好如下准备工作。

① 数据段中的源串首地址（如反向传送则是末地址）送 DS 和 SI。

② 附加段中的目的串首地址（如反向传送则是末地址）送 ES 和 DI。

③ 串长度送计数寄存器 CX。

④ 方向标志 DF。

MOVS 指令可以把由源变址寄存器 SI 指向的数据段中的一个字节（或字）传送到由目的变址寄存器 DI 指向的附加段中的一个字节（或字）中去，同时根据方向标志 DF 及数据格式（字节或字）对源变址寄存器 SI 和目的变址寄存器 DI 进行修改。每次执行 MOVS 操作只能传送数据串中的一个字节或者字，还需要与前缀 REP 联合使用，才可将数据段中的某个串全部传送到附加段中去，如例 5.39 所示。

例 5.39 在数据段中有一个字符串 MESS，其长度为 19，要求把它们转送到附加段中名为 BUFF 的一个缓冲区中，并显示出 BUFF 字符串，编制程序如下所示。

```
DATA  SEGMENT
  MESS   DB   'COMPUTER SOFTWARE $ '
DATA  ENDS
EXT  SEGMENT
   BUFF   DB    19 DUP(?)
EXT  ENDS
CODE  SEGMENT
ASSUME  CS:CODE, DS:DATA, ES: EXT
START:
MOV    AX, DATA            ; 赋段地址
MOV    DS, AX
MOV    AX, EXT
MOV    ES, AX
LEA    SI, MESS            ; 赋偏移地址
LEA    DI, BUFF
MOV    CX, 19              ; 串长
```

```
        CLD                     ; 设置 DF 的方向
        REP    MOVSB            ; 完成串传送
        MOV    BX, ES           ; 准备显示 BUFF 字符串
        MOV    DS, BX           ; DS:DX 指向待显示串的地址
        LEA    DX, BUFF
        MOV    AH, 9
        INT    21H
        MOV    AH, 4CH
        INT    21H
CODE  ENDS
END  START
```

程序中定义了数据段 DATA，其中用 DB 伪操作定义了字节类型数据串 MESS，串 MESS 中的每个字符占一个字节，以该字符的 ASCII 码存放。定义了附加段 EXT，其中定义的串 BUFF 的长度由 DUP 操作符开辟了 19 个字节空间，没有赋值。

程序运行过程可以用图 5-18 来说明。

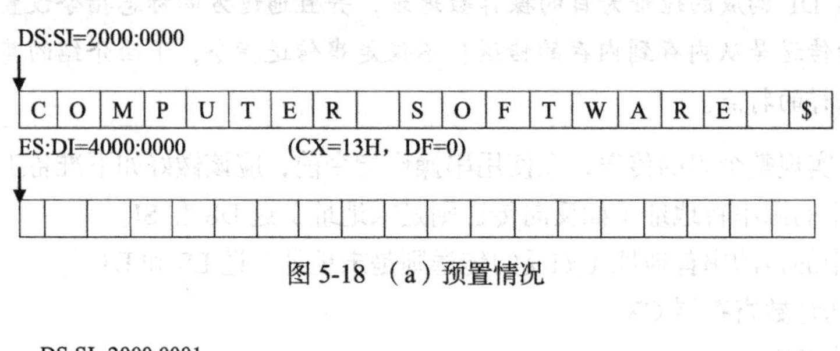

图 5-18 （a）预置情况

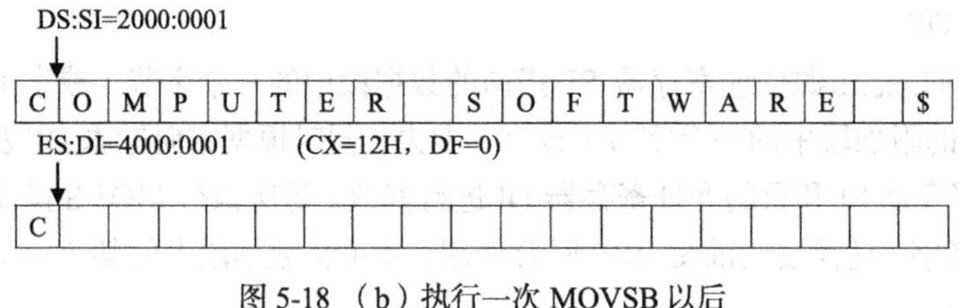

图 5-18 （b）执行一次 MOVSB 以后

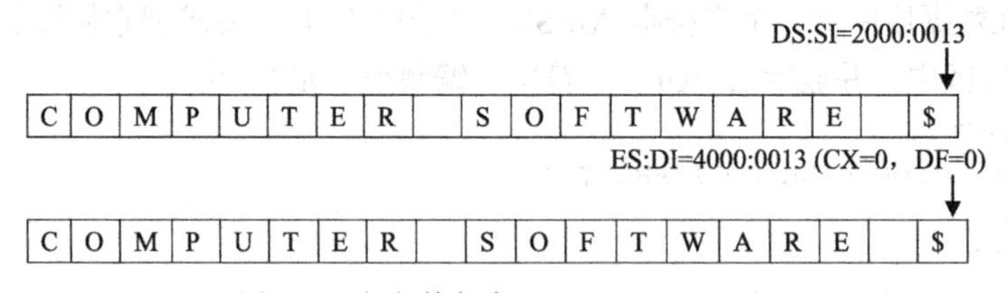

图 5-18 （c）执行完 REP MOVSB 以后

5.4.2 CMPS 串比较指令

格式有 3 种：

（1）CMPSB（字节）；

（2）CMPSW（字）；

（3）CMPS DST，SRC。

和串传送指令相同，串比较指令也是涉及两个串，目的串地址为 ES:[DI]，源串地址为 DS:[SI]。只介绍常用的 2 种格式，其操作如下：

（1）字节（CMPSB）操作：

```
(ES:DI)-(DS:SI), DI±1, SI±1
```

（2）字（CMPSW）操作：

```
(ES:DI)-(DS:SI), DI±2, SI±2
```

本条串操作指令把两个串的对应位置的字节或字相减，不保存结果，只是根据结果设置标志位。该指令与前缀 REPE 联用时，可比较两个串是否相等。在每次比较过程中，一旦发现不相等，ZF=0，则终止重复执行，而不必等到整个串全部比较结束，此时 CX≠0，ZF=0。该指令终止执行后，可根据标志 ZF 判断两个串是否相等。其他指令格式与串传送指令相同。

例 5.40　在数据段中有一个长度为 19 的字符串 MESS1，还有一个长度为 19 的字符串 MESS2，比较它们是否相等。若相等显示‘Y’，否则显示‘N’。编制程序如下所示。

```
DATA  SEGMENT
  MESS1  DB  'COMPUTER SOFTWARE $ '
  MESS2  DB  'COMKUTER SOFTWARE $ '
DATA  ENDS
CODE  SEGMENT
ASSUME  CS:CODE, DS:DATA
START:
MOV    AX, DATA
MOV    DS, AX
MOV    ES, AX           ; DS=ES
LEA    SI, MESS1
LEA    DI, MESS2
MOV    CX, 19           ; 串长
CLD                     ; 设置 DF 方向
REPE   CMPSB            ; 当 CX=0 或者 ZF=1 时，比较结束
JZ     YES              ; 如果 ZF=1，说明相等，跳转到标号 YES
MOV    DL, 'N'          ; 两串不相等
JMP    DISP             ; 跳转到标号 DISP
YES: MOV    DL, 'Y'
DISP: MOV    AH, 2
     INT    21H
MOV    AH, 4CH
INT    21H
CODE  ENDS
END  START
```

程序运行过程可以用图 5-19 来说明。

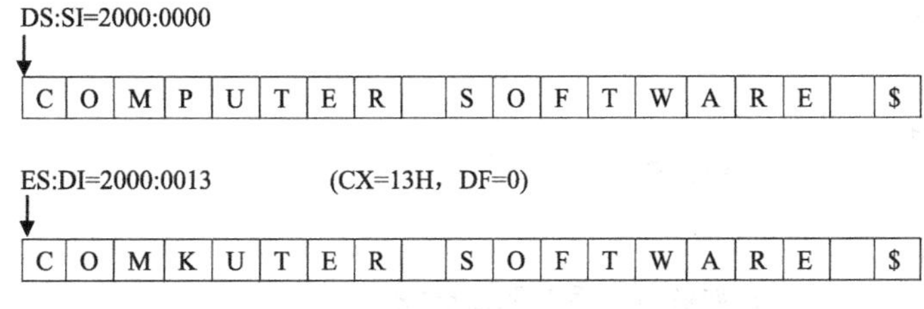

（a）预置情况

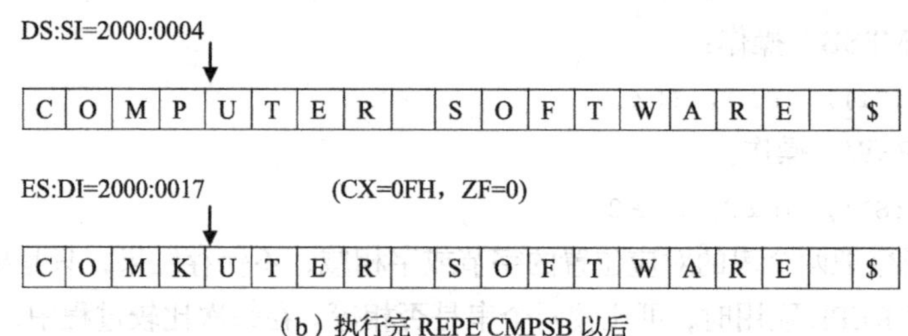

（b）执行完 REPE CMPSB 以后

图 5-19 程序运行情况

5.4.3 SCAS 串扫描指令

格式有 3 种：

（1）SCASB（字节）;

（2）SCASW（字）;

（3）SCAS DST。

串扫描指令只涉及一个目标串，因而由 ES:[DI]指定串的地址好理解也便于记忆，默认源操作数为 AL（字节）或 AX（字）。其对应的操作如下：

（1）字节（SCASB）操作：

```
AL-(ES:DI), DI±1
```

（2）字（SCASW）操作：

```
AX-(ES:DI), DI±2
```

串扫描指令是把 AL/AX 寄存器中的内容与附加段中的由目的变址寄存器 DI 所指向的内存单元内容相比较，与 CMPS 比较指令相似，并不保存结果，只是根据结果设置标志位。该指令与前缀 REPNE 联用时，可在目的串中查找有无和 AL/AX 寄存器中的内容相同的字节或字。在每次执行串扫描指令过程中，一旦发现相等，即 ZF=1，则终止执行，此时 CX≠0，ZF=1，说明已找到相同的内容，而不必等到整个串全部扫描结束。该指令终止执行后，可根据标志位 ZF 判断是否找到。指令相关格式要求同串传送指令。

例 5.41 在附加段中有一个字符串 MESS，其长度为 19，要求查找其中有无空格符，若有空格符，把首次发现的空格符改为‘#’，存回该单元，并显示‘Y’，否则显示‘N’。编制程序如下所示。

```
EXT   SEGMENT
  MESS   DB   'COMPUTER SOFTWARE $ '
EXT   ENDS
CODE  SEGMENT
ASSUME  CS:CODE, ES:EXT
START:
MOV    AX, EXT
MOV    ES, AX
LEA    DI, MESS
MOV    CX, 19
MOV    AL, 20H          ; 空格符
CLD
REPNE  SCASB
JZ     YES              ; 如果 ZF=1 跳转到标号 YES
MOV    DL, 'N'
JMP    DISP             ; 跳转到标号 DISP
```

```
YES: DEC    DI
     MOV    BYTE PTR ES:[DI],23H    ; '#'送原空格位置
MOV    DL, 'Y'
DISP: MOV    AH, 2
       INT    21H
MOV    AH, 4CH
INT    21H
CODE  ENDS
END  START
```

程序运行过程如图 5-20 所示。

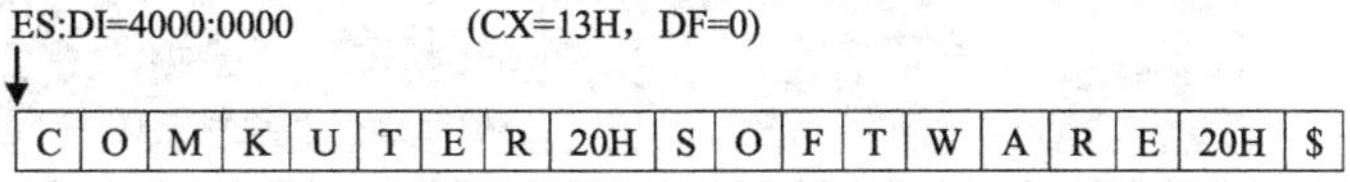

ES:DI=4000:0000　　(CX=13H，DF=0)

C	O	M	K	U	T	E	R	20H	S	O	F	T	W	A	R	E	20H	$

图 5-20 （a）预置情况

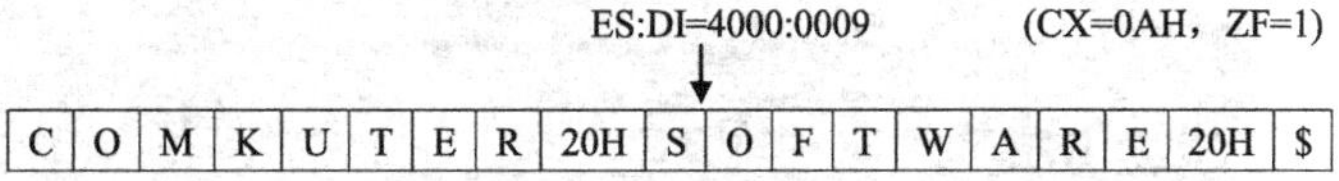

ES:DI=4000:0009　　(CX=0AH，ZF=1)

C	O	M	K	U	T	E	R	20H	S	O	F	T	W	A	R	E	20H	$

图 5-20 （b）执行完 REPNE SCASB 以后

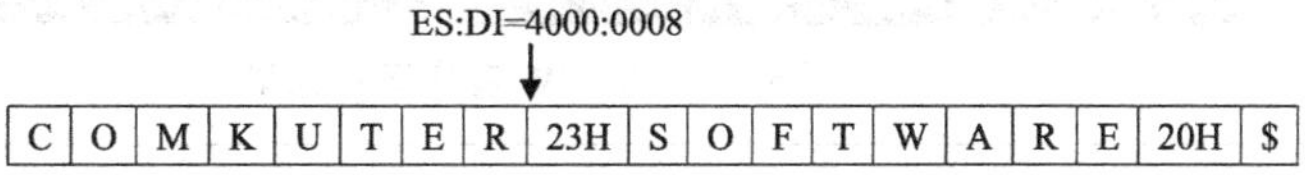

ES:DI=4000:0008

C	O	M	K	U	T	E	R	23H	S	O	F	T	W	A	R	E	20H	$

图 5-20 （c）程序结束

5.4.4 STOS 串存入指令

格式有 3 种：

（1）STOSB（字节）

（2）STOSW（字）

（3）STOS DST

该指令的格式与 SCAS 的指令格式相同，其操作如下：

（1）字节（STOSB）操作：

```
(ES:DI)←AL, DI±1
```

（2）字（STOSW）操作：

```
(ES:DI)←AX, DI±2
```

该指令把 AL/AX 寄存器的内容存入由目的变址寄存器指向的附加段的某单元中，并根据 DF 的值及数据类型修改目的变址寄存器的内容。当它与 REP 联用时，可把累加器的内容存入一个连续的内存缓冲区，该缓冲区长度由 CX 指定，因此 STOS 串指令可用于初始化某一块内存区。上述有关串处理指令的特性也适合本指令。

例 5.42　写出把附加段 EXT 中的首地址为 MESS，长度为 9 个字的缓冲区置为 0 值的程序片段。

```
MOV    AX, EXT
MOV    ES, AX
LEA    DI, MESS
MOV    CX, 9
MOV    AX, 0
CLD
REP    STOSW
```

REP STOSW 是字操作，每次执行时 DI 自动+2。其运行结果如图 5-21 所示。

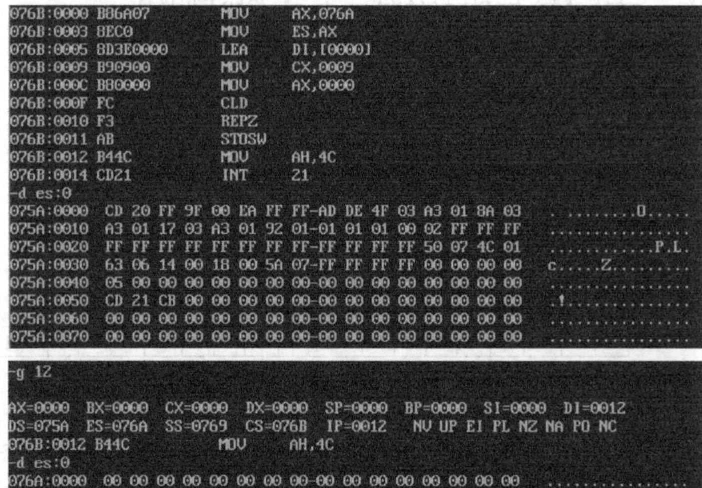

图 5-21 STOSW 程序运行结果

5.4.5 LODS 从串中取数指令

格式有 3 种：

（1）LODSB （字节）；

（2）LODSW （字）；

（3）LODS SRC。

该指令只涉及一个源串，由 DS:[SI]指定，其操作如下：

（1）字节（LODSB）操作：

```
AL←(DS:SI),SI±1
```

（2）字（LODSW）操作：

```
AX←(DS:SI),SI±2
```

该指令意义不大，一般不和 REP 联用，因为重复执行多次的结果也只是使累加器为最后一次的值。该指令可以由 MOV 指令代替。

本节介绍了多个串操作指令，与串前缀配合使用，可以完成多种串操作，表 5-2 列出了有关串处理指令的特性及用法。

表 5-2 串处理指令特性及用法

指令	前缀	源	目的	字节变址	字变址	关注标志
MOVS	REP	DS:SI	ES:DI	±1	±2	
CMPS	REPE	DS:SI	ES:DI	±1	±2	ZF
SCAS	REPNE	AL/AX	ES:DI	±1	±2	ZF
STOS	REP	AL/AX	ES:DI	±1	±2	
LODS	REP	DS:SI	AL/AX	±1	±2	

5.5　程序转移指令

程序总是放在代码段，程序的执行就是指令逐条从内存的代码段被取出，由 CPU 进行译码、执行。一段程序开始执行时，指令指针寄存器 IP 总是指向程序的第一条要执行的指令所对应的偏移地址，CPU 首先根据代码段寄存器 CS 和指令指针寄存器 IP 共同表示的地址取出该条指令，送往译码器，再执行，同时，自动修改 IP 寄存器的值，使其指向下一条指令所在的偏移地址。重复以上过程，程序中的指令被逐条取出执行。

以上程序的执行过程是顺序执行的形式，但通常程序中总会有判断、选择、跳转发生，从而改变程序的执行流程。常见的程序转移有以下几种指令：

- 无条件转移指令；
- 条件转移指令；
- 循环指令；
- 子程序调用指令；
- 中断调用指令。

5.5.1　无条件转移指令与程序的可重新定位

JMP（jmp）：该指令无条件转移到指令指定的地址去执行程序。指令中必须指定转移的目标地址（或称转向地址）。

根据目标地址，可以将无条件转移指令分为段内转移和段间转移。

① 转移的目标地址如果和本条跳转指令同在一个代码段，也就是说，跳转后，CS 寄存器的值并没有改变，只是 IP 寄存器有了改变，这叫段内转移。

② 如果转移的目标地址和本条跳转指令不在同一个代码段，也就是说，跳转后，CS 寄存器的值也发生了改变，这叫段间转移。

根据目标地址是否在跳转指令中直接给出，还可以将转移指令分为直接转移和间接转移。

① 如果转移的目标地址在跳转指令中直接给出，这叫直接转移。

② 如果转移的目标地址在跳转指令中通过其他方式间接给出，这叫间接转移。

下面将分别介绍段内直接转移、段内间接转移、段间直接转移以及段间间接转移。

（1）段内直接转移

格式：`JMP    NEAR PTR  OPR`

操作：`IP←IP+16` 位位移量

其中 NEAR PTR 为目标地址 OPR 的属性说明，表明是一个近（段内）跳转。

从指令的操作可以看出，IP 寄存器被加上 16 位位移量，IP 的值发生了改变，不再直接指向下一条指令，但 CS 寄存器并没有改变，所以是段内直接转移。

需要注意，位移量 OPR 是有符号数，这就意味着，位移量是负数时，IP+16 位位移量之后，IP 的值反而会变小，这就导致程序向后跳。如果位移量是正数时，IP 的值会增加，这就导致程序向前跳。

如果转移的目标地址 OPR 距离本条跳转指令在-128～+127 字节范围内，也可写成所谓的短转移指令：

```
JMP    SHORT  OPR
```

通常，目标地址 OPR 的属性说明可以省略，直接写成：JMP　OPR 即可。

注意该指令的操作是 IP←IP+位移量，而不是 IP←目标地址 OPR。下面结合例 5.43 说明该操作相比直接赋值的优势。

例 5.43　程序重新定位下的转移指令。

下面的程序中有 4 条指令，每条指令都为 2 个字节长度，假定首条指令 JMP　P1 的偏移地址位置为 1000H，当执行该条指令后，程序跳过其后的 2 条 MOV 指令，而跳转到标号 P1 所指示的位置去执行 ADD 指令。

```
1000: JMP  P1               ; 1000H 是本条指令的所在偏移地址
1002: MOV  AX, BX
1004: MOV  DX, CX
P1:   ADD  AX, DX           ; P1 是标号，其值为 1006H
```

如果把这个程序放在内存中的另一个位置，如下所示：

```
2000: JMP  P1               ; 2000H 是本条指令的所在偏移地址
2002: MOV  AX, BX
2004: MOV  DX, CX
P1:  ADD  AX, DX            ; P1 是标号，其值为 2006H
```

显然这两段程序是一样的，无论在内存什么位置，都不应影响运行结果。

上述程序可在 Debug 下直接用 A 命令给出，如图 5-22 所示，分别在 1000 和 2000 两个位置。由于 Debug 下不能识别符号，所以 P1 分别用 1006 和 2006 表示，尽管如此，这两处的 JMP 指令的机器码依然一致，都是 EB04，看来这两段程序确实完全一样。

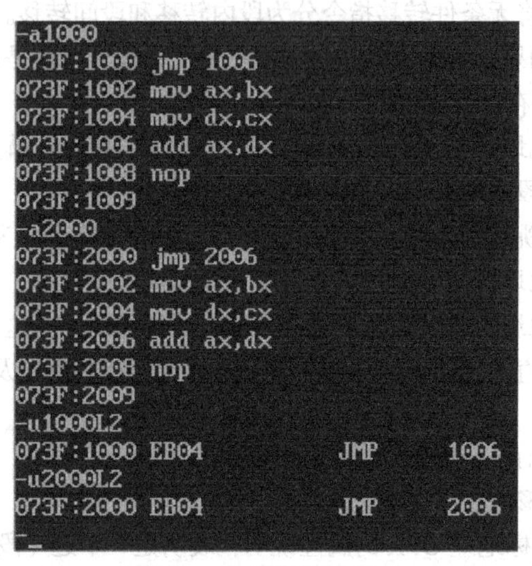

图 5-22　程序的可重新定位

由图 5-22 中可以看出，P1 的值虽然为 1006H，但指令 JMP　P1 的机器指令中不是直接给出目标地址 1006H，而是位移量 4。因为 JMP 指令的下一条指令地址为 1002，而 P1 的地址为 1006，就是说跳转的距离为 4，这在汇编时就可确定。在程序执行阶段，当 JMP　P1 指令被取出将要执行时，当前的 IP 的值自动调整为 1002H，指向下一条指令，而 JMP　P1 指令执行的结果使得 IP ←IP+4，即 IP 由 1002 变为 1006H，所以直接跳转到位于 1006H 处执行 ADD 指令。

同样的道理，位于 2000 处程序的 JMP 指令的机器码 EB04，跳转的距离为 4，当 JMP 指令被取出将要执行时，当前的 IP 的值自动调整为 2002H，指向下一条指令，而 JMP 指令执行的结果使得 IP←IP+4，即 IP 由 2002 变为 2006H，从而直接跳转到位于 2006H 处执行。

可见，由于 JMP 机器指令中不是直接给出目标偏移地址，而是给出相对于目标位置的位移量，用 IP←当前 IP+位移量的操作机制，实现了程序的可重新定位。

（2）段内间接转移

格式：JMP　WORD PTR　OPR

操作：IP←(EA)

其中有效地址 EA 值由 OPR 的寻址方式确定。它可以使用除立即数方式以外的任何一种寻址方式。如果指定的是寄存器，则把寄存器的内容送到 IP 寄存器中，如果指定的是内存中的一个字，则把该存储单元的内容送到 IP 寄存器中去。

例 5.44　如果 BX=2000H，DS=4000H，(42000H)=6050H，(44000H)=8090H，TABLE 的偏移地址为 2000H，分析下面四条指令单独执行后 IP 的值。

```
JMP   BX                      ; 寄存器寻址, IP=BX
JMP   WORD PTR [BX]           ; 寄存器间接寻址, IP=[DS:BX]
JMP   WORD PTR TABLE          ; 直接寻址, IP=[DS:TABLE]
JMP   TABLE[BX]               ; 寄存器相对寻址, IP=[DS:(TABLE+BX)]
```

第一条指令执行后，IP=BX=2000H。

第二条指令执行后，IP=(DS:2000H)=(40000H+2000H)=(42000H)=6050H。

第三条指令执行后，IP=(DS:2000H)=(40000H+2000H)=(42000H)=6050H。

第四条指令执行后，IP=(DS:4000H)=(40000H+4000H)=(44000H)=8090H。

（3）段间直接转移

格式：JMP　FAR PTR OPR

操作：IP←OPR 的偏移地址

　　　CS←OPR 所在段的段地址

在汇编格式中 OPR 可使用符号地址，而机器语言中含有转向的偏移地址和段地址。因为 IP 和 CS 的值都被改变，所以又叫跨段直接远转移。

（4）段间间接转移

格式：JMP　DWORD PTR OPR

操作：IP←(EA)

　　　CS←(EA+2)

其中 EA 由 OP R 的寻址方式确定，它可以使用除立即数及寄存器方式以外的任何存储器寻址方式。根据寻址方式求出 EA 后，把指定内存字单元的内容送到 IP 寄存器，并把下个字的内容送到 CS 寄存器，这样就实现了段间的间接远跳转。

例 5.45　如果 BX=2000H，DS=4000H，(42000H)=6050H，(42002H)=1234H，指出下面指令执行后 IP 和 CS 的值。

```
JMP   DWORD PTR [BX]
```

指令执行后，IP=(DS:2000H)=(40000H+2000H)=(42000H)=6050H，CS=(42002H)=1234H。

5.5.2　条件转移指令

条件转移指令是根据上一条指令执行后，所产生的标志位来进行测试条件判别。所以在使用条件转移指令之前，应有一条能产生标志位的前导指令，如 CMP 指令。每一种条件转移指令有各自的测试条件，当满足测试条件时则转移到由指令指定的转向地址去执行那里的程序，如不满足测试条件则顺序执行下一条指令。

在汇编指令格式中，转向地址由标号来表示，在 8086 系列 16 位的机器中规定，转向地址与本条转移指令所在地址的距离应在-128～+127 个字节的范围之内。（386 及其后继机型允许转移到段内的任何位置）。另外，所有的条件转移指令都不影响标志位。下面我们把条件转移指令分为四组来介绍。

（1）根据单个条件标志的设置情况转移。这组包括 10 种指令。它们一般适用于测试某一次运算的结果并根据其不同特征产生程序分支作不同处理的情况。

① 指令格式：JZ　OPR　　　　；结果为零则转移
等效指令：JE　OPR　　　　；结果相等则转移
测试条件：ZF=1，则转移。

② 指令格式：JNZ　OPR　　　　；结果不为零则转移
等效指令：JNE　OPR
测试条件：ZF=0，则转移。

③ 指令格式：JS　OPR　　　　；结果为负则转移
测试条件：SF=1，则转移。

④ 指令格式：JNS　OPR　　　　；结果为正则转移
测试条件：SF=0，则转移。

⑤ 指令格式：JO　OPR　　　　；结果溢出则转移
测试条件：OF=1，则转移。

⑥ 指令格式：JNO　OPR　　　　；结果不溢出则转移
测试条件：OF=0，则转移。

⑦ 指令格式：JC　OPR　　　　；进位位为 1 则转移
等效指令：JB　OPR　　　　；低于则转移
等效指令：JNAE　OPR　　　　；不高于等于则转移
测试条件：CF=1，则转移。

⑧ 指令格式：JNC　OPR　　　　；进位位为 0 则转移
等效指令：JNB　OPR　　　　；不低于则转移
等效指令：JAE　OPR　　　　；高于等于则转移
测试条件：CF=0，则转移。

⑨ 指令格式：JP　OPR　　　　；奇偶位为 1 则转移
等效指令：JPE　OPR　　　　；偶数个 1 则转移
测试条件：PF=1，则转移。

⑩ 指令格式：JNP　OPR　　　　；奇偶位为 0 则转移
等效指令：JPO　OPR　　　　；奇数个 1 则转移
测试条件：PF=0，则转移。

上面 10 条指令都是根据标志寄存器中某一个标志位的状态决定是否转移，下面还有一条根据 CX 寄存器是否为零决定是否转移的指令。

（2）测试 CX 寄存器的值为零则转移

指令格式：JCXZ　OPR　　　　；CX 寄存器为零则转移
测试条件：CX=0，则转移。

（3）比较两个无符号数，并根据比较的结果转移。

① 指令：JC(JB, JNAE) OPR　　　　　；进位位为 1（低于，不高于等于）则转移

测试条件：CF=1，则转移。

② 指令：JNC(JNB, JAE) OPR　　　　；进位位为 0（不低于，高于等于）则转移

测试条件：CF=0，则转移。

③ 指令：JBE(JNA) OPR　　　　　　；低于等于（不高于）则转移

测试条件：CF|ZF=1，即 CF 与 ZF 的或为 1，则转移。

④ 指令：JNBE(JA) OPR　　　　　　；不低于等于（高于）则转移

测试条件：CF|ZF=0，即 CF 与 ZF 的或为 0，则转移。

（4）比较两个有符号数，并根据比较结果转移。

① 指令：JL(JNGE)　OPR　　　　　；小于（不大于等于）则转移

测试条件：SF^OF=1，即 SF 与 OF 的异或为 1，则转移。

② 指令：JNL(JGE)　OPR　　　　　；不小于（大于等于）则转移

测试条件：SF^OF=0，即 SF 与 OF 的异或为 0，则转移。

令：JLE(JNG)　OPR　　　　　　　；小于等于（不大于）则转移

测试条件：(SF^OF)|ZF =1，即 SF 与 OF 的异或为 1 或者 ZF = 1，则转移。

令：JNLE(JG)　OPR　　　　　　　；不小于等于（大于）则转移

测试条件：(SF^OF)|ZF =0，即 SF 与 OF 的异或为 0 且 ZF = 0，则转移。

第 3 和第 4 两组指令分别用于无符号数的比较和有符号数的比较，测试条件是完全不同的。道理很简单，例如 8 位二进制数 A=10101001，B=00110101，如果把它们看成无符号数，则 A > B，如果把它们看成有符号数，则 A < B。

无符号数比较的转移指令的测试条件是易于理解的。当两个无符号数相减时，CF 位的情况说明了是否有借位的问题，有借位时，CF=1，这就是 JC，JB 和 JNAE 是等效指令的原因。

有符号数比较的转移指令的测试条件比较复杂，下面分析 JL 指令的情况，先比较两个有符号数的大小，CMP 通过相减而产生的标志位作出判断。例如：

```
CMP  AX,  BX
JL   P1                ; 如果 AX < BX，则转移到 P1
```

有四种情况，如下所示。

① 正数 A—正数 B，如结果为负数，说明 A < B；如结果为正数，说明 A≥B。不会溢出。

② 负数 A—负数 B，如结果为负数，说明 A < B；如结果为正数，说明 A≥B。不会溢出。

③ 负数 A—正数 B，显然 A < B，结果应为负数；如结果为正数，说明溢出。

④ 正数 A—负数 B，显然 A > B，结果应为正数；如结果为负数，说明溢出。

以上分析结合标志位如表 5-3 所示。

表 5-3　　　　有符号数的比较判断条件

序号	SF	OF	结果	SF	OF	结果
1	1	0	A < B	0	0	A≥B
2	1	0	A < B	0	0	A≥B
3	1	0	A < B	0	1	A < B
4	0	0	A > B	1	1	A > B

由表格可以看出，只要 SF 和 OF 不相同，就说明两个有符号数 A，B 的比较中 A < B。所以

可以得出 JL 指令的测试条件为 SF^OF=1。

例 5.46 有一个长为 19 字节的字符串，首地址为 MESS。查找其中的‘空格’（20H）字符，如找到则继续执行，否则转标号 NO。

```
MOV     AL, 20H
    MOV     CX, 19
    MOV     DI, -1
LK:  INC     DI
DEC     CX
CMP     AL, MESS[DI]                ; AL-[MESS+DI],不回送结果，置标志位 CF/ZF
JCXZ    NO                          ; 判断 CX 是否为 0
JNE     LK                          ; 判断 ZF 标志位是否为 0，为 0 则跳转
YES:…
JMP EXIT
NO:…
EXIT:MOV AH,4CH
     INT 21H
```

当 AL-[MESS+DI]的结果为 0，即 AL 的内容与内存单元内容相等时，CMP 的运行结果会将 ZF 标志位置 1，当执行到 JNE 时则不会，继续执行下一条指令。

5.5.3 循环指令

为了方便循环程序的设计，80x86 提供了以下循环指令。

- LOOP (loop) 循环
- LOOPZ/LOOPE (loop while zero, or equal) 当为零/相等时循环
- LOOPNZ/LOOPNE (loop while not zero, or not equal) 当不为零/不相等时循环

① 指令：LOOP　OPR　　；循环

测试条件：CX≠0，则循环

② 指令：LOOPZ　OPR　　；当为零时循环

测试条件：ZF=1 且 CX≠0，则循环

等效指令：LOOPE　OPR

③ 指令：LOOPNZ　OPR　　；当不为零时循环

测试条件：ZF=0 且 CX≠0，则循环

等效指令：LOOPNE　OPR

以上循环指令的操作均是：

首先执行 CX 寄存器减 1，然后根据测试条件决定是否转移。

例 5.47 在首地址为 MESS 长为 19 字节的字符串中查找‘空格’（20H）字符，如找到则继续执行，否则转标号 NO。用循环指令实现程序的循环。

```
     MOV     AL, 20H
     MOV     CX, 19
     MOV     DI, -1
LK:  INC     DI
     CMP   AL, MESS[DI]
       LOOPNE  LK      ; 当 CX≠0 且 ZF=0 时跳转
       JNZ     NO      ; 当 ZF=0 时跳转
   YES: …
```

```
      JMP EXIT
   NO: …
EXIT: MOV AH,4CH
      INT 21H
…
```

当 LOOPNE LK 结束时有两种可能，即 CX=0 或者 ZF=1，而这两种可能对应的结果是不相同的，因此在 LOOPNE 下方紧跟着一条 JNZ 的跳转指令，用以区分这两种情况。需特别注意 CX=0 与 ZF=1 同时成立的情况，即比较的最后一个字符是相同的，所以区分以上两种情况时，需优先判断 ZF=1 是否成立。

本章小结

本章介绍了五种常用的指令格式、基本功能，并介绍了指令对标志位的影响以及指令对操作数的要求等。通过本章的学习，掌握汇编语言的基本指令，并学习编写相应的程序。

习题 5

5.1　溢出标志 OF 与进位标志 CF 有何作用和区别？

5.2　有符号数比较大小，当 AX < BX 时程序转向标号 L1，若前导指令为 CMP AX，BX，后续指令应为什么？若视为两个无符号数比较大小，后续指令应为什么？

5.3　CMP 和 TEST 指令与其他指令的不同之处在于什么？它们通常都紧跟着跳转指令，用在什么场合？说出 CALL 指令和 INT21H 指令的操作，有何异同？

5.4　除了用 4CH 号系统功能调用结束程序的执行并退出，还有哪些办法？

5.5　设 V 是变量，指出下列错误的指令，说出错误原因并修改。

（1）MOV　AX，[DX]
（2）MOV　DS，DATA
（3）MOV　CS，AX
（4）MOV　AX，DL
（5）PUSH　AL
（6）ADD　[BX]，[DI]
（7）LEA　[BX]，V
（8）MOV　[DX]，OFFSET V
（9）MOV　[SI]，2
（10）MUL　BX，CX
（11）DIV　5
（12）MOV　BYTE[SI]，AX
（13）MOV　AX，[SI+DI]
（14）SHR　AX，4
（15）CMP　6，AX

（16）MOV　[FFFF]，AX

（17）MOV　AX，BX+4

（18）JMP　FAR　PRO

5.6　在数据段定义了 ARRAY 数组，其中依次存储了 4 个字数据，根据以下要求把第 4 个字送 AX 寄存器。

（1）直接寻址

（2）使用 BX 的间接寻址

（3）使用 BX 和 ARRAY 的寄存器相对寻址

（4）基址变址寻址

（5）MOV 以外的其他指令

5.7　画出数据在数据段中的存放情况，程序执行后，BX、DI、CX、DX 寄存器中的内容是什么？程序如下：

```
DATA  SEGMENT
ARRAY  DW  20, 30, 40, 20H, 30H, -6
BUFF   DB  'ABCD$'
DATA  ENDS
CODE  SEGMENT
          ASSUME  CS:CODE,DS:DATA
START:
          MOV    AX, DATA
          MOV    DS, AX
          MOV    BX, ARRAY+1
          MOV    DI, OFFSET ARRAY
          MOV    CX, [DI+5]
          MOV    DL, BUFF+3
          MOV    AH, 4CH
          INT    21H
CODE  ENDS
          END    START
```

5.8　在 Debug 下设置(SP)=20H，设置 AX、BX、CX、DX 为不同值，把这四个寄存器内容依次压入堆栈，再从堆栈中依次弹出到 SI、DI、BP、BX 寄存器。写出一段程序实现上述操作，并画出每条入栈指令执行后 SP 和堆栈中数据的变化。

5.9　求出 7450H 与以下各十六进制数的和及差，并根据结果标出 SF、ZF、CF、OF 标志位的值。

（1）1234H　　（2）5678H　　（3）9804H　　（4）E0A0H

5.10　在数据段有 32 位的无符号数变量 X，Y，按如下格式定义，其中‘？’请用数值代替，用 16 位指令按要求写出程序。

```
X    DW    ? ,?
Y    DW    ? ,?
Z    DW    ? ,? ,? ,?
```

（1）Z=X+Y。

（2）Z=X-Y。

（3）Z=|X-Y|。

（4）Z=X×Y。

5.11　用移位指令为主实现对 AX 中的无符号数乘以 5，不考虑乘积可能超出 16 位。

5.12　用移位指令为主实现对AX中的无符号数乘以5，考虑乘积可能超出16位的情况。

5.13　把AX中的内容依次倒排序，即第0位移到第15位，第1位移到第14位…

5.14　在数据段有如下定义：

```
BUFF    DB  'ABCD$EFGHIJK$'
        STR1    DB   12  DUP(?)
        LEN     DB   ?
```

用串指令编写程序完成以下操作：

（1）对字符串STR1全部置‘*’符。

（2）从左到右把BUFF中的字符串传送到STR1。

（3）从右到左把BUFF中的字符串传送到STR1。

（4）比较BUFF与STR1两个字符串是否相等，如相等则DX=1，否则DX=0。

（5）查找BUFF中有无字符$，把字符$出现的次数计入BX寄存器。

5.15　对于给定的AX和BX的值，执行下列程序段，程序将转向哪里？

```
ADD    AX, BX
     JNO    L1
JNC    L2
SUB    AX, BX
JNC    L3
JNO    L4
JMP    L5
```

（1）AX=1234H,　BX=6789H

（2）AX=790EH,　BX=8831H

（3）AX=E002H,　BX=8086H

5.16　下面不完整的程序段是比较AX和BX的值，把其中大的数送MAX变量。如果是无符号数，应如何填写指令？如果是有符号数，应如何填写指令？

```
CMP    AX, BX
(                )
MOV    MAX, AX
(                )
L1: MOV    MAX, BX
L2: HLT
```

5.17　在下列程序段的括号中分别填入如下指令，程序执行完后，AX、CX的内容是什么？

（1）LOOP　L1

（2）LOOPE　L1

（3）LOOPNZ　L1

```
MOV    AX, 6
     MOV    CX, 3
L1: ROL    AX, CL
    TEST   AL, 3
(          )
```

5.18　测试AL寄存器，如果最高位和最低位同时为0，则转L0，如果最高位和最低位只有一位为1，则转L1，如果最高位和最低位同时为1，则转L2。画出流程图，并编写程序段。

5.19　从键盘输入一个英文字母，显示输出其大写。画出流程图，并编写程序段。

5.20　从键盘输入一位数字N，显示输出N个N。画出流程图，并编写程序段。

5.21　在数据段有压缩的BCD码表示的十进制数，写出指令分别完成十进制加法A+B，K+J

和减法 A-B，K-J。结果放在 AX，回答 AX 的内容。

```
A   DB 65H
B   DB 37H
K   DB 98H
J   DB 69H
```

5.22 用相对基址变址寻址方法求 ARRAY 行列式的值。

```
ARRAY     DW  2，3，5
          DW  1，4，6
          DW  2，7，9
```

实验 4 算术及位串处理程序

实验目的：

掌握多数位的算术运算、移位操作、字符串操作等程序的设计，学习使用分支与循环等基本编程方法，熟练使用 Debug。

实验内容：

【1】在数据段预先存放 16 个十六进制数的 ASCII 码，首地址为 ASC。从键盘输入一位十六进制数到 BX，用 ASC[BX]寻址方式找到对应数位的 ASCII 码，并取出显示。

【2】用 16 位指令编制程序，处理 32 位的加减乘除算术四则运算题。

要求：

（1）所有变量均定义成字类型，其中应有负数。部分变量也可以使用寄存器，在 Debug 下临时给出。程序必须在 Debug 下执行，以便验证结果。

（2）跟踪程序，记录每条指令执行后的 ZF，SF，CF，OF 标志。回答每条指令执行后 ZF，SF，CF，OF 标志设置的理由。

【3】用字符串处理指令编制程序，处理字符串的比较和查找，显示结果。

要求：

（1）字符串的比较程序中，一个字符串在数据段定义，另一个字符串在程序执行时从键盘输入，必须定义键盘缓冲区，并指出不相等的位置。

（2）在字符串中查找某个字符，字符串在数据段定义，要查找的字符在程序执行时从键盘输入，并指出找到的位置。

【4】AL 字节内容反向排序。

第 6 章 伪指令与源程序格式

伪指令和指令不同的是，指令是在程序运行期间由计算机的 CPU 来执行的，而伪指令是在汇编程序对源程序进行汇编期间由汇编程序处理的操作。它们可以完成如定义数据、定义程序模式、分配存储区、指示程序结束、处理器选择等功能。这里只介绍一些常用的伪指令。有些和宏汇编有关的伪指令在介绍宏汇编时再作说明。

6.1 伪指令

6.1.1 处理机选择伪指令

80x86 的所有处理器都支持 8086 指令系统，随着处理器的升级也增加了一些新的指令。为了能使用这些新增指令，在编写程序时要用处理机选择伪指令对所用的处理机作出选择，也就是说，要告诉汇编程序应该选择哪一种指令系统。

处理机选择伪指令有以下几种：

·8086	选择 8086 指令系统
·286	选择 80286 指令系统
·286P	选择保护方式下的 80286 指令系统
·386	选择 80386 指令系统
·386P	选择保护方式下的 80386 指令系统
·486	选择 80486 指令系统
·486P	选择保护方式下的 80486 指令系统
·586	选择 Pentium 指令系统
·586P	选择保护方式下的 Pentium 指令系统

指令中的点“·”是需要的。这类伪指令一般放在代码段中的第一条指令前即可。如不给出，则汇编程序认为其默认选择是 8086 指令系统。

6.1.2 段定义伪指令

我们结合第 3 章已介绍的程序实例 2（稍作修改）来看段定义和选择 80386 指令，注意有分号的注释行，程序如下：

例 6.1 段定义和支持 386 指令。

```
data      segment                    ; 定义数据段 data
          buff   db 'hello,world!$'
data      ends
code      segment                    ; 定义代码段 code
assume cs:code,ds:data               ; 指定段寄存器和段的关系
.386                                 ; 选择 386 指令
start: mov ax,data                   ; 对 ds 赋 data 段基地址
       mov ds,ax
       lea bx,buff
       mov eax,'ABCD'                ; eax 是 386 指令系统中的 32 位寄存器
       mov [bx],eax
       mov dx,offset buff
       mov ah,9
       int 21h
code   ends
       end start
```

图 6-1 为程序的调试，注意：程序中的第 4、第 5 这两条 32 位机指令，是把‘ABCD’作为 32 位常数送到 buff，由图中可见，这两条指令在 Debug 下已变成面目全非的 6 条指令（偏移地址从 0008 至 000F），这是因为 Debug 下不能显示 32 位机指令，但并不影响程序的执行。

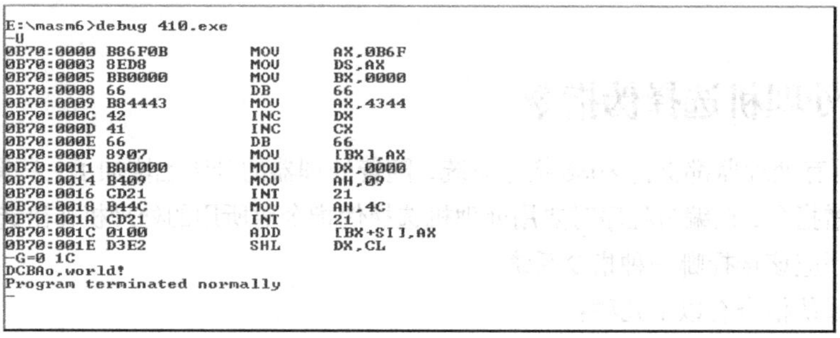

```
E:\masm6>debug 410.exe
-U
0B70:0000 B86F0B        MOV     AX,0B6F
0B70:0003 8ED8          MOV     DS,AX
0B70:0005 BB0000        MOV     BX,0000
0B70:0008 66            DB      66
0B70:0009 B84443        MOV     AX,4344
0B70:000C 42            INC     DX
0B70:000D 41            INC     CX
0B70:000E 66            DB      66
0B70:000F 8907          MOV     [BX],AX
0B70:0011 BA0000        MOV     DX,0000
0B70:0014 B409          MOV     AH,09
0B70:0016 CD21          INT     21
0B70:0018 B44C          MOV     AH,4C
0B70:001A CD21          INT     21
0B70:001C 0100          ADD     [BX+SI],AX
0B70:001E D3E2          SHL     DX,CL
-G=0 1C
DCBAo,world!
Program terminated normally
-
```

图 6-1 支持 386 指令的程序

1. 段定义伪指令

汇编程序在把源程序转换为目标程序时，只能自动确定标号和变量（代码段和数据段的符号地址）的偏移地址，程序中对于段地址也要作出说明，段地址一旦说明，该段内的指令、标号和变量都属于这个段。

段定义伪指令格式：

```
segment_name    SEGMENT
…
segment_name    ENDS
```

其中 segment_name 由用户确定，大写的为关键字。段定义伪指令两句成对出现，两句之间为其他指令。

为了确定用户定义的段和哪个段寄存器相关联，用 ASSUME 伪指令来实现。

ASSUME 伪指令格式：

```
ASSUME  register_name:segment_name …, register_name:segment_name
```

其中 register_name 为段寄存器名，必须是 CS，DS，ES 和 SS。而 segment_name 则必须是由

段定义伪指令定义的段中的段名。

ASSUME 伪指令只是指定把某个段分配给哪一个段寄存器，它并不能把段地址装入段寄存器中，所以在代码段中，还必须把段地址装入相应的段寄存器中。为此，还需要用两条 MOV 指令完成这一操作。但是，代码段不需要这样做，代码段的这一操作是在程序初始化时完成的。应该还记得，不允许对 CS 寄存器赋值。

2. 简化的段定义伪指令

MASM5.0 以上版本还支持一种简化的段定义方法，可把例 6.1 程序用简化的段定义方法改写如下：

例 6.2

```
 .model   small             ; 定义存储模型为 small
 .data                      ; 定义数据段 data
           string   db 'hello,world!$ '
 .code                      ; 定义代码段 code
start: mov ax,@data         ; 对 ds 赋 data 段基地址
       mov ds,ax
       mov dx,offset string
       mov ah,9
       int 21h
       mov ah,4ch
       int 21h
end  start
```

首先用 · MODEL 伪指令说明在内存中如何安排各个段，存储模型为 SMALL 的意思是：所有数据都放在一个 64KB 的数据段，所有代码都放在另一个 64KB 的代码段，数据和代码都为近访问。这是最常用的一种模型。

· DATA 伪指令用来定义数据段，但没有给出段名，默认段名是_DATA。

@DATA 表示段名_DATA，在指令中表示段地址。

简化段定义的表达能力不如 SEGMENT 伪指令那样完整而清楚，所以很多时候还是用 SEGMENT 伪指令。

有关简化段定义的更多说明在有关子程序的多模块设计中介绍。

6.1.3　程序开始和结束伪指令

表示源程序结束的伪操作的格式为：

```
END  [label]
```

汇编程序将在遇到 END 时结束汇编。其中标号 label 指示程序开始执行的起始地址。如果是多个程序模块相连接，则只有主程序需要使用标号，其他子程序模块则只用 END 而不能指定标号。

6.1.4　数据定义与存储器单元分配伪指令

我们知道，指令语句的一般格式是：

```
[标号:]  操作码   操作数   [; 注释]
```

和指令语句格式类似，这一类伪指令的格式是：

```
[变量]   操作码   N 个操作数   [; 注释]
```

其中变量字段是可有可无的，它用符号地址表示。其作用与指令语句前的标号相同。但它的

后面不跟冒号。

操作码字段说明所用伪操作的助记符，即伪操作，说明所定义的数据类型。常用的有以下几种。

DB：伪操作用来定义字节，其后的每个操作数都占有一个字节（8位）。

DW：伪操作用来定义字，其后的每个操作数占有一个字（16位，其低位字节在第一个字节地址中，高位字节在第二个字节地址中，即数据低位在低地址，数据高位在高地址）。

DD：伪操作用来定义双字，其后的每个操作数占有两个字（32位）。

DF：伪操作用来定义6个字节的字，其后的每个操作数占有48位。

DQ：伪操作用来定义4个字，其后的每个操作数占有4个字（64位），可用来存放双精度浮点数。

DT：伪操作用来定义10个字节，其后的每个操作数占有10个字节，为压缩的BCD码。

（需要说明的是，MASM6允许DB，DW，DD，DF，DQ，DT伪操作分别用BYTE，WORD，DWORD，FWORD，QWORD，TBYTE代替）。

这些伪操作可以把其后跟着的数据存入指定的存储单元，形成初始化数据；或者只分配存储空间而并不确定数值。下面举例说明各种用法。

例6.3 操作数为常数、数据表达式。

```
D_BYTE     DB  10, 10H
D_WORD     DW  14, 100H,-5, 0ABCDH
D_DWORD    DD  4×8
```

程序中默认的数据为十进制数，10H为十六进制数，用DB定义的数据的值不能超出一个字节所能表示的范围。数据10的符号地址是D_BYTE，数据10H的符号地址是D_BYTE+1。

数据可以是负数，均为补码形式存放。允许数据表达式，如4×8，等价为32。若数据第一位不是数字，应在前面加0，如0ABCDH。数据在内存中的存放如图6-2所示。

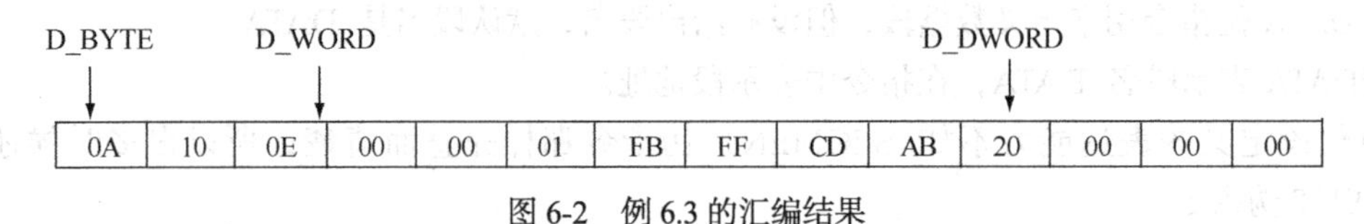

图6-2 例6.3的汇编结果

例6.4 操作数为字符串。问号‘?’仅预留空间。数据在内存中的存放如图6-3所示。

```
MESSAGE   DB 'HELLO?',?         ; 问号?通常被系统置0
            DB 'AB',?
            DW 'AB'             ; 注意这里'AB'作为串常量按字类型存放
```

MESSAGE ↓

48	45	4C	4C	4F	3F	--	41	42	--	42	41

图6-3 例6.4的汇编结果

例6.5 用操作符复制操作数。数据在内存中的存放如图6-4所示。

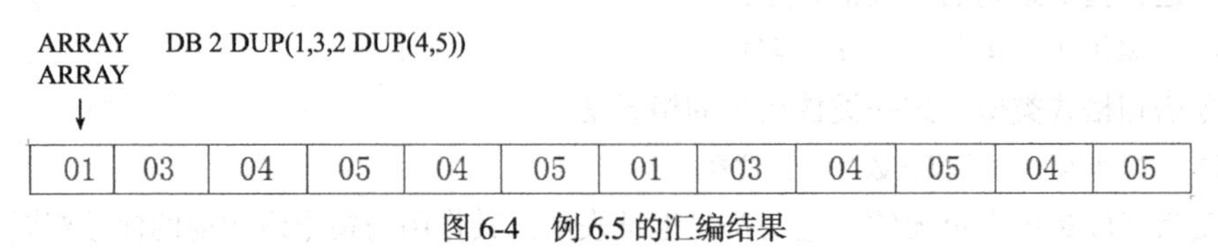

图6-4 例6.5的汇编结果

例 6.6　根据需要自己定义的各类数据，含义由自己决定。数据在内存中的存放如图 6-5 所示。

```
X1   DB  14, 3            ; 十进制小数 3.14
Y2   DW  1234H, 5678H     ; 32 位数据十六进制数 56781234H
Y3   DW  22, 9            ; 32 位数据十六进制数 00090016H
```

0E	03	34	12	78	56	16	00	09	00

图 6-5　例 6.6 的汇编结果

6.1.5　类型属性操作符

```
WORD PTR    ; 字类型
BYTE PTR    ; 字节类型
```

通常访问内存变量要知道它的符号地址，以便定位，还要知道它的类型（长度），以便匹配，如果指令中不可避免地出现两个类型（长度）不匹配的操作数时，可以在指令中对该内存变量使用类型属性操作符指定访问类型。这里注意仅是“访问类型”，并不是改变了变量本身的类型，访问类型的作用只是增加了一种访问方式，例如，对一个 8 位（或 16 位）的变量可以用 16 位（或 8 位）方式访问。

例 6.7　在指令中用类型属性操作符指定对内存变量的访问类型，以匹配两个操作数。

```
OPER1    DB  3, 4
OPER2    DW  5678H, 9
 ⋮
MOV   AX, OPER1        ; 操作数类型不匹配
MOV   BL, OPER2        ; 操作数类型不匹配
MOV   [DI], 0          ; 操作数类型不明确
```

前两条指令操作数类型不匹配，第三条指令的两个操作数类型都不明确，所以都是错误的。解决的办法是可在指令中对操作数为内存变量的指定访问类型，以使操作数类型匹配和明确。这三条指令可改为：

```
MOV   AX, WORD PTR OPER1     ; 从 OPER1 处取一个字使 AX=0403H
MOV   BL, BYTE PTR OPER2     ; 从 OPER2 处取一个字节使 BL=78H
MOV   BYTE PTR[DI], 0        ; 常数 0 送到内存字节单元
```

6.1.6　THIS 操作符和 LABEL 伪操作

在例 6.7 中使用类型属性操作符，使指令书写过长。实际上一个变量也可以定义成不同的访问类型，通过 THIS 操作符或 LABEL 伪操作都可以实现。

使用 THIS 操作符：

格式：THIS　type

使用 LABEL 伪操作：

格式：name　LABEL　type

只是指定一个类型为 type 的操作数，使该操作数的地址与下一个存储单元地址相同。type 在这里是 BYTE 或者 WORD。

例 6.8　把变量定义成不同访问类型，以便指令中可灵活选用。指令执行结果如图 6-6 所示。

```
BUF=THIS  WORD
DAT   DB  8,9
OPR_B   LABEL  BYTE
```

```
OPR_W    DW  4 DUP(2)
  ⋮
MOV   AX,  1234H
MOV   OPR_B, AL
MOV   OPR_W+2, AX
MOV   DAT+1, AL
MOV   BUF, AX
```

表达式 BUF=THIS　WORD 使 BUF 和 DAT 指向同一个内存单元。

LABEL 伪操作使得 OPR_B 和 OPR_W 指向同一个内存单元。

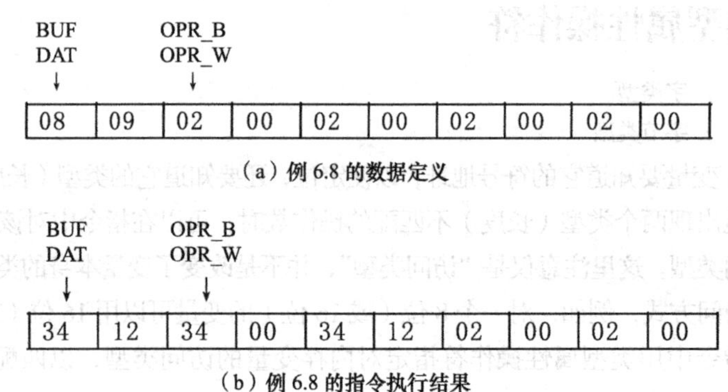

图 6-6　使用 THIS 和 LABEL

6.1.7　表达式赋值伪指令“EQU”和“=”

可以用赋值伪操作给表达式赋予一个常量或名字。其格式如下：

```
Expression_name  EQU  Expression
Expression_name   =   Expression
```

上式中的表达式必须是有效的操作数格式或有效的指令助记符，此后，程序中凡需要用到该表达式之处，就可以用表达式名来代替了。举例如下：

```
VALUE      EQU  4
DATA       EQU  VALUE+5
ADDR       EQU  [BP+VALUE]
```

此后，指令 MOV　AX，ADDR 就代表 MOV　AX，[BP+4]，可见，EQU 伪操作的引入提高了程序的可读性，也更加易于程序的修改。

在 EQU 语句的表达式中，如果有变量或标号等其他符号出现在表达式中，必须先定义这些符号才能引用。

另一个更为简洁的赋值伪操作是“=”，格式同“EQU”，它们之间的区别是 EQU 伪操作中的表达式名是不允许重复定义的，而“=”伪操作则允许重复定义。例如：

```
VALUE =53
VALUE = VALUE +89
```

如果把上面的两条赋值伪指令的“=”改成“EQU”，则为重复定义表达式名 VALUE，是不允许的。

6.1.8　汇编地址计数器$与定位伪指令

1. 地址计数器$

在汇编程序对源程序汇编的过程中，为了按序存放程序中定义的数据变量和指令，使用地址计数器（location counter）来设置当前正在汇编的指令的偏移地址。每一段的开始，地址计数器初始化为零，接着每处理一条指令，地址计数器就增加一个值，此值为该指令所需要的字节数，以安排下条指令的存放位置。

地址计数器不是硬件构成，其实就是一个 16 位的变量，可用$来表示。当$用在伪操作的参数字段时，它所表示的是地址计数器的当前值。

汇编语言允许用户直接用$来引用地址计数器的值。如在指令中引用$，JMP　$+8 的转向地址是本条指令的首地址加上 8。显然$+8 必须是另一条指令的首地址，否则汇编程序将指示出错。

例 6.9　考察$的作用，假定$初值=0，数据在内存中的存放如图 6-7 所示。

```
ARRAY   DW 3,$+7,7
COU=$
NEW     DW COU
```

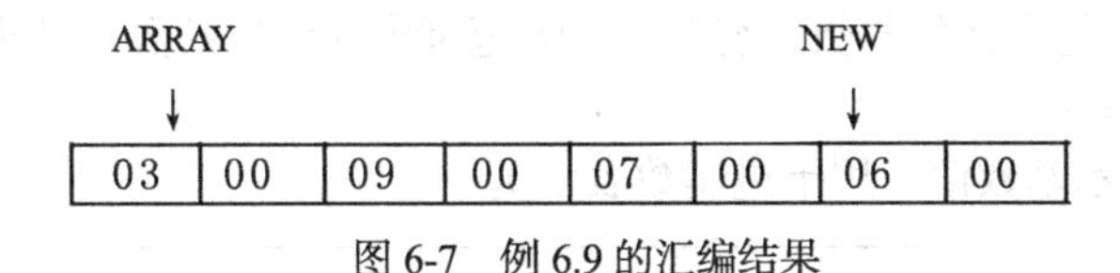

图 6-7　例 6.9 的汇编结果

2. ORG 伪操作

ORG 伪操作用来设置当前地址计数器$的值，其格式为：

```
ORG  constant expression
```

如常数表达式的值为 n，则该操作指示下一个字节的存放地址为 n。

例 6.10　考察 ORG 伪操作，数据在内存中的存放如图 6-8 所示。

```
ORG    0
DB     3
ORG    4
BUFF   DB  6
ORG    $+6
VAL    DB  9
```

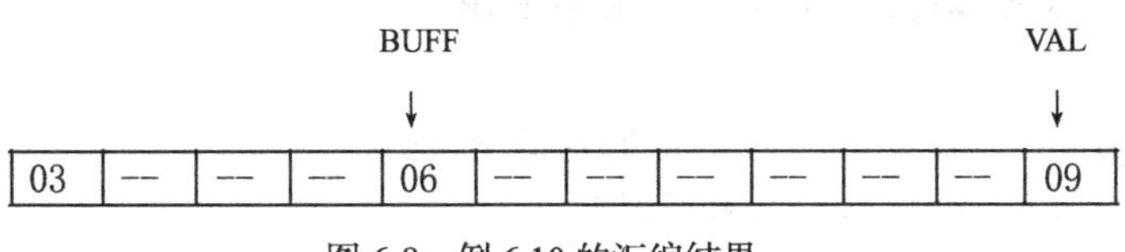

图 6-8　例 6.10 的汇编结果

3. EVEN 伪操作

EVEN 伪操作使下一个变量或指令开始于偶数地址。对于 16 位的变量来说，其地址为偶数时，机器内部只用一次读写操作，如果地址为奇数时要二次读写操作。程序员没有必要如此斤斤计较，但对于程序中要大量访问字单元变量时，变量始于偶数地址还是有利的。例如：

```
EVEN
ARRAY  DW  800 DUP(?)
```

4. ALIGN 伪操作

ALIGN 伪操作使下一个变量的地址从 4 的倍数开始，这可以用来保证双字数组边界从 4 的倍数开始，其格式为：

```
ALIGN   boundary
```

其中 boundary 必须是 2 的幂。例如：

```
ALIGN  8
ARRAY  DW  800 DUP(?)
```

6.1.9 基数控制伪指令

汇编程序默认的数为十进制数，所以在程序中使用其他基数表示的常数时，需要专门给以标记如下。

（1）二进制数：由一串 0 和 1 组成，其后跟以字母 B，如 00101001B。

（2）十进制数：由 0～9 的数字组成的数，一般情况下，后面不必加上标记，在指定了其他基数的情况下，后面跟字母 D，例如 23D。

（3）十六进制数：由 0～9 及 A～F 组成的数，后面跟字母 H。这个数的第一个字符必须是 0～9，所以如果第一个字符是 A～F 时，应在其前面加上数字 0，如 0FFFFH。

RADIX 伪操作可以把默认的基数改变为 2～16 范围内的任何基数。其格式如下：

```
.RADIX  expression
```

其中表达式用来表示基数值（用十进制数表示）。

在用.RADIX 把基数定为十六进制后，十进制数后面都应跟字母 D。在这种情况下，如果某个十六进制数的末字符为 D，则应在其后跟字母 H，以免与十进制数发生混淆。

6.1.10 过程定义伪指令

子程序又称过程，可以把一个程序写成一个过程或多个过程，这样可以使程序结构更加清晰，基本的过程定义伪指令的格式为：

```
procedure_name    PROC    Attribute
⋮
procedure_name    ENDP
```

其中过程名（procedure_name）为标识符，起到标号的作用，是子程序入口的符号地址。属性（Attribute）是指类型属性，可以是 NEAR 或 FAR。

例 6.11

```
data    segment                 ; 定义数据段 data
          string   db 'hello,world!$ '
data    ends
code    segment                 ; 定义代码段 code
assume  cs:code,ds:data
main    proc   far              ; 定义过程 main
        mov  ax,data
        mov  ds,ax
        mov  dx,offset string
        mov  ah,9
        int  21h
        mov  ah,4ch
        int  21h
main    endp
code    ends
        end   main              ; 汇编结束，程序起始点 main
```

6.2　语句格式

程序中用得最多的是指令和有关数据定义的伪指令，这些语句由 4 项组成，格式如下：

```
[name]    operation    Operand    [; comment]
[名字]        操作          操作数        [; 注释]
```

名字项是一个符号，可以是指令的标号，也可以是变量名。

操作项是一个操作码的助记符，它可以是指令、伪指令或宏指令名。

操作数项由一个或多个表达式组成，它提供该操作所要求的操作数或相关信息。

注释项用来说明程序或语句的功能。

上面带方括号的两项是可选项。各项之间必须用‘空格’隔开。下面分别说明各项的表示方法。

6.2.1　名字项和操作项

1. 名字项

名字项用下列字符来表示：

字母 A～Z

数字 0～9

专用字符？，·，@，-，$

除数字外，所有字符都可以放在源语句的第一个位置。名字中如果用到·，则必须是第一个字符。

名字项可以是标号或变量，用来表示本语句的符号地址。如果是指令的标号，后面跟冒号。

作为一个地址符号，显然具有 3 个基本属性：段、偏移及类型。

根据某变量的这三个基本属性值，在程序中才能访问到该变量。

段属性，定义该地址符号的段起始地址，此值必须在一个段寄存器中。

偏移属性，偏移地址是从段起始地址到定义该地址符号的位置之间的字节数。对于 16 位段是 16 位无符号数。

类型属性，对于标号，用来指出该标号是在本段内引用还是在其他段中引用的。如是段内引用，则称为 NEAR，对于 16 位段，段地址不变，仅有 16 位的偏移地址。如是段外引用，则称为 FAR，对于 16 位段，既要表达 16 位的段地址，也要表达 16 位的偏移地址。

对于变量，类型属性定义该变量所保留的字节数。如 BYTE（1 个字节）、WORD（2 个字节）、DWORD（4 个字节）、FWORD（6 个字节）、QWORD（8 个字节）、TBYTE（10 个字节），这一点在数据定义伪操作中已作了说明。

作为一个地址符号，在同一个程序中，显然不能重复定义，即同样的标号或变量的定义只允许出现一次，否则汇编程序会指示出错。

2. 操作项

操作项可以是指令、伪指令或宏指令的助记符。对于指令，汇编程序将其翻译为机器语言。对于伪指令，汇编程序将根据其所要求进行处理。

6.2.2　表达式和操作符

操作数项是指令的最复杂、最灵活的一项。操作数项由一个或多个表达式组成。对于指令，操作数项一般给出操作数地址，它们通常不超过两个。对于伪操作或宏指令，则给出它们所要求的参数。

操作数项可以是常数、寄存器、标号、变量。这些我们已经知道。操作数项还可以是表达式，而表达式是常数、寄存器、标号、变量与一些操作符（运算符）相组合的序列。

在汇编期间，汇编程序按照一定的优先规则对表达式进行计算后可得到一个数值或一个地址，如是数值，这个表达式就是数字表达式，如是地址，这个表达式就是地址表达式。那么表达式有哪些操作符呢？下面介绍一些常用的操作符在表达式中的作用。

特别注意的是，表达式在汇编阶段起作用，只有正确的表达式才能通过汇编。

1. 算术操作符

算术操作符有+，-，*，/和 MOD。其中 MOD 是指除法运算后得到的余数，如 7/5 的商为 1，而 7 MOD 5 为 2（余数）。

要注意的是，算术操作符在表达式中的使用，其结果必须有明确的物理意义时才是有效的，下面举例说明。

例 6.12 算术操作符的使用。

设有如下定义：

```
ORG 0
VAL=4
DA1  DW  6, 2, 9, 3
DA2  DW  15, 17, 24
COU=$-DA2
```

上面定义的 VAL 是常数，我们无需确定它的位置就可以使用。DA1 和 DA2 是变量的符号地址，它们在内存中有确定的位置，我们只能根据它们的地址才能访问。

```
MOV   AX, DA1*4          ；错，地址乘或除，没有意义
MOV   AX, DA1*DA2        ；错，地址乘或除，没有意义
MOV   AX, DA1+DA2        ；错，地址相加，没有意义
MOV   AX, BX+VAL         ；错，BX+VAL 须用指令实现
MOV   AX, [BX+VAL]       ；地址表达式，汇编成 MOV  AX, [BX+4]
MOV   AX, DA1+VAL        ；地址表达式，汇编成 MOV  AX, [4]
MOV   AX, [DA1+VAL]      ；地址表达式，汇编成 MOV  AX, [4]
MOV   AX, VAL*4/2        ；数字表达式，汇编成 MOV  AX, 8
MOV   AX, [VAL*4/2]      ；数字表达式，汇编成 MOV  AX, 8
MOV   CX, (DA2-DA1)/2    ；得到 DA1 区数据个数，汇编成 MOV  CX, 4
MOV   BX, COU            ；得到 DA2 区的字节数，汇编成 MOV  BX, 6
```

2. 逻辑与逻辑移位操作符

逻辑操作符有 AND，OR，XOR 和 NOT；逻辑移位操作符有 SHL 和 SHR。它们都是按位操作的。注意逻辑与逻辑移位指令和逻辑与逻辑移位操作符的区别，逻辑与逻辑移位操作符只能用于数字表达式中。格式为：

```
expression 操作符 number
```

例 6.13 逻辑操作符的使用。

```
ARY  DW   8
VAL=4
MOV   AX, BX AND 0FFH    ；错，BX AND VAL 须用指令实现
MOV   AX, ARY AND 0FFH   ；错，ARY AND VAL 须用指令实现
```

```
MOV    AX, VAL AND 0F0H        ; 汇编成 MOV  AX, 0
AND    AX, VAL OR 0F0H         ; 汇编成 AND  AX, 0F4H
```

例 6.14　移位操作符的使用。

```
ARY  DW   8
VAL=4
MOV    AX, BX SHL 2            ; 错, BX 左移须用指令实现
MOV    AX, ARY SHL 2           ; 错, ARY 左移须用指令实现
MOV    AX, VAL SHL 2           ; 汇编成 MOV  AX, 10H
MOV    AX, 8  SHL 2            ; 汇编成 MOV  AX, 20H
MOV    AX, VAL SHL 15          ; 汇编成 MOV  AX, 00H
```

3. 关系操作符

关系操作符用来对两个操作数的大小关系作出判断。六个关系操作符是 EQ（相等）、NE（不等）、LT（小于）、GT（大于）、LE（小于等于）、GE（大于等于）。关系操作符的两个操作数必须都是数字，或是同一段内的两个存储器地址。计算结果为逻辑值，如结果为真，表示为 FFFFH；结果为假，则表示为 0。

例 6.15　关系操作符的使用。

```
VAL=4
MOV    AX, BX  GT 2            ; 错, BX 是否大于 2 须用指令实现判断
MOV    AX, VAL GE 2            ; 汇编成 MOV  AX, FFFFH
MOV    AX, 8  LE VAL           ; 汇编成 MOV  AX, 0
```

4. 数值回送操作符

主要有 TYPE，LENGTH，SIZE，OFFSET，SEG 等，下面分别说明。

（1）TYPE

格式：TYPE　expression

如果该表达式是变量，则汇编程序将回送该变量的以字节数表示的类型：DB 为 1，DW 为 2，DD 为 4，DF 为 6，DQ 为 8，DT 为 10。如果表达式是标号，则汇编程序将回送代表该标号类型的数值，NEAR 为-1，FAR 为-2。如果表达式为常数则回送 0。

（2）LENGTH

格式：LENGTH　variable

变量用 DUP 复制的，则回送总变量数，其他为 1，但嵌套的 DUP 不计。所以，对于使用嵌套的 DUP 复制的数据不能据此得到正确的总变量数。

（3）SIZE

格式：SIZE　variable

变量用 DUP 复制的，则回送总字节数，其他为单个变量的字节数，但嵌套的 DUP 不计。所以，对于使用嵌套的 DUP 复制的数据不能据此得到正确的总字节数。

（4）OFFSET

格式：OFFSET　variable 或 label

回送变量或标号的偏移地址。

（5）SEG

格式：SEG　variable 或 label

回送变量或标号的段地址。

例 6.16　数值回送操作符的使用。

设有如下定义：

```
ORG  0
VAL=4
ARR   DW  4  DUP(3)
BUF   DW  4  DUP( 4 DUP(3))
DAT   DW  15, 17, 24
STR   DB  'ABCDEF'
```

汇编程序对下面的指令汇编结果为：

```
MOV    AX, TYPE ARR             ; 汇编成MOV  AX, 2
MOV    AX, LENGTH  ARR          ; 汇编成MOV  AX, 4
MOV    AX, LENGTH  BUF          ; 汇编成MOV  AX, 4
MOV    AX, LENGTH  DAT          ; 汇编成MOV  AX, 1
MOV    AX, SIZE  ARR            ; 汇编成MOV  AX, 8
MOV    AX, SIZE  BUF            ; 汇编成MOV  AX, 8（不是32）
MOV    AX, SIZE  DAT            ; 汇编成MOV  AX, 2
MOV    AL, SIZE  STR            ; 汇编成MOV  AX, 1
MOV    AX, OFFSET  ARR          ; 不完整的机器指令
MOV    BX, SEG  ARR             ; 不完整的机器指令
```

在计算表达式时，根据操作符的优先级和括号，从左到右进行计算。下面给出操作符的优先级别，从高到低排列，有11级。

（1）在圆括号中的项，方括号中的项，结构变量（变量，字段），LENGTH，SIZE，WIDTH，MASK。

（2）名：（段取代）。

（3）PTR，OFFSET，SEG，TYPE，THIS及段操作符。

（4）HIGH和LOW。

（5）乘法和除法：*，/，MOD，SHL，SHR。

（6）加法和减法：+，−。

（7）关系操作：EQ，NE. LT，LE，GT，GE。

（8）逻辑：NOT。

（9）逻辑：AND。

（10）逻辑：OR，XOR。

（11）SHORT。

由于表达式和操作符的规定较多，编程时不必一味追求程序的简练而使表达式复杂化，以免出错。

6.3 EXE文件与COM文件

6.3.1 程序段前缀PSP

程序在执行前调入内存时，由DOS确定装入的起始地址，并在此处首先建立一个程序段前缀PSP（Program Segment Prefix），接着装入程序。PSP长度为256个字节，其中包含很多信息，特别是地址为[PSP:0]存放的是INT 20H（机器码为CD20），INT 20H指令为程序返回的中断调用指

令，我们对此处信息予以关注，以便理解用 RET 指令可结束程序。

EXE 文件装入内存后，有关寄存器的值如下：

```
DS=ES=PSP 段地址
CS:IP=程序执行的起始地址
SS:SP=堆栈段的栈底地址
```

我们已经注意到，同一个程序在不同的机器内存中的物理位置是不同的，因为程序不得随意闯入内存，须由 DOS 安排。

程序在装入前无法确定在内存中的物理位置，LINK 后的 DATA 段地址只是一个相对地址，在程序装入内存时，DOS 根据装入的起始地址，把 DATA 段的相对地址转为绝对地址，这就是为何要在程序中对段寄存器（CS 除外）赋值的原因。

EXE 文件允许多个段，可以指定任一条指令为执行的开始地址。EXE 文件除了程序本身，还有文件头。文件头由 LINK 程序生成，其中包括程序的重定位信息，供 DOS 装入文件时用。

地址 PSP:80H～PSP:0FFH 处存放命令行参数，参数直接提供给可执行程序。如执行程序 PROG.EXE，可在 DOS 提示符下键入：

```
PROG  par1, par2
```

这里 par1 和 par2 为参数，则命令行参数域为：0bh，“par1，par2”　，0dh。这里 0bh 表示参数长度，0dh 表示回车符。

如果把程序写成过程，可以用 RET 指令结束程序。

例 6.17　用 RET 指令结束程序。

```
data  segment              ; 定义数据段 data
        string  db 'hello,world!$'
data  ends
code  segment
assume  cs:code, ds:data
main  proc  far
push  ds                   ; ds 进栈
mov  ax, 0                 ; 0 进栈
push  ax
mov  ax,data
mov  ds,ax
mov  dx,offset string
mov  ah,9
int  21h
ret                        ; 返回
main  endp
code  ends
end  main
```

请注意，程序开始就向堆栈压入 DS（PSP 的值）和 0，而在最后，用 ret 指令结束程序。而此时 ret 指令的作用就是把 0 弹出到寄存器 IP，把 PSP 弹出到寄存器 CS，于是程序就执行[CS:IP]也就是[PSP:0]处的指令，这个指令就是 INT 20H。

特别需要说明的是，上面的用法是固定的，程序要写成过程形式，否则无效。不要忘记，ret 指令总是写在过程中的，用于返回到调用程序，而此处主过程的 ret 指令是返回到 DOS 系统。程序中也不能用 INT 20H 指令代替此处的 ret 指令。否则虽退出程序但却引起死机。

例 6.17 程序的调试如图 6-9 所示。

```
E:\masm6>DEBUG 41.EXE
-U0 11
0B70:0000 1E            PUSH    DS
0B70:0001 B80000        MOV     AX,0000
0B70:0004 50            PUSH    AX
0B70:0005 B86F0B        MOV     AX,0B6F
0B70:0008 8ED8          MOV     DS,AX
0B70:000A BA0000        MOV     DX,0000
0B70:000D B409          MOV     AH,09
0B70:000F CD21          INT     21
0B70:0011 CB            RETF
-UDS:0L2
0B5F:0000 CD20          INT     20
-G=0 11
hello,world!
AX=0924  BX=0000  CX=0022  DX=0000  SP=FFFC  BP=0000  SI=0000  DI=0000
DS=0B6F  ES=0B5F  SS=0B6F  CS=0B70  IP=0011   NV UP EI PL NZ NA PO NC
0B70:0011 CB            RETF
-P

AX=0924  BX=0000  CX=0022  DX=0000  SP=0000  BP=0000  SI=0000  DI=0000
DS=0B6F  ES=0B5F  SS=0B6F  CS=0B5F  IP=0000   NV UP EI PL NZ NA PO NC
0B5F:0000 CD20          INT     20
-
```

图 6-9　用 RET 指令结束程序

6.3.2　COM 文件

1. COM 文件的格式

还有一种可执行文件，其扩展名为 COM，COM 文件由本身的二进制代码组成，它没有 EXE 文件那样具有文件信息的标题区，在装入内存后，其内容不变，它占用的空间比 EXE 文件要小得多。COM 文件要求源程序只含一个代码段，即 CS=DS=ES=SS，所以占用空间不超过 64KB，程序中如有过程调用，类型应为 NEAR。COM 文件要求程序从 100H 开始执行（前面 256 字节为程序段前缀 PSP 预留空间）。

COM 文件的源程序格式举例如下：

例 6.18　COM 文件的源程序（非过程形式）。

```
; hello1.asm
code  segment
assume  cs:code
       org   100h
start:
       mov  ax,cs
       mov  ds,ax
       mov  dx,offset string
       mov  ah,9
       int  21h
       mov  ah,4ch          ; 退出程序
       int  21h
string  db 'hello,world!$'
code   ends
       end   start
```

例 6.19　COM 文件的源程序（过程形式）。

```
; hello2.asm
code     segment
assume   cs:code
         org  100h
main     proc  far
         push  ds
         xor  ax,ax
         push  ax
         mov  ax,cs
         mov  ds,ax
```

```
        mov  dx,offset string
        mov  ah,9
        int  21h
        ret                  ; 退出程序
main    endp
string  db 'hello,world!$'
code    ends
        end  main
```

2. COM 文件的生成

并不是具有 COM 文件的源程序格式，就一定是 COM 文件，COM 文件也是通过 LINK 连接程序产生，连接命令后面须加上/T。如：

C:\MASM6\LINK HELLO/T

如果同一目录中有两个文件，如 PROG.EXE 和 PROG.COM，当键入 PROG 执行程序时，COM 文件将被执行，键入 PROG.EXE 才能执行 PROG.EXE。

本章小结

伪指令是在汇编程序对源程序进行汇编期间由汇编程序处理的操作。本章介绍了一些常用的伪指令。注意伪指令和指令的区别。另外，本章还介绍了 EXE 文件和 COM 文件。通过本章的学习，熟练掌握伪指令的相关操作，如定义数据、定义程序模式、分配存储区等，将为后续的分支和循环等程序设计奠定基础。

习题 6

6.1　画图说明下列数据定义语句所示内存空间的数据，并回答寄存器的值。

```
ORG  0
ARRAY LABEL  BYTE
DA1  DW 2, 9, 14, 3, 315H, -6
DA2  DB 7, 'ABCDEDFG'
LEN = $ - DA2
ORG  100H
DA3  DW  DA4
DA4  DB  4  DUP(2 DUP(1,2,3),4)
……
MOV  AL, ARRAY+2          (AL) = (     ) H
ADD  AL, DA2+1            (AL) = (     ) H
MOV  AX, DA2-DA1          (AX) = (     ) H
MOV  BL, LEN              (BL) = (     ) H
MOV  AX, DA3              (AX) = (     ) H
MOV  BX, TYPE  DA4        (BX) = (     ) H
MOV  BX, OFFSET  DA4      (BX) = (     ) H
MOV  CX, SIZE  DA4        (CX) = (     ) H
```

```
MOV  DX, LENGTH  DA4        (DX)=(    )H
MOV  BX, WORD PTR  DA4      (BX)=(    )H
MOV  BL, LEN  AND  0FH      (BL)=(    )H
MOV  BL, LEN  GT  5         (BL)=(    )H
MOV  AX, LEN  MOD 5         (AX)=(    )H
```

6.2　变量和标号有哪些区别？变量和标号有哪些属性？如何获取属性值？写出指令。

6.3　指令和伪指令的区别在哪里？伪指令可以出现在代码段吗？指令可以在数据段吗？

6.4　下面的程序能否输出字符0～9？如不能，应如何修改？

```
CODE    SEGMENT
        ASSUME CS:CODE
        K=30H
        J  DW  0
START:  MOV   DL, K
       MOV   AH, 2
       INT    21H
       K=K+1
       INC    J
       CMP   J, 10
       JNZ   START
       MOV  AH, 4CH
       INT   21H
CODE  ENDS
       END  START
```

6.5　用16位指令编写完整程序，并上机调试，计算V=(X+Y)×R，其中所有变量均为32位变量，X、Y、R的具体数值由你自己确定，变量定义格式如下：

```
X    DW  ?,?
Y    DW  ?,?
R    DW  ?,?
V    DW  4 dup (?)
```

6.6　数据定义如下：执行下列指令，填写寄存器的值

```
ARRAY  LABEL  BYTE
DA1  DW  2, 9, 14, 3
DA2  DB  7, 'ABCDEDF'
LEN  = $ - DA1
MOV  AL, ARRAY+2            (AL)=(     )H
ADD  AL, DA2+1              (AL)=(     )H
MOV  AX, DA2-DA1            (AX)=(     )H
MOV  AX, DA1+1              (AX)=(     )H
MOV  BL, LEN                (BL)=(     )H
```

6.7　定义数据段，满足如下要求：

（1）array为字符串变量：'inspire a generation!'

（2）data1 为十六进制数：0FEDCBAH

（3）data2为二进制数：10101010B。

（4）data3为100个为零的字节变量。

（5）分配500个字的空间待用。

6.8　假设程序中，数据段定义如下：

```
Data1 db 50 dup（? ）
```

```
Data2 dw 10 dup (0 )
Data3 dd  5 dup (2 dup (1,2))
```

（1）用指令将数据段首地址放入数据段寄存器中。

（2）用一条指令将 data2 的第一个数据放入 BX 寄存器中。

（3）将 Data2 数据区字节数放入 CX 寄存器。

6.9　现有数据定义如下：

```
Array1 dw  5 DUP (0)
Array2 EQU BYTE PTR Array1
```

请说明这两个变量之间的联系。

6.10　给出下列程序段汇编后的结果：

```
    Val1 EQU  6
    Val2 EQU  3
MOV BX,(Val1 LT 5) AND 20
MOV BX, (VAL2 GE 1) AND 30
MOV BX,(Val2  AND 5) OR (VAL1 GE 5)
MOV BX,(Val2 - VAL1) GE 5
```

6.11　设数据段定义如下：

```
Data segment
   Org 20h
   Data1=4
   Data2=data1+25h
   Data3 db '123456'
         db 47h,48h
   Count EQU $-data1
Data ends
```

回答下列问题：

（1）Data1 的偏移地址是多少？

（2）Count 的值是多少？

6.12　现有一数据区 data1，需对其进行按字和按字节访问，请问应如何进行设置？

6.13　什么是 PSP，EXE 文件和 COM 文件有何区别？

实验 5　伪指令

实验目的：

掌握常用伪指令的使用方法。熟悉定义数据、定义程序模式、分配存储区等功能。实践课程中的实例。

实验内容：

【1】用 16 位指令编写完整程序，实现下列数据定义语句和相关指令，在 Debug 下查看内存数据的定义情况，单步跟踪查看各寄存器的值。

```
ORG  0
ARRAY LABEL  BYTE
DA1  DW 2, 9, 14, 3, 315H, -6
DA2  DB 7, 'ABCDEDFG'
```

```
LEN = $ - DA2
ORG  100H
DA3  DW  DA4
DA4  DB  4  DUP(2 DUP(1,2,3),4)
……
MOV  AL, ARRAY+2
ADD  AL, DA2+1
MOV  AX, DA2-DA1
MOV  BL, LEN
MOV  AX, DA3
MOV  BX, TYPE  DA4
MOV  BX, OFFSET  DA4
MOV  CX, SIZE  DA4
MOV  DX, LENGTH  DA4
MOV  BX, WORD PTR  DA4
MOV  BL, LEN  AND  0FH
MOV  BL, LEN  GT  5
MOV  AX, LEN  MOD 5
```

【2】用 16 位指令编写完整程序，并上机调试，计算 W=(X+Y)×Z，其中所有变量均为 16 位带符号变量。

第7章 分支与循环程序设计

程序设计的一般步骤是：

（1）分析问题，确定算法和数据结构。这是保证程序实现预定功能目标的关键，一个问题的解决方法可能有多种，应选择最合理的算法和合适的数据结构。

（2）根据算法绘制程序的流程图。有些问题也可以用算法语言来描述。

（3）根据流程图编制程序。编写时注意合理使用指令、伪指令、宏指令及内存单元和寄存器。

（4）上机调试。未经调试的程序是不可靠的，只有经过调试才能检查程序是否符合设计思想，有无语法错误，能否实现预定功能。

以上几个步骤中要特别注意的是画流程图。程序流程图起承上启下的重要作用，其详略程度要适当，不能过于简单化。既要能形象、直观、清晰地描述程序设计的思路，又要能据此指导写出程序，为程序的编写和调试提供方便。所以程序流程图可以用来检查算法和程序，也是重要的软件开发文档。

7.1 分支程序设计

7.1.1 分支程序结构

程序中经常要根据某个条件是否成立来决定下一步要执行 A 还是 B，这就出现了两个分支，这种程序结构就是所谓的 IF-THEN-ELSE 结构。有时某个条件允许出现多个值，程序中要根据不同的条件值来决定转向不同的程序片段，这就出现了多个分支，这种程序结构就是所谓的 CASE 结构。两种分支结构如图 7-1 所示。

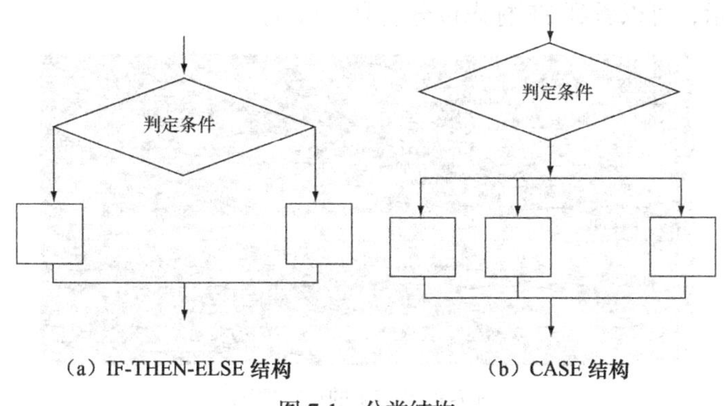

图 7-1　分类结构

7.1.2 单分支程序

在 IF-THEN-ELSE 结构中最简单的情况是只需处理 IF-THEN，这就是单分支结构。

例 7.1 双字长数存放在 DX 和 AX 寄存器中（高位在 DX），求该数的绝对值（用 16 位指令）。

算法分析：首先判断数的正负，如果是正数（首位为 0），不需处理，如果是负数（首位为 1），则对该数求补，即反码加 1。程序流程图如图 7-2 所示。

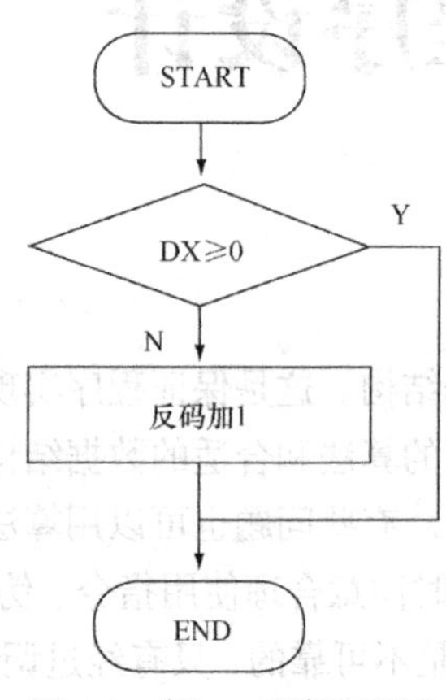

图 7-2 例 7.1 程序流程图

例 7.1 程序如下：

```
code  segment
      assume  cs:code
start:
      test  dx, 8000h          ; 测试数的正负
      jz  exit                 ; 不为负数就退出
      not  ax
      not  dx
      add  ax, 1
      adc  dx, 0
exit:
      mov  ah, 4ch
      int  21h
code  ends
      end  start
```

在 Debug 下修改寄存器 DX 的值分别为正数 1000H 和负数 9000H，其与 8000H 做 TEST 运算的结果如图 7-3 所示，可以看到 ZF 标志位分别取 1 和 0。

```
1445:0012 CD21          INT     21
1445:0014 EE            OUT     DX,AL
1445:0015 0100          ADD     [BX+SI],AX
1445:0017 EB74          JMP     008D
1445:0019 90            NOP
1445:001A 8BD8          MOV     BX,AX
1445:001C D1E3          SHL     BX,1
1445:001E D1E3          SHL     BX,1
-r dx
DX 0000
:1000
-t=0

AX=0000  BX=0000  CX=0014  DX=1000  SP=0000  BP=0000  SI=0000  DI=0000
DS=1435  ES=1435  SS=1445  CS=1445  IP=0004   NV UP EI PL ZR NA PE NC
1445:0004 740A          JZ      0010
-r dx
DX 1000
:9000
-t=0

AX=0000  BX=0000  CX=0014  DX=9000  SP=0000  BP=0000  SI=0000  DI=0000
DS=1435  ES=1435  SS=1445  CS=1445  IP=0004   NV UP EI NG NZ NA PE NC
1445:0004 740A          JZ      0010
-
```

图 7-3 例 7.1 的运行情况

7.1.3　复合分支程序

如果在分支结构中又出现分支，这就是复合分支结构。

例 7.2　从键盘输入一位十六进制数，并将其转换为十进制数显示输出。

算法分析：键盘输入的十六进制数有以下三种情况需要分别处理：

为数字（30H～39H）时，可不必处理，直接输出；为大写 A～F（41H～46H）时，可减 11H；为小写 a～f（61H～66H）时，可减 31H，这样就得到 30H～35H（0～5 的 ASCII 码），再输出 2 位十进制数字。其他输入则为非法输入，退出程序。由此可见，本例实际上就是相当于求分段函数：

$$Y=\begin{cases} X & 30H \leqslant X \leqslant 39H \\ 3100H+(X-11H) & 41H \leqslant X \leqslant 46H \\ 3100H+(X-31H) & 61H \leqslant X \leqslant 66H \end{cases}$$

式中 X 表示输入值的 ASCII 码，Y 表示 2 位十进制数对应的 ASCII 码，如 3100H 表示十位上的 1。程序流程图如图 7-4 所示。

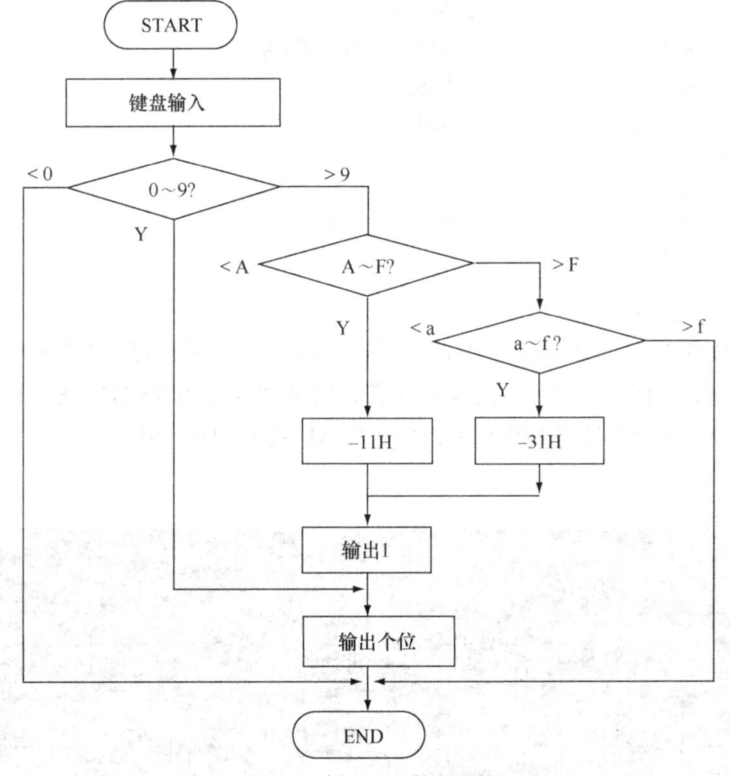

图 7-4　例 7.2 程序流程图

流程图中画出了对输入 < 0 和输入 > f 时的合法性检查，没有画出当输入 < A 和输入 < a 的合法性检查，但程序中要作同样处理。

例 7.2 程序如下：

```
code    segment
        assume  cs:code
```

```
start:  mov  ah, 1          ; 键盘输入
        int  21h
        cmp  al, 30h
        jl   exit           ; 非法输入
        cmp  al, 39h
        jle  dig            ; 输入是数字 0～9
        cmp  al, 41h
        jl   exit           ; 非法输入
        cmp  al, 46h
        jle  print          ; 输入是大写 A～F
        cmp  al, 61h
        jl   exit           ; 非法输入
        cmp  al, 66h
        jg   exit           ; 非法输入
        sub  al, 31h
        jmp  out1           ; 输入是小写 a～f
print:  sub  al, 11h
out1:   mov  dl, 31h        ; 输出字符 1
        mov  ah, 2
        push  ax            ; 暂存 AX
        int  21h            ; int 指令改写了 AX
        pop  ax             ; 恢复 AX
dig:    mov  dl, al         ; 输出个位
        mov  ah, 2
        int  21h
exit:   mov  ah, 4ch        ; 程序终止并退出
        int  21h
code    ends
        end  start
```

注意 2 号功能在 INT 21H 之后会改变 AL 寄存器中的值，所以程序中需要对待显示的 AL 中的内容做压栈保存，如图 7-5 所示。输入 A 字符，对 A 的 ASCII 码 41H 减 11H，得到待显示的 30H 保存在 AL 中，执行 2 号功能的 INT 21H 之后 AL 变为 31H，用 POP 指令恢复 AL 中内容后又变为 30H。

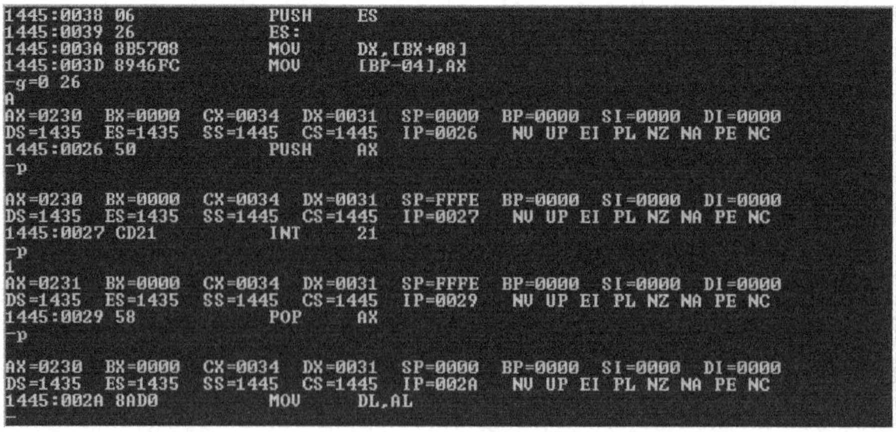

```
1445:0038 06            PUSH    ES
1445:0039 26            ES:
1445:003A 8B5708        MOV     DX,[BX+08]
1445:003D 8946FC        MOV     [BP-04],AX
-g=0 26
A
AX=0230  BX=0000  CX=0034  DX=0031  SP=0000  BP=0000  SI=0000  DI=0000
DS=1435  ES=1435  SS=1445  CS=1445  IP=0026   NV UP EI PL NZ NA PE NC
1445:0026 50            PUSH    AX
-p

AX=0230  BX=0000  CX=0034  DX=0031  SP=FFFE  BP=0000  SI=0000  DI=0000
DS=1435  ES=1435  SS=1445  CS=1445  IP=0027   NV UP EI PL NZ NA PE NC
1445:0027 CD21          INT     21
-p
1
AX=0231  BX=0000  CX=0034  DX=0031  SP=FFFE  BP=0000  SI=0000  DI=0000
DS=1435  ES=1435  SS=1445  CS=1445  IP=0029   NV UP EI PL NZ NA PE NC
1445:0029 58            POP     AX
-p

AX=0230  BX=0000  CX=0034  DX=0031  SP=0000  BP=0000  SI=0000  DI=0000
DS=1435  ES=1435  SS=1445  CS=1445  IP=002A   NV UP EI PL NZ NA PE NC
1445:002A 8AD0          MOV     DL,AL
-
```

图 7-5　例 7.2 的运行情况

7.1.4 多分支程序

如果在分支结构中有超过两个以上的多个可供选择的分支，这就是多分支结构。如果对多分支的条件逐个查询以确定是哪一个分支，只会增加代码和时间，为了尽快进入某个分支，可以采用分支向量表法。我们知道 INT 21H 指令就是根据中断类型号 21H×4 得到 84H，直接到 84H 内存中的向量表中取出中断向量（即系统子程序的首地址），来执行一段程序。我们也把各分支地址集中存放在分支向量表中，根据分支号快速进入该分支。

例 7.3 根据键盘输入的一位数字（1～4），使程序转移到 4 个不同的分支中去，以显示键盘输入的数字。

算法分析：建立一个分支向量表 branch，集中存放 4 个分支的偏移地址，因偏移地址为 16 位，所以每两个字节存放一个偏移地址。根据输入的数字指向分支向量表，从表中取出对应分支的偏移地址，用 JMP branch[BX]指令间接寻址方式转向对应分支。图 7-6 为程序流程图。

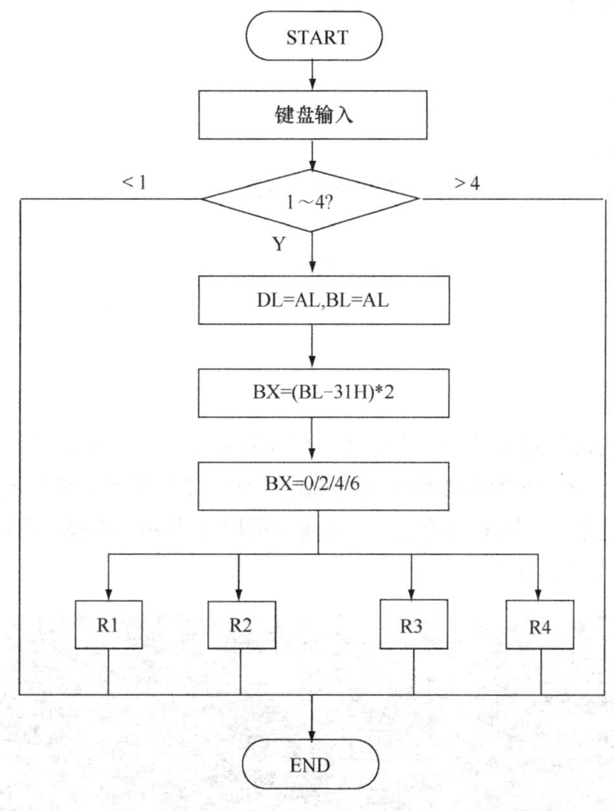

图 7-6 例 7.3 程序流程图

例 7.3 程序如下：

```
code    segment
        assume  cs:code, ds:code
start:  mov  ax,code           ;  ds=cs
        mov  ds,ax
        mov  ah,7              ; 键盘输入无回显
        int  21h
        cmp  al,31h
```

```
        jl  exit                ; 非法输入
        cmp  al, 34h
        jg  exit                ; 非法输入
        mov  dl, al             ; 放入dl，待显示
        mov  bl, al
        sub  bl, 31h            ; 转换ASCII码为数值
        shl  bl, 1              ;  (bl)×2，指向分支向量表中某地址
        mov  bh, 0
        jmp  branch[bx]         ; 转向分支
r1:     mov  ah, 2
        int  21h                ; 显示键盘输入的数字
        jmp  exit
r2:     mov  ah, 2
        int  21h
        jmp  exit
r3:     mov  ah, 2
        int  21h
        jmp  exit
r4:     mov  ah, 2
        int  21h
        jmp  exit
exit:   mov  ah, 4ch            ; 程序终止并退出
        int  21h
branch  dw  r1
        dw  r2
        dw  r3
        dw  r4
code    ends
        end   start
```

该程序在代码段的最后定义了分支向量表，汇编程序进行汇编时，各标号的有效地址可以确定，分支向量表首地址 branch 的有效地址可以确定，如图 7-7 所示。其后定义的 4 个字的值就是四个分支标号的有效地址，可用 D 命令查看，结果如图 7-8 所示。该程序也可以定义一个数据段，并把地址表 branch 定义在数据段。

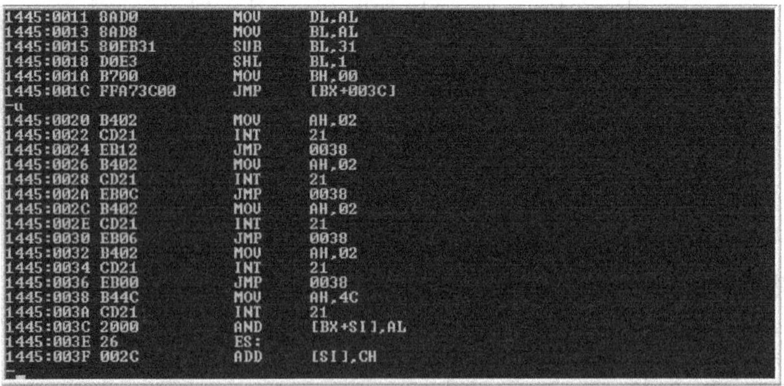

```
1445:0011 8AD0          MOV     DL,AL
1445:0013 8AD8          MOV     BL,AL
1445:0015 80EB31        SUB     BL,31
1445:0018 D0E3          SHL     BL,1
1445:001A B700          MOV     BH,00
1445:001C FFA73C00      JMP     [BX+003C]
-u
1445:0020 B402          MOV     AH,02
1445:0022 CD21          INT     21
1445:0024 EB12          JMP     0038
1445:0026 B402          MOV     AH,02
1445:0028 CD21          INT     21
1445:002A EB0C          JMP     0038
1445:002C B402          MOV     AH,02
1445:002E CD21          INT     21
1445:0030 EB06          JMP     0038
1445:0032 B402          MOV     AH,02
1445:0034 CD21          INT     21
1445:0036 EB00          JMP     0038
1445:0038 B44C          MOV     AH,4C
1445:003A CD21          INT     21
1445:003C 2000          AND     [BX+SI],AL
1445:003E 26            ES:
1445:003F 002C          ADD     [SI],CH
-
```

图 7-7　例 7.3 的运行情况

用分支向量表方法处理多分支程序，可以简单直接地实现分支的转移，避免了大量的比较和条件转移指令，使程序显得简洁紧凑。

```
1445:0000 B84514        MOV     AX,1445
1445:0003 8ED8          MOV     DS,AX
1445:0005 B407          MOV     AH,07
1445:0007 CD21          INT     21
1445:0009 3C31          CMP     AL,31
1445:000B 7C2B          JL      0038
1445:000D 3C34          CMP     AL,34
1445:000F 7F27          JG      0038
1445:0011 8AD0          MOV     DL,AL
1445:0013 8AD8          MOV     BL,AL
1445:0015 80EB31        SUB     BL,31
1445:0018 D0E3          SHL     BL,1
1445:001A B700          MOV     BH,00
1445:001C FFA73C00      JMP     [BX+003C]
-d 1445:003c
1445:0030                                      20 00 26 00              .&.
1445:0040  2C 00 32 00 8B 47 10 26-8B 57 12 89 46 EA 89 56   ..2..G.&.W..F..V
1445:0050  EC 06 53 E8 96 14 40 50-FF 76 EE B8 06 01 50 FF   ..S...@P.v....P.
1445:0060  1E 32 02 83 C4 06 FF 76-FE FF 76 FC FF 76 EC FF   .2.....v..v..v..
1445:0070  76 EA 2A C0 50 E8 6C 09-52 50 E8 6F 14 40 50 B8   v.*.P.l.RP.o.@P.
1445:0080  17 01 50 FF 1E 32 02 83-C4 08 FF 46 EE 8B 46 EE   ..P..2.....F..F.
1445:0090  39 06 2A 02 77 84 80 3E-C4 2F 00 74 23 B8 90 22   9.*.w..>./.t#.."
1445:00A0  50 E8 D6 F9 B8 B2 22 50-E8 CF F9 B8 E4 22 50 E8   P....."P....."P.
1445:00B0  C8 F9 B8 12 23 50 E8 C1-F9 B8 62 23               ....#P....b#
-
```

图 7-8　例 7.3 的运行情况

7.2　循环程序设计

7.2.1　循环程序结构

程序中经常要处理有相同规律的大量重复操作，为此把程序设计成循环结构，也称为重复结构，使得一组指令能重复地执行，并根据某个条件是否成立来决定继续循环还是放弃循环。因此循环结构也可以看成是一种特殊的分支。

循环程序可以有两种结构，一种是 DO-WHILE 结构，另一种是 DO-UNTIL 结构。

DO-WHILE 结构是把循环控制条件放在循环的入口，先判断控制条件是否成立，再决定是否进入循环。DO-UNTIL 结构是先执行循环体，然后判断控制条件是否成立，再决定是否进入循环。两种循环结构如图 7-9 所示。

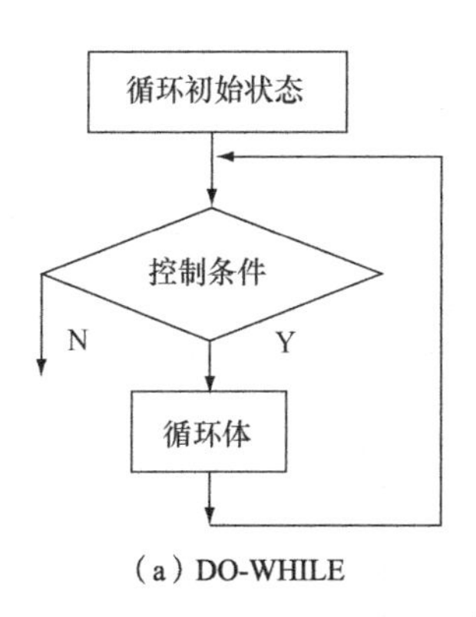

（a）DO-WHILE

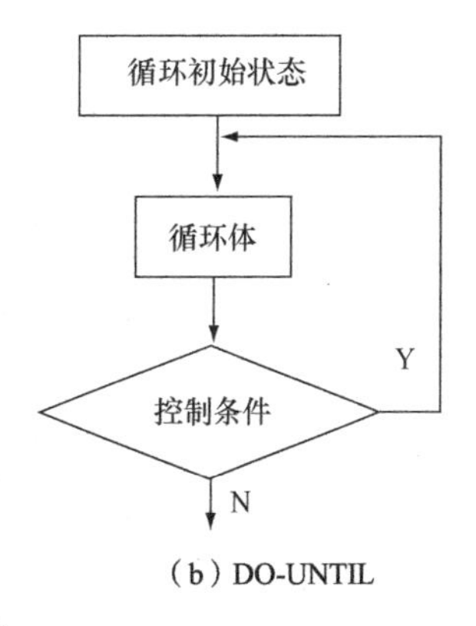

（b）DO-UNTIL

图 7-9　循环结构

循环程序可以由以下三部分组成：循环初始状态、循环控制和循环体。

循环初始状态：为循环作准备，设置循环初始值，如地址指针和计数器的值。

循环体：重复执行的一段程序，并修改循环控制条件，如修改地址指针、计数器的值。

循环控制：判断循环条件，控制结束循环或继续循环。

如何选择循环控制条件，要根据具体情况，有以下三类循环控制条件。

① 计数循环：循环的次数事先已经知道，用一个变量（寄存器或存储器单元）记录循环的次数（称为循环计数器），可以采用加法或减法计数。进行加法计数时，循环计数器的初值设为 0，每循环

一次将它加1，将它和预定次数比较来决定循环是否结束；进行减法计数时，循环计数器的初值直接设为循环次数，每循环一次将计数器减1，计数器减为0时，循环结束。如果用减法计数时，可以使用LOOP指令，该指令自动修改减法计数器CX的值，并实现循环控制。循环次数是有限的。

② 条件循环：循环的次数事先无法确定或无需确定，每次循环开始前或结束后测试某个条件，根据这个条件是否满足来决定是否继续下一次循环。这种情况可以使用条件转移指令以实现循环控制。但这种循环有可能出现死循环。

③ 条件计数循环：循环条件有两个因素，即某个条件和最大循环次数。实际循环次数事先并不确定，但循环可能的最大次数是可以确定的。每次循环开始前或结束后测试这两个条件，如果条件都满足则继续下一次循环。但无论怎样，循环的次数不会超过预定的最大次数。这种情况可以采用减法计数，使用LOOPNE或LOOPE指令，来判断循环条件并自动修改减法计数器CX的值以实现循环控制。

以上三类循环其实都是条件循环，因为计数循环中的计数值也是循环的条件，都可以使用条件转移指令实现循环控制。

7.2.2 计数循环程序

计数循环是基本的循环组织方式，用循环计数器的值来控制循环。

例7.4 把BX寄存器中的二进制数用十六进制数格式显示输出。

算法分析：BX寄存器每4位表示一位十六进制数位，从左到右循环移位，每移4位，就把要显示的4位二进制位移到最右边。取出最右边的4位，加上30H，转换成8位ASCII字符码。因显示输出的十六进制数是数字（30H～39H）和A～F（41H～46H），所以当8位二进制数大于39H时，应再加上7。程序采用计数循环，计数值为4。图7-10为程序流程图。

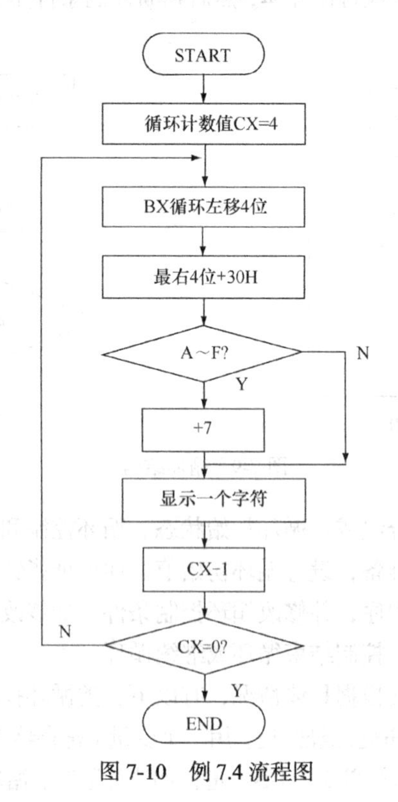

图7-10 例7.4流程图

例 7.4 程序如下：

```
code    segment
        assume  cs:code
start:  mov  cx, 4
        shift:  rol   bx, 1     ; 连续循环左移 4 位
        rol  bx, 1
        rol  bx, 1
        rol  bx, 1
        mov  al, bl
        and  al, 0fh            ; 取最右 4 位
        add  al, 30h            ; 转为 ASCII
        cmp  al, 39h
        jle  dig                ; 是 0～9 则转 dig
        add  al, 7              ; 是 A～F
dig:    mov  dl, al
        mov  ah, 2
        int  21h
        loop shift
        mov  ah, 4ch
        int  21h
code    ends
        end  start
```

该程序因没有对 BX 赋值，初值可能为 0，所以需要在调试状态下先设置 BX 的值再运行程序，如图 7-11 所示。

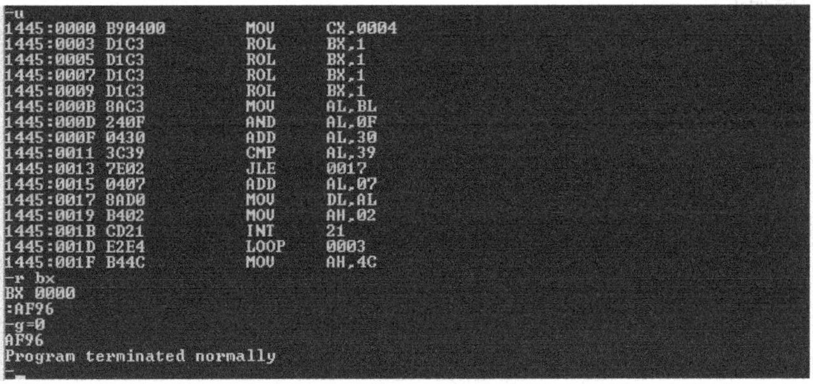

```
-u
1445:0000 B90400        MOV     CX,0004
1445:0003 D1C3          ROL     BX,1
1445:0005 D1C3          ROL     BX,1
1445:0007 D1C3          ROL     BX,1
1445:0009 D1C3          ROL     BX,1
1445:000B 8AC3          MOV     AL,BL
1445:000D 240F          AND     AL,0F
1445:000F 0430          ADD     AL,30
1445:0011 3C39          CMP     AL,39
1445:0013 7E02          JLE     0017
1445:0015 0407          ADD     AL,07
1445:0017 8AD0          MOV     DL,AL
1445:0019 B402          MOV     AH,02
1445:001B CD21          INT     21
1445:001D E2E4          LOOP    0003
1445:001F B44C          MOV     AH,4C
-r bx
BX 0000
:AF96
-g=0
AF96
Program terminated normally
-
```

图 7-11　例 7.4 的运行情况

7.2.3　条件循环程序

在循环程序中，我们已经看到有时候每次循环所做的操作可能不同，即循环体中有分支的情况，需要依据某一个标志来决定做何操作。标志位为 1 表示要做操作 A，标志位为 0 表示要做操作 B，我们可把这种标志字称为逻辑尺。

例 7.5　先从键盘输入 8 位二进制数作为逻辑尺。再从键盘输入一个英文字母，根据逻辑尺当前的最高位标志显示输出该英文字母的相邻字符，标志位为 0 则显示其前趋字符，标志位为 1 则显示其后继字符。显示相邻字符后，逻辑尺循环左移一位，再接收下一个英文字母的输入，并依据逻辑尺显示相邻字符，直到回车键结束程序。

算法分析：8 位二进制数的输入构成一个 8 次循环，把输入整合到 8 位寄存器 BL 中。键盘输入一个英文字母后依据逻辑尺的最高位标志显示相邻字符，把最高位移到 CF 位，以 CF 位决定显示，构成一个条件循环，以回车键退出循环。图 7-12 为程序流程图。

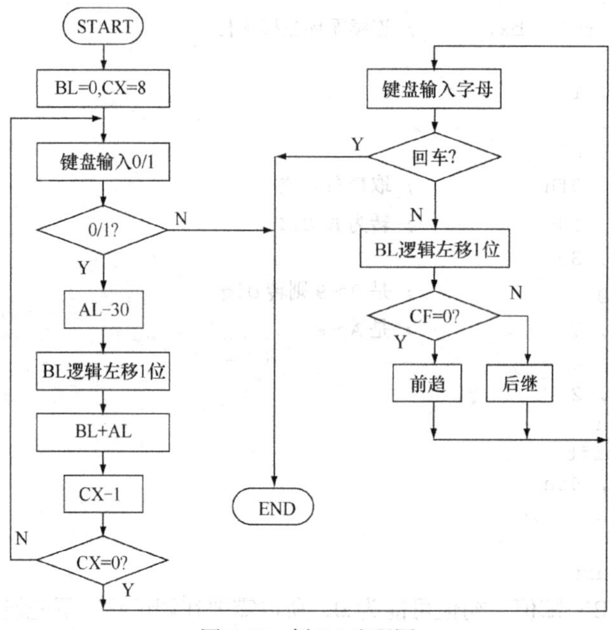

图 7-12　例 7.5 流程图

例 7.5 程序如下：

```
code    segment
        assume  cs:code
start:  mov  bx, 0                              ; 初始化
        mov  cx, 8
        inlog:  mov   ah, 1                     ; 键盘输入 0/1
        int  21h
        cmp  al, 30h
        jb  exit                                ; 非法输入
        cmp  al, 31h
        ja  exit                                ; 非法输入
        sub  al, 30h                            ; 输入是 0/1
        shl  bl, 1
        add  bl,al
        loop  inlog
        mov  ah, 2
        mov  dl, 10                             ; 输出换行
        int  21h
inchr:  mov  ah, 1                              ; 键盘输入字母
        int  21h
        cmp  al, 13
        je  exit                                ; 回车键
        mov  dl,al
        rol  bl, 1
        jnc  k30                                ; 是 0 则转 k30
        inc  dl
        jmp  putc
```

```
k30:    dec  dl
putc:   mov  ah, 2
        int  21h
        jmp  inchr
exit:   mov  ah, 4ch            ; 程序终止并退出
        int  21h
code    ends
        end  start
```

假设输入的逻辑尺为 10101010，程序的运行结果如图 7-13 所示。

图 7-13　例 7.5 的运行情况

7.2.4　条件计数循环程序

例 7.6　设置键盘缓冲区为 16 个字节，从键盘输入一串字符，然后再从键盘输入一个单个字符，查找这个字符是否在字符串中出现，如果找到，显示该字符串，否则显示“NOT　FOUND”。

算法分析：该程序使用 DOS 系统功能调用（INT 21H）10 号功能实现键盘缓冲区输入，使用 1 号功能实现单个字符输入，使用 9 号功能实现字符串显示输出。定义键盘缓冲区大小为 16 个字节（含回车），缓冲区首字节存放 16，接下来存放实际输入的字符个数（不含回车）和输入的字符。程序采用循环结构实现查找，最大计数值为实际输入的字符个数。图 7-14 为程序框图。

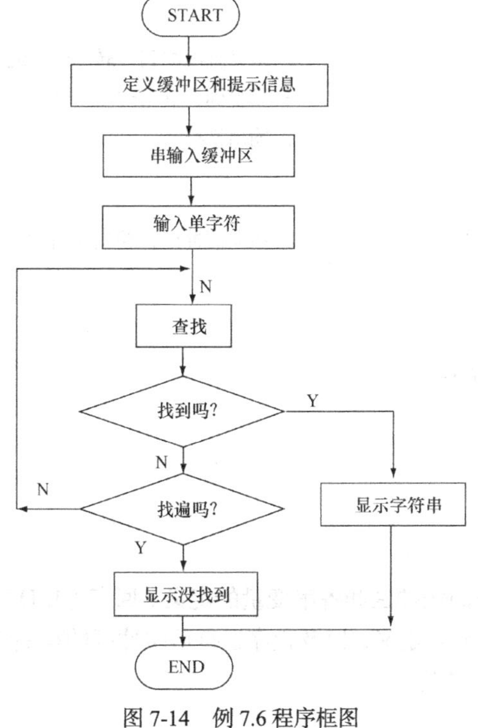

图 7-14　例 7.6 程序框图

例 7.6 程序如下：

```
data    segment
   buffer  db   16,?,16 dup(?),13,10,'$'
   inputs  db   13, 10, 'input string:$'
   getc    db   13, 10, 'input char:$'
   output  db   13, 10, 'not found$'
data    ends
code    segment
        assume  cs:code, ds:data
start: mov  ax, data                  ; ds 赋值
        mov  ds, ax
        lea  dx, inputs               ; 信息提示输入串
        mov  ah,9
        int  21h
        lea  dx, buffer               ; 键盘输入串到缓冲区
        mov  ah,10
        int  21h
        lea  dx, getc                 ; 信息提示输入字符
        mov  ah,9
        int  21h
        mov  ah,1                     ; 输入字符到 al
        int  21h
        mov  bl, al                   ; 保存到 bl
        lea  di, buffer+1             ; di 作为指针指向缓冲区
        mov  cl, buffer+1             ; cx 设置计数值
        mov  ch, 0
seek:   inc  di
        cmp  bl, [di]
        loopne  seek                  ; 未完且没找到，转 seek 继续循环
        jne  nof                      ; 没找到，转 nof 输出'not found'
        mov  dl,10                    ; 输出换行
        mov  ah,2
        int  21h
        lea  dx, buffer+2             ; 指向缓冲区，输出字符串
        mov  ah,9
        int  21h
        jmp  exit
nof:    lea  dx, output
        mov  ah,9
        int  21h
exit:   mov  ah, 4ch
        int  21h
code    ends
        end  start
```

程序中要注意数据段中的缓冲区和各串变量的定义。回车（13D）和换行（10D）是为了显示信息不会被覆盖。缓冲区的初始定义，以及程序运行后缓冲区的存储情况如图 7-15 所示。程序中的查找也可以用串处理指令实现。

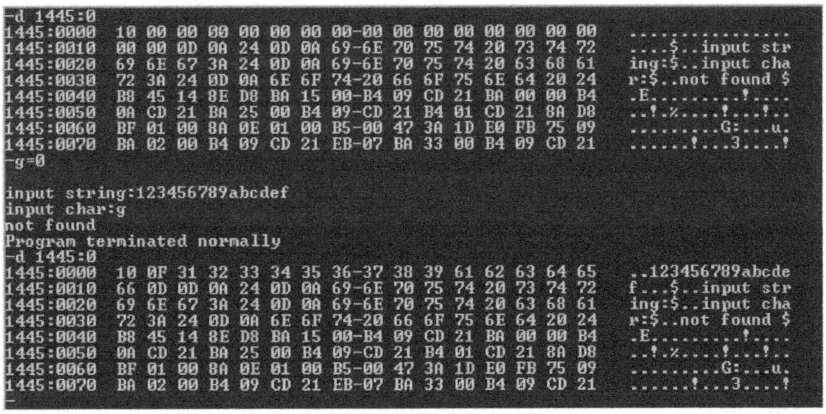

```
-d 1445:0
1445:0000  10 00 00 00 00 00 00 00-00 00 00 00 00 00 00 00   ................
1445:0010  00 00 0D 0A 24 0D 0A 69-6E 70 75 74 20 73 74 72   ....$..input str
1445:0020  69 6E 67 3A 24 0D 0A 69-6E 70 75 74 20 63 68 61   ing:$..input cha
1445:0030  72 3A 24 0D 0A 6E 6F 74-20 66 6F 75 6E 64 20 24   r:$..not found $
1445:0040  B8 45 14 8E D8 BA 15 00-B4 09 CD 21 BA 00 00 B4   .E.........!....
1445:0050  0A CD 21 BA 25 00 B4 09-CD 21 B4 01 CD 21 8A D8   ..!.%....!...!..
1445:0060  BF 01 00 8A 0E 01 00 B5-00 47 3A 1D E0 FB 75 09   ..........G:...u.
1445:0070  BA 02 00 B4 09 CD 21 EB-07 BA 33 00 B4 09 CD 21   .......!...3....!
-g=0

input string:123456789abcdef
input char:g
not found
Program terminated normally
-d 1445:0
1445:0000  10 0F 31 32 33 34 35 36-37 38 39 61 62 63 64 65   ..123456789abcde
1445:0010  66 0D 0D 0A 24 0D 0A 69-6E 70 75 74 20 73 74 72   f...$..input str
1445:0020  69 6E 67 3A 24 0D 0A 69-6E 70 75 74 20 63 68 61   ing:$..input cha
1445:0030  72 3A 24 0D 0A 6E 6F 74-20 66 6F 75 6E 64 20 24   r:$..not found $
1445:0040  B8 45 14 8E D8 BA 15 00-B4 09 CD 21 BA 00 00 B4   .E.........!....
1445:0050  0A CD 21 BA 25 00 B4 09-CD 21 B4 01 CD 21 8A D8   ..!.%....!...!..
1445:0060  BF 01 00 8A 0E 01 00 B5-00 47 3A 1D E0 FB 75 09   ..........G:...u.
1445:0070  BA 02 00 B4 09 CD 21 EB-07 BA 33 00 B4 09 CD 21   .......!...3....!
-
```

图 7-15　例 7.6 的运行情况

7.2.5　多重循环程序

例 7.7　显示输出 20H～7EH 的 ASCII 字符表。每行 16 个字符。

算法分析：20H～7EH 的 ASCII 字符共有 95 个，需 6 行显示。该程序需两重循环，内循环输出每行 16 个字符，循环计数初值为 16，程序终止条件是显示最后一个字符。这里我们不用流程图而用高级语言程序来描述算法，也可以导出汇编语言程序。

例 7.7 高级语言程序如下：

```
first=20h
last=7eh
char= first
x=1                ; 行号
y=1                ; 列号
do  while  char<last
        k=16
        do    while   k>0  and  char<last
          @ x, y  say  char
          char=char+1
          y=y+1
          k=k-1
        enddo
        x=x+1
        y=1
enddo
```

例 7.7 汇编语言程序如下：

```
code    segment
        assume  cs:code
        k=16
        first=20h
        last=7eh
start:  mov  dx,first                  ; 从第一个开始
a10:    mov  cx, k                     ; 每行 16 个
a20:    mov  ah, 2
        int  21h
        cmp  dl, last                  ; 是最后一个则退出
        je  exit
```

```
        push dx             ; 暂存dx
        mov  dl, 20h        ; 空2格
        int  21h
        int  21h
        pop  dx             ; 恢复dx
        add  dx, 1
        loop a20            ; 进入内循环
        push  dx            ; 暂存dx
        mov  dl, 13         ; 回车
        int  21h
        mov  dl, 10         ; 换行
        int  21h
        pop  dx             ; 恢复dx
        loop  a10           ; 进入外循环
exit:   mov  ah, 4ch
        int  21h
code    ends
        end  start
```

程序的运行结果如图7-16所示。

```
D:\masm6>7
   !  "  #  $  %  &  '  (  )  *  +  ,  -  .  /
0  1  2  3  4  5  6  7  8  9  :  ;  <  =  >  ?
@  A  B  C  D  E  F  G  H  I  J  K  L  M  N  O
P  Q  R  S  T  U  V  W  X  Y  Z  [  \  ]  ^  _
`  a  b  c  d  e  f  g  h  i  j  k  l  m  n  o
p  q  r  s  t  u  v  w  x  y  z  {  |  }  ~
```

图7-16　例7.7的运行情况

本章小结

分支与循环是结构化程序设计的两种基本控制结果。本章介绍了汇编语言实现分支和循环结构的方法和技巧，主要有单分支程序、复合分支程序、多分支程序、计数循环程序、条件循环程序、条件计数循环等程序。通过本章的学习，掌握汇编语言实现分支和循环结构的方法，熟悉不同数制之间的转化和输入/输出操作。

习题7

7.1　下列程序是在3个数中找出最小的数并放入AL，在括号中填入指令使其完整。

```
     mov     al, x
     mov     bl, y
     mov     cl, z
     cmp     al, bl
      (            )
     xchg   al, bl
l1: cmp   al, cl
     jle  l2
```

```
        (              )
12: ret
```

7.2　数据段如下：

```
data   segment
     da1     db  1, 2, 'abcd'
     count  = $-da1
     da2    db  9 dup(?)
data   ends
```

补充括号处的指令，使得程序把 DA1 数据区数据移到 DA2 数据区。

```
     mov     ax, data
     mov     ds, ax
     mov     es, (        )
     mov     cx, (        )
     mov     si, (        )
             (             )
             (             )
```

7.3　将 AX 和 BX 进行加、减、乘或除的运算，每种运算由用户从键盘上选择。程序中设置寄存器的值，或在 Debug 下设定寄存器值并在 Debug 下运行程序。

7.4　编写程序，从键盘接收一个小写字母，然后找出它的前导字符和后续字符，再按顺序显示这三个字母。

7.5　分别用 LOOP 循环和条件转移指令实现 1+2+3+…+100，并将结果存入 AX。

7.6　打印下面图形。

```
*
**
***
****
*****
******
```

7.7　求已知带符号数字节数组 ARRAY 的平均值，ARRAY 的首字节单元为数组元素的个数。

7.8　编写程序，实现对无符号字数组 ARRAY 的 6 个元素从小到大排序。

7.9　数据段有两个等长的字数组，分别求出各自的元素之和，并存入元素后面的单元中，即横向相加。再求出两个数组的对应元素之和，并把和存入新数组 SUM 中，即纵向相加。

7.10　编写程序，比较两个从键盘输入的字符串是否相同，如果相同，则显示‘YES’，如果不同，则显示发现不同的字符位置。

7.11　编写程序，从键盘输入一个字符串到 BUFF，再输入一个字符到 AL，在字符串 BUFF 中查找是否存在该字符，如果找到，显示发现的字符位置。

7.12　编写程序，从键盘输入一个字符串到 BUFF，并按相反顺序显示输出。

7.13　编写程序，从键盘输入一个八位的二进制数，显示其十六进制数。

7.14　字数组 ARRAY 为有符号数，第一个单元为元素个数 N，后面为 N 个元素，编写程序，求数组元素中的最大值，并把它放入 MAX 单元。

7.15　字数组 ARRAY，第一个单元为元素个数 N，后面为 N 个元素，编写程序，把零元素从数组中清除，移动元素位置并修改第一个单元（元素个数）。

实验6　分支程序设计

实验目的：

掌握分支程序的基本编程方法。熟悉数制转换。用LOOP指令、条件转移指令和向量地址法实现程序转移。

实验内容：

【1】编写程序，如果输入的是大写字母，则输出对应的小写字母；如果输入的是小写字母，则输出对应的大写字母；如果输入的是数字，原样输出；按回车结束。

【2】分离字数组ARRAY中的正、负数，把其中的正数复制到PDATA数组；负数复制到NDATA数组，并分别统计正、负数个数。

【3】在数据段定义分支地址表，通过键盘输入数字1～8，实现转移。

要求：

（1）分支表定义如下：

PTABLE　DW　P1，P2，P3，P4，P5，P6，P7，P8

（2）P1～P8为标号，如果键盘输入数字3，则从分支地址表PTABLE中取出P3的地址，实现间接转移，标号处的指令只是显示一个信息。

实验7　循环程序设计

实验目的：

掌握循环程序的基本编程方法。提高循环程序编程技巧，熟悉键盘输入、显示输出等基本人机交互。

实验内容：

【1】从键盘输入一个单个字符，显示该字符的ASCII码（十六进制），回车键退出循环，终止程序。

【2】从键盘输入7位二进制数，显示对应的字符，回车键退出循环，终止程序。

【3】从键盘输入一个四位的十六进制数（其中字母为大写），并将其转换为二进制数显示输出。

第 8 章 子程序设计

一个汇编语言应用程序，总是由一些程序功能组合而成。功能越多，程序越复杂，程序的编制、调试和维护也越困难。为了使程序更加清晰，我们把程序需要完成的任务分解为若干个子任务，把每个子任务设计成一个相对独立的程序，称为子程序，也称为过程。主程序可以调用这些子程序。这种模块化的程序设计方法，使得程序结构清晰，提高了程序的可阅读性和可维护性。由于子程序可以多次被调用，从而可以大大减少程序长度，也提高了程序的可重用性，提高了软件开发效率。因此，一个有一定规模的程序设计，就必须采用模块化的程序设计方法，合理地分解任务和划分功能，设计多个子程序。在设计中可以采用自顶向下的方法，设计算法、画出程序结构框图和子程序流程图。

8.1 子程序结构

8.1.1 子程序调用指令

为了便于程序的模块化设计、调试和维护，把一段完成相对独立功能的程序设计成子程序，供主程序调用。主程序通过调用指令（CALL）启动子程序执行。该指令执行时，首先把它下一条指令的地址（返回地址）压入堆栈保存。再把子程序的入口地址置入 IP（CS）寄存器，以便实现转移。子程序执行完毕后，用返回指令（RET）回到主程序，返回指令把堆栈里保存的返回地址送回 IP（CS）寄存器，实现程序的返回。也就是说，子程序执行之后，返回到主程序接着执行。

（1）CALL（call）调用指令

格式：CALL　DST

和前面介绍的 JMP 指令不同的是，它先向堆栈保存返回地址，再实现程序转移。和 JMP 指令相同的是，也有段内直接调用、段内间接调用、段间直接调用、段间间接调用。对于段内调用，只是向堆栈保存 IP 寄存器的值。对于段间调用，是先向堆栈保存 CS 寄存器的值，再保存 IP 寄存器的值。

指令格式中的 DST 是目标地址，如果是段内调用，可在前面加上 NEAR PTR 属性说明。如果是段间调用，可在前面加上 FAR PTR 属性说明。属性说明通常也可以省略，汇编程序在汇编阶段可以根据程序的实际情况确定。

（2）RET（return）返回指令

格式 1：RET

格式 2：RET　EXP

RET 指令只是从堆栈中弹出返回地址。如果主程序对子程序的调用是段内近调用，则只是弹出一个字到 IP 寄存器。如果主程序对子程序的调用是段间远调用，则先弹出一个字到 IP 寄存器，再弹出一个字到 CS 寄存器。RET 指令中无需给出是近调还是远调的说明，汇编程序在程序的汇编阶段已对 CALL 指令和 RET 指令的属性作出标记，形成相应的机器码。

RET　EXP 指令中的 EXP 为表达式，其值为一个常数，该指令除了完成 RET 指令的操作外，还使 SP 再加上这个常数，以修改 SP 寄存器的值。显然这种指令使用要特别慎重。

例 8.1　代码段 1 中的主程序 A 调用代码段 2 中的子程序 B，程序 B 调用代码段 2 中的子程序 C，调用关系如图 8-1 所示，堆栈情况如图 8-2 所示。

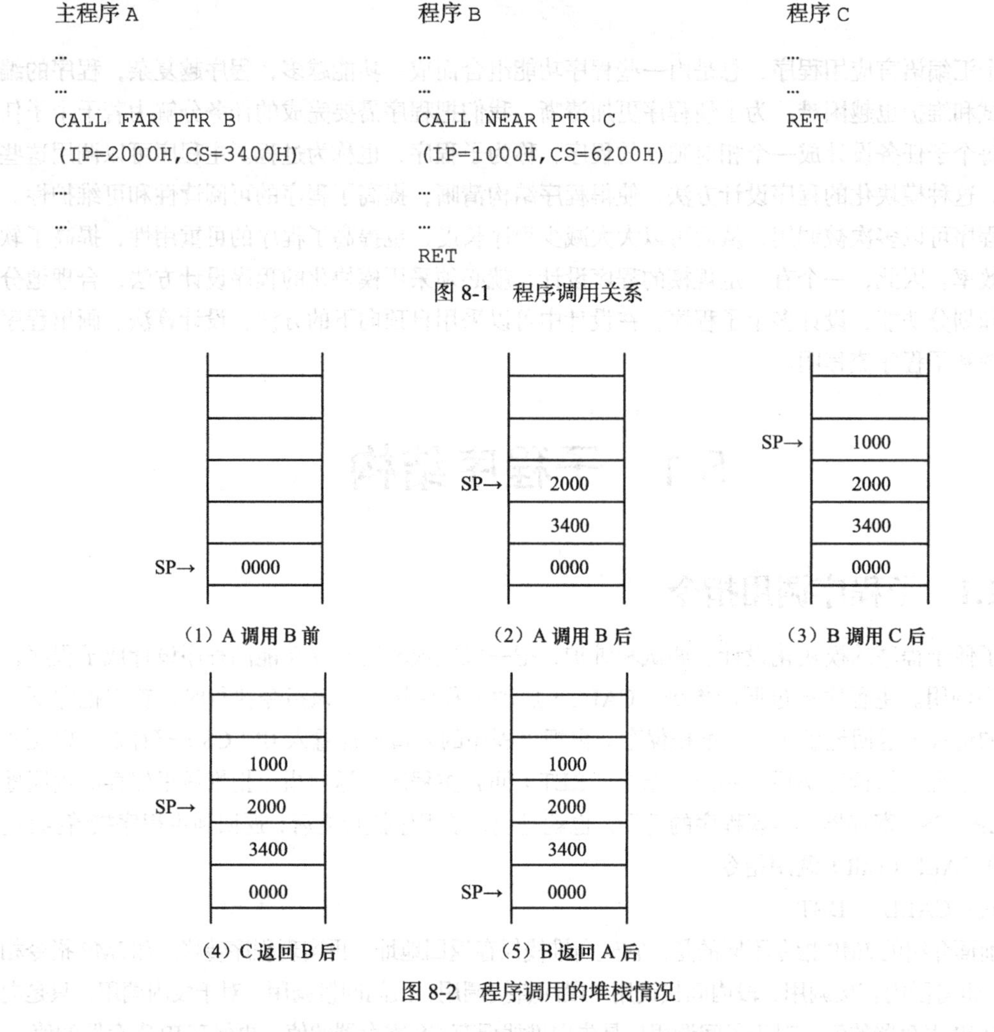

图 8-1　程序调用关系

图 8-2　程序调用的堆栈情况

8.1.2　过程定义与过程结构

基本的过程定义伪指令是一对语句，格式如下：

```
procedure_name    PROC   Attribute
…
procedure_name    ENDP
```

其中过程名（procedure_name）是标识符，也是子程序入口的符号地址。属性（Attribute）指类型属性，可以是 NEAR 或 FAR。

那么如何确定属性呢？确定原则是：如果调用程序和该过程（子程序）在同一个代码段，则使用 NEAR 属性，如果调用程序和该过程（子程序）不在同一个代码段，则使用 FAR 属性。主程序可以看成是 DOS 调用的一个远过程，因此主程序的过程定义属性应为 FAR。

例 8.2　调用程序和子程序在同一个代码段。

```
main    proc    far
        …
call    subr
        …
ret
main    endp
subr    proc    near
        …
ret
subr    endp
```

上面的结构中，调用程序和子程序并列，互不嵌套，结构清楚。也可以写成下列嵌套形式：

```
main    proc    far
        …
call    subr
        …
ret
subr    proc    near
        …
ret
subr    endp
main    endp
```

例 8.3　调用程序和子程序不在同一个代码段。

```
code1   segment
…
main    proc    far
        …
call    subr
        …
ret
main    endp
code1   ends
…
code2   segment
…
call    subr
        …
subr    proc    far
        …
ret
subr    endp
code2   ends
```

上面的结构中，CODE1 段中的主程序调用了 CODE2 段中的子程序 SUBR，这是个远调用，所以子程序 SUBR 的属性应为 FAR，CODE2 段中也有对子程序 SUBR 的调用，虽然它们同在一个段，但也成了远调用，而实际上 CS 的值并没有改变。

调用子程序的指令 CALL 也有 FAR 或 NEAR 属性，而这里并没有在 CALL 指令中指定属性，即没有用 CALL FAR PTR SUBR，这是因为子程序 SUBR 已经定义为 FAR 属性了，对它的调用就是 FAR 属性；如果子程序定义为 NEAR 属性，对它的调用也就是 NEAR 属性。

同样道理，子程序的返回指令 RET 的属性也就是该子程序的类型属性。这样，我们在程序中就可以简单地使用 CALL 指令调用子程序。

用户编写的主程序也可以看作是由操作系统调用的一个子程序：

```
code      segment
assume   cs: code
main    proc  far
push  ds                 ; (ds)入栈
xor   ax,  ax
push  ax                 ; 0 入栈
…
ret                      ; 出栈到 ip 和 cs
main        endp
code        ends
end   main
```

操作系统的返回点在 DS:0，所以程序一开始就把 DS 的值和 0 压入堆栈，程序结束时用 RET 指令把堆栈中的 0 弹出到 IP 寄存器；把 DS 的值弹出到 CS 寄存器，返回 DOS。

8.1.3 保存和恢复现场寄存器

主程序通过调用指令（CALL）进入子程序执行。该指令执行时，首先是把下一条指令的地址（返回地址），也就是当前 IP 寄存器的值（如果是远调，则还有 CS 寄存器的值）压入堆栈保存。然后把子程序的入口地址置入 IP 寄存器（如果是远调，则还有段地址置入 CS 寄存器），从而实现执行子程序。

子程序执行完毕，用返回指令（RET）回到主程序。返回指令把堆栈里保存的返回地址送回 IP 寄存器（如果是远调，则还有 CS 寄存器），从而实现从子程序返回到主程序继续执行。

进入子程序执行后，必然要使用寄存器，寄存器原有的值就被改变。如果这些寄存器原有的值在返回到主程序后还要使用，则需要在进入子程序后，先保存这些寄存器的值，在子程序退出前恢复这些寄存器的值。即所谓在子程序中对主程序的现场实施保护和恢复。调用程序和子程序经常是分别编制的，因此，子程序通常应该把将使用的寄存器的值先放到堆栈中保存起来，最后再恢复这些寄存器的值。例如：

```
subr    proc    far
push    ax
push    bx
…
pop     bx
pop     ax
ret
subr    endp
```

8.2 子程序的参数传递

主程序调用子程序时，经常是需要传递参数给子程序，这种参数称为入口参数（调用参数）。

子程序执行完毕，也经常需要返回一些参数给主程序，这种参数称为出口参数（返回参数）。

传递的参数有值传递和地址传递两种类型。值传递：把参数的值放在约定的寄存器或内存单元。如果入口参数是值，则子程序可以直接使用这个值。地址传递：把参数的地址传递给子程序。如果入口参数表示的是参数的地址，则子程序到这个地址取出参数，子程序也可以把运算结果放到这个地址单元作为出口参数。这种地址传递的方法可以编制出通用性较强的子程序。

8.2.1　用寄存器传递参数

用寄存器传递参数就是约定某些寄存器存放将要传递的参数。主程序将入口参数存入约定的寄存器，而子程序则从约定的寄存器取出这些参数进行操作；子程序处理的结果也存入约定的寄存器，而主程序则从约定的寄存器取出这些出口参数进行进一步的处理。用寄存器传递参数方法简单，执行的速度也很快。由于寄存器数量有限，不能用于传递很多的参数。

例 8.4　从键盘输入一个十进制数（小于 65536 的正数），显示输出该数的十六进制形式。

算法分析：输入的十进制数转换为十六进制显示可以分为两步实现。第一步，把输入的十进制数转成二进制。由于从键盘依次输入的十进制数的各位都是 ASCII 码，所以首先要把这些 ASCII 码改为数值，再把各位的数值以二进制形式整合在 BX 寄存器中。整合的方法是把上次整合的结果乘 10，再加上本次的输入数，即：$A(n)=A(n-1)\times10+B(n)$。第二步，把二进制数用十六进制形式显示。由于 BX 寄存器中每 4 位表示一位十六进制数位，所以用移位的办法很容易分别转成 ASCII 码显示输出，这在第 7 章中已举例介绍，这里不再赘述。

这两步的功能相对独立，可以分别用子程序实现，DTOB 子程序把输入的十进制数转成二进制存在寄存器 BX 中，BTOH 子程序把 BX 寄存器中的二进制数用十六进制形式显示，BX 寄存器被用来在子程序间传递参数。为了避免显示的重叠，另外用一个子程序 CRLF 实现输出回车换行。程序结构框图如图 8-3 所示。

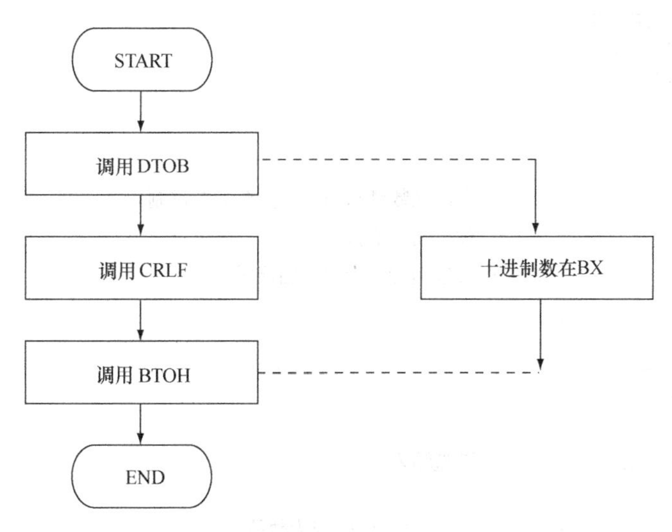

图 8-3　例 8.4 程序结构框图

由图 8-3 可见，主程序调用了 3 个子程序，DTOB 子程序产生的结果放入 BX，BTOH 子程序从 BX 中取数再做进一步处理，利用 BX 寄存器实现在子程序之间传递参数。

DTOB 子程序流程图如图 8-4 所示。

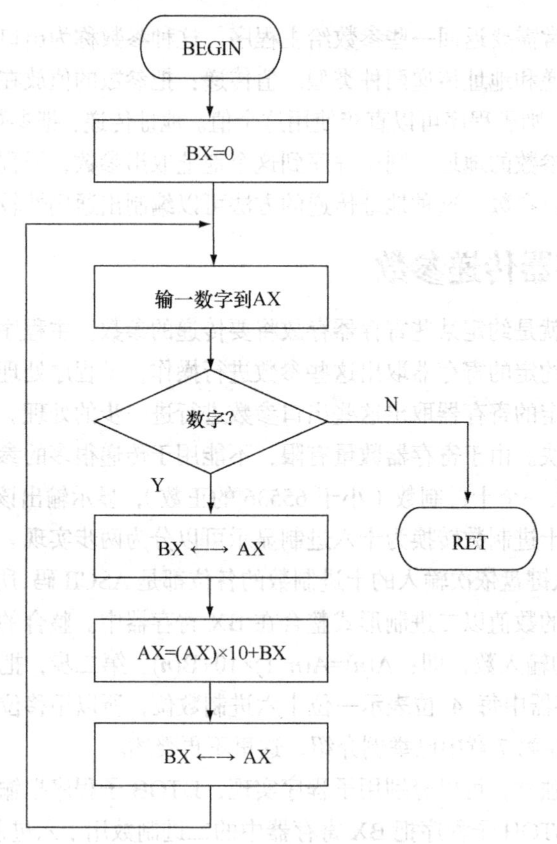

图 8-4　例 8.4 DTOB 子程序流程图

例 8.4 程序如下：

```
Dtohex      segment
assume  cs:dtohex
main  proc  far
push  ds
xor   ax, ax
push  ax
call  dtob                       ; 十进制数键盘输入并整合为二进制
call  crlf                       ; 输出回车换行
call  btoh                       ; 二进制转为十六进制显示
ret
main   endp
; ------------------
dtob  proc  near
mov   bx, 0
input:   mov  ah, 1          ; 键盘输入
         int  21h
         sub  al, 30h        ; 把 ASCII 码转变为数值
         jl  exit            ; 如不是数则退出
         cmp  al, 9
         jg  exit            ; 如不是数则退出
         cbw                 ; 扩展为字
         xchg  ax, bx        ; 交换寄存器
```

```
            mov  cx, 10
            mul  cx                 ; a(n)= a(n-1)×10
            xchg  ax, bx            ; 交换寄存器
            add  bx, ax             ; a(n) =a(n) +b(n)
            jmp  input
exit:       ret
dtob        endp
; ------------------
Both        proc      near
mov  ch, 4                          ; 准备输出 4 位十六进制数
shift:  mov  cl, 4                  ; 每次需移 4 位
        rol  bx, cl
        mov  al, bl
        and  al, 0fh                ; 取最右 4 位
        add  al, 30h                ; 转为 ASCII
        cmp  al, 39h
        jle  dig                    ; 是 0～9 则转 dig
        add  al, 7                  ; 是 A～F
dig:    mov  dl, al                 ; 显示
        mov  ah, 2
        int  21h
        dec  ch
        jnz  shift
ret
btoh         endp
; ------------------
Crlf   proc   near
mov  dl, 0dh
mov  ah,2
int  21h
mov  dl, 0ah
mov  ah,2
int  21h
ret
crlf   endp
dtohex  ends
end  main
```

main 过程的机器码如图 8-5 所示。在 main 过程中要分别调用三个子过程把输入的十进制数输出显示为十六进制数。在图 8-6 中，我们输入十进制数 92 的 ASCII 码，通过过程 dtob 转换成 5C 存放在寄存器 BX 中，然后再通过过程 btoh 把 5C 显示出来。在本程序中，BX 寄存器起到了过程之间传递参数的作用。

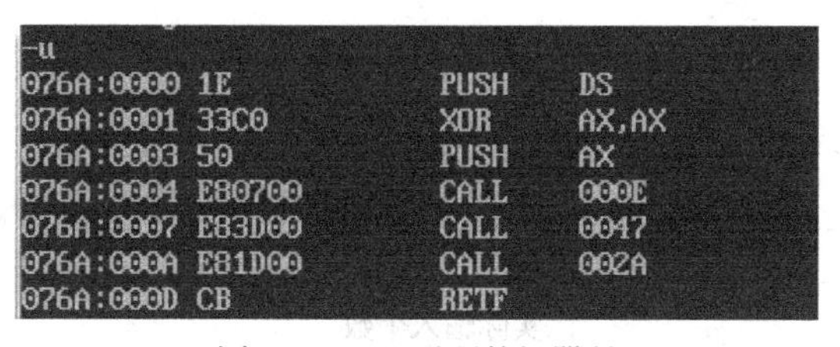

图 8-5　main 过程的机器码

```
-t

AX=0000  BX=0000  CX=0054  DX=0000  SP=FFFC  BP=0000  SI=0000  DI=0000
DS=075A  ES=075A  SS=0769  CS=076A  IP=0004   NV UP EI PL ZR NA PE NC
076A:0004 E80700        CALL    000E
-p
92

AX=01DD  BX=005C  CX=000A  DX=0000  SP=FFFC  BP=0000  SI=0000  DI=0000
DS=075A  ES=075A  SS=0769  CS=076A  IP=0007   NV UP EI NG NZ NA PE CY
076A:0007 E83D00        CALL    0047
-p


AX=020A  BX=005C  CX=000A  DX=000A  SP=FFFC  BP=0000  SI=0000  DI=0000
DS=075A  ES=075A  SS=0769  CS=076A  IP=000A   NV UP EI NG NZ NA PE CY
076A:000A E81D00        CALL    002A
-p
005C
AX=0243  BX=005C  CX=0004  DX=0043  SP=FFFC  BP=0000  SI=0000  DI=0000
DS=075A  ES=075A  SS=0769  CS=076A  IP=000D   NV UP EI PL ZR NA PE NC
076A:000D CB            RETF
```

图 8-6　执行三个子过程时 BX 寄存器的值

8.2.2　用变量传递参数

参数较多时可以用约定的变量在过程间传递参数。

例 8.5　键盘输入字符串到缓冲区后，对缓冲区内容降序排序并输出。

算法分析：键盘输入字符串到缓冲区，并降序排序后输出需要分三步实现。第一步，把字符串通过键盘输入到缓冲区；第二步，对字符串按照 ASCII 码降序排序；第三步对排序后的字符串输出。

第一步可以在主程序中实现，输入的字符串保存在缓冲区的变量中；第二步通过子程序 order 实现；第三步则通过子程序 output 实现。在本例题中，三个程序操作的是缓冲区中的相同变量，变量实现了过程间的参数传递。

例 8.5 程序如下：

```
Data    segment
buff   db   16                        ; 缓冲区大小
numb  db   ?                          ; 输入的字节数
arry   db   16 dup(?)                 ; 缓冲区内容
data      ends
code      segment
assume  cs:code, ds:data
main     proc  far
push  ds
sub   ax,ax
push  ax
mov   ax,data
mov   ds,ax
lea   dx,buff                         ; 输入缓冲区
mov  ah,10
int   21h
call  order
ret
main  endp
; ------------------
order  proc  near
mov   cl,numb                         ; 实际输入个数
mov   ch,0
```

```
mov    di,cx
lp1:   mov   cx,di
       mov   bx,0          ; 下标
lp2:   mov   al,arry[bx]
       cmp   al,arry[bx+1]
       jge   cont
       xchg  al,arry[bx+1]
       mov  arry[bx],al
cont:  inc  bx
       loop lp2
       dec di
       jnz lp1
call output
ret
order  endp
; -------------------
output  proc  near
mov   bl,numb              ; 后面插入$以便显示
mov   bh,0
mov   byte ptr[arry+bx],'$'
mov   dx, offset arry
mov   ah,9
int   21h
ret
output  endp
code    ends
end   main
```

main 过程的机器码如图 8-7 所示。在 main 过程中要实现将待排序的字符串输入到缓冲区，并调用子过程 order 来实现排序。图 8-8 显示是调用 order 子程序排序前缓冲区的内容，可以看出通过 dos 功能调用，待排序的字符串已经输入到缓冲区。图 8-9 显示的是进入 order 子程序后缓冲区的内容，正是待排序的字符串。图 8-10 显示的是利用 order 子程序排序后缓冲区的内容，可以看出 order 子程序对待排序字符串进行了逆序排序。图 8-11 显示的是进入 output 子程序后缓冲区的内容，是排序后的字符串。图 8-12 则是对排序后字符串的输出。在本程序中，每个子程序均对缓冲区中的变量进行操作，缓冲区中的变量起到了过程之间参数传递的作用。

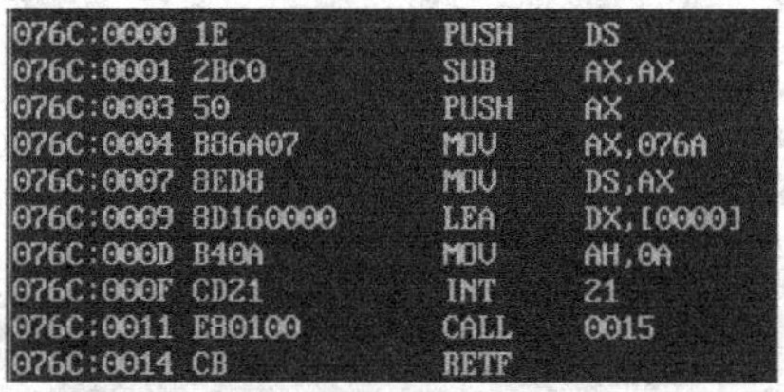

```
076C:0000 1E            PUSH   DS
076C:0001 2BC0          SUB    AX,AX
076C:0003 50            PUSH   AX
076C:0004 B86A07        MOV    AX,076A
076C:0007 8ED8          MOV    DS,AX
076C:0009 8D160000      LEA    DX,[0000]
076C:000D B40A          MOV    AH,0A
076C:000F CD21          INT    21
076C:0011 E80100        CALL   0015
076C:0014 CB            RETF
```

图 8-7　main 过程的机器码

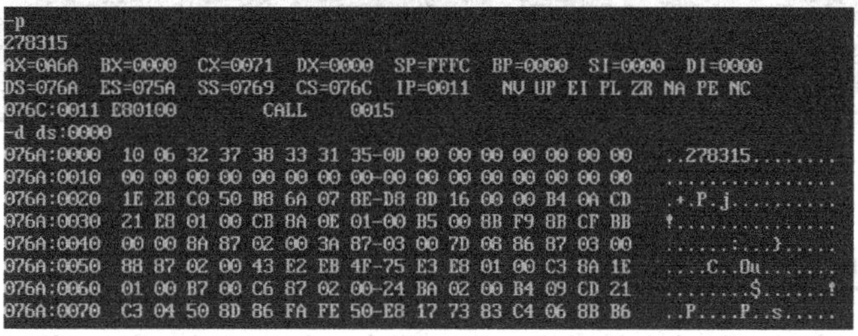

```
-p
278315
AX=0A6A  BX=0000  CX=0071  DX=0000  SP=FFFC  BP=0000  SI=0000  DI=0000
DS=076A  ES=075A  SS=0769  CS=076C  IP=0011   NV UP EI PL ZR NA PE NC
076C:0011 E80100        CALL    0015
-d ds:0000
076A:0000  10 06 32 37 38 33 31 35-0D 00 00 00 00 00 00 00   ..278315........
076A:0010  00 00 00 00 00 00 00 00-00 00 00 00 00 00 00 00   ................
076A:0020  1E 2B C0 50 B8 6A 07 8E-D8 8D 16 00 00 B4 0A CD   .+.P.j..........
076A:0030  21 E8 01 00 CB 8A 0E 01-00 B5 00 8B F9 8B CF BB   !...............
076A:0040  00 00 8A 87 02 00 3A 87-03 00 7D 08 86 87 03 00   ......:...}.....
076A:0050  88 87 02 00 43 E2 EB 4F-75 E3 E8 01 00 C3 8A 1E   ....C..Ou.......
076A:0060  01 00 B7 00 C6 87 02 00-24 BA 02 00 B4 09 CD 21   ........$......!
076A:0070  C3 04 50 8D 86 FA FE 50-E8 17 73 83 C4 06 8B B6   ..P....P..s.....
```

图 8-8　在 main 程序中输入待排序数据 278315 后内存 ds:0000 处内容

```
AX=0A6A  BX=0000  CX=0071  DX=0000  SP=FFFA  BP=0000  SI=0000  DI=0000
DS=076A  ES=075A  SS=0769  CS=076C  IP=0015   NV UP EI PL ZR NA PE NC
076C:0015 8A0E0100      MOV     CL,[0001]                          DS:0001=06
-d ds:0000
076A:0000  10 06 32 37 38 33 31 35-0D 00 00 00 00 00 00 00   ..278315........
076A:0010  00 00 00 00 00 00 00 00-00 00 00 00 00 00 00 00   ................
076A:0020  1E 2B C0 50 B8 6A 07 8E-D8 8D 16 00 00 B4 0A CD   .+.P.j..........
076A:0030  21 E8 01 00 CB 8A 0E 01-00 B5 00 8B F9 8B CF BB   !...............
076A:0040  00 00 8A 87 02 00 3A 87-03 00 7D 08 86 87 03 00   ......:...}.....
076A:0050  88 87 02 00 43 E2 EB 4F-75 E3 E8 01 00 C3 8A 1E   ....C..Ou.......
076A:0060  01 00 B7 00 C6 87 02 00-24 BA 02 00 B4 09 CD 21   ........$......!
076A:0070  C3 04 50 8D 86 FA FE 50-E8 17 73 83 C4 06 8B B6   ..P....P..s.....
```

图 8-9　进入子程序 order 之后内存 ds:0000 处内容

```
-p

AX=0A38  BX=0001  CX=0000  DX=0000  SP=FFFA  BP=0000  SI=0000  DI=0000
DS=076A  ES=075A  SS=0769  CS=076C  IP=003A   NV UP EI PL ZR NA PE NC
076C:003A E80100        CALL    003E
-d ds:0000
076A:0000  10 06 38 37 35 33 32 31-0D 00 00 00 00 00 00 00   ..875321........
076A:0010  00 00 00 00 00 00 00 00-00 00 00 00 00 00 00 00   ................
076A:0020  1E 2B C0 50 B8 6A 07 8E-D8 8D 16 00 00 B4 0A CD   .+.P.j..........
076A:0030  21 E8 01 00 CB 8A 0E 01-00 B5 00 8B F9 8B CF BB   !...............
076A:0040  00 00 8A 87 02 00 3A 87-03 00 7D 08 86 87 03 00   ......:...}.....
076A:0050  88 87 02 00 43 E2 EB 4F-75 E3 E8 01 00 C3 8A 1E   ....C..Ou.......
076A:0060  01 00 B7 00 C6 87 02 00-24 BA 02 00 B4 09 CD 21   ........$......!
076A:0070  C3 04 50 8D 86 FA FE 50-E8 17 73 83 C4 06 8B B6   ..P....P..s.....
```

图 8-10　利用子程序 order 排序后内存 ds:0000 处内容

```
-p

AX=0A38  BX=0001  CX=0000  DX=0000  SP=FFFA  BP=0000  SI=0000  DI=0000
DS=076A  ES=075A  SS=0769  CS=076C  IP=003A   NV UP EI PL ZR NA PE NC
076C:003A E80100        CALL    003E
-t

AX=0A38  BX=0001  CX=0000  DX=0000  SP=FFF8  BP=0000  SI=0000  DI=0000
DS=076A  ES=075A  SS=0769  CS=076C  IP=003E   NV UP EI PL ZR NA PE NC
076C:003E 8A1E0100      MOV     BL,[0001]                          DS:0001=06
-d ds:0000
076A:0000  10 06 38 37 35 33 32 31-0D 00 00 00 00 00 00 00   ..875321........
076A:0010  00 00 00 00 00 00 00 00-00 00 00 00 00 00 00 00   ................
076A:0020  1E 2B C0 50 B8 6A 07 8E-D8 8D 16 00 00 B4 0A CD   .+.P.j..........
076A:0030  21 E8 01 00 CB 8A 0E 01-00 B5 00 8B F9 8B CF BB   !...............
076A:0040  00 00 8A 87 02 00 3A 87-03 00 7D 08 86 87 03 00   ......:...}.....
076A:0050  88 87 02 00 43 E2 EB 4F-75 E3 E8 01 00 C3 8A 1E   ....C..Ou.......
076A:0060  01 00 B7 00 C6 87 02 00-24 BA 02 00 B4 09 CD 21   ........$......!
076A:0070  C3 00 00 00 00 00 00 00-00 00 00 00 00 00 00 00   ................
```

图 8-11　进入子程序 output 后内存 ds:0000 处内容

```
-p

AX=0A38  BX=0006  CX=0000  DX=0000  SP=FFF8  BP=0000  SI=0000  DI=0000
DS=076A  ES=075A  SS=0769  CS=076C  IP=0049   NV UP EI PL ZR NA PE NC
076C:0049 BA0200        MOV     DX,0002
-p

AX=0A38  BX=0006  CX=0000  DX=0002  SP=FFF8  BP=0000  SI=0000  DI=0000
DS=076A  ES=075A  SS=0769  CS=076C  IP=004C   NV UP EI PL ZR NA PE NC
076C:004C B409          MOV     AH,09
-p

AX=0938  BX=0006  CX=0000  DX=0002  SP=FFF8  BP=0000  SI=0000  DI=0000
DS=076A  ES=075A  SS=0769  CS=076C  IP=004E   NV UP EI PL ZR NA PE NC
076C:004E CD21          INT     21
-p
875321
AX=0938  BX=0006  CX=0000  DX=0002  SP=FFF8  BP=0000  SI=0000  DI=0000
DS=076A  ES=075A  SS=0769  CS=076C  IP=0050   NV UP EI PL ZR NA PE NC
076C:0050 C3            RET
```

图 8-12　利用子程序 output 对排序后的数据进行输出

8.2.3　用地址表传递参数的通用子程序

上例 order 子程序针对具体变量操作，能否设计一个通用子程序，可以处理任何类似的字符串排序问题？其实只要在子程序中通过寄存器间接使用参数就可以做到。这种方法是在主程序中建立一个地址表，把要传递的参数地址放在地址表中，然后把地址表的首地址放入寄存器，子程序通过寄存器间接寻址方式从地址表中取得所需参数。

例 8.6　采用通过地址表传递参数地址的方法，键盘输入缓冲区并对其内容排序和输出。

```
data     segment
buff   db   16
numb   db   ?
arry   db   16 dup(?)
table  dw   3 dup(?)                ; 地址表
data     ends
code  segment
assume cs:code,ds:data
main     proc  far
push ds
sub ax,ax
push ax
mov   ax,data
mov   ds,ax
mov   table,offset buff
mov   table+2,offset numb
mov   table+4,offset arry
mov   bx, offset table              ; 地址表首地址送 bx,si
mov   si,bx
call order
ret
main endp
; ------------------
order    proc  near
mov   dx,[bx]
mov   ah,10
int   21h
mov   di,[bx+2]
mov   cl,[di]                       ; 实际输入个数送 cx
mov   ch,0
mov   di,cx
lp1:  mov   cx,di
      mov  bx,[si]                  ; 地址表首地址送 bx
      add   bx,2                    ; bx 指向缓冲区
lp2: mov  al,[bx]
     cmp  al,[bx+1]
     jge   cont
     xchg al,[bx+1]
     mov  [bx],al
cont: inc   bx
      loop  lp2
      dec   di
      jnz   lp1
call output
ret
order    endp
; ------------------
output   proc  near
```

```
    mov   di,[si+2]             ; 后面插入$以便显示
    mov   bl,[di]
    mov   bh,0
    mov   di,[si+4]
    mov   byte ptr[di+bx],'$'
    mov   dx,di
    mov   ah,9
    int   21h
    ret
    output   endp
    code     ends
    end    main
```

main过程的机器码如图8-13所示。在main过程中建立了一个三个字的地址表TABLE，主程序把三个参数的地址依次放入地址表TABLE中，从图8-14可以看出，地址表TABLE的首地址放入了BX和SI寄存器。子程序通过BX和SI寄存器间接取得参数，如图8-15～图8-17所示。由于子程序中没有出现具体的参数，所以可以对任意定义的缓冲区输入的字符串排序。

```
-u
076C:0000 1E            PUSH    DS
076C:0001 2BC0          SUB     AX,AX
076C:0003 50            PUSH    AX
076C:0004 B86A07        MOV     AX,076A
076C:0007 8ED8          MOV     DS,AX
076C:0009 C70612000000  MOV     WORD PTR [0012],0000
076C:000F C70614000100  MOV     WORD PTR [0014],0001
076C:0015 C70616000200  MOV     WORD PTR [0016],0002
076C:001B BB1200        MOV     BX,0012
076C:001E 8BF3          MOV     SI,BX
```

图8-13　main过程的机器码

```
-t

AX=076A  BX=0000  CX=0084  DX=0000  SP=FFFC  BP=0000  SI=0000  DI=0000
DS=076A  ES=075A  SS=0769  CS=076C  IP=001B   NV UP EI PL ZR NA PE NC
076C:001B BB1200        MOV     BX,0012
-t

AX=076A  BX=0012  CX=0084  DX=0000  SP=FFFC  BP=0000  SI=0000  DI=0000
DS=076A  ES=075A  SS=0769  CS=076C  IP=001E   NV UP EI PL ZR NA PE NC
076C:001E 8BF3          MOV     SI,BX
-t

AX=076A  BX=0012  CX=0084  DX=0000  SP=FFFC  BP=0000  SI=0012  DI=0000
DS=076A  ES=075A  SS=0769  CS=076C  IP=0020   NV UP EI PL ZR NA PE NC
076C:0020 E80100        CALL    0024
-d ds:0000
076A:0000  10 00 00 00 00 00 00 00-00 00 00 00 00 00 00 00   ................
076A:0010  00 00 00 00 01 00 02 00-00 00 00 00 00 00 00 00   ................
076A:0020  1E 2B C0 50 B8 6A 07 8E-D8 C7 06 12 00 00 00 C7   .+.P.j..........
076A:0030  06 14 00 01 00 C7 06 16-00 02 00 BB 12 00 8B F3   ................
076A:0040  E8 01 00 CB 8B 17 B4 0A-CD 21 8B 7F 02 8A 0D B5   .........!......
076A:0050  00 8B F9 8B CF 8B 1C 83-C3 02 8A 07 3A 47 01 7D   ............:G.}
076A:0060  05 86 47 01 88 07 43 E2-F1 4F 75 E7 E8 01 00 C3   ..G...C..Ou.....
076A:0070  8B 7C 02 8A 1D B7 00 8B-7C 04 C6 01 24 8B D7 B4   .|......|...$...
```

图8-14　调用子程序order之前内存ds:0000处内容

```
-t

AX=076A  BX=0012  CX=0084  DX=0000  SP=FFFA  BP=0000  SI=0012  DI=0000
DS=076A  ES=075A  SS=0769  CS=076C  IP=0026   NV UP EI PL ZR NA PE NC
076C:0026 B40A          MOV     AH,0A
-t

AX=0A6A  BX=0012  CX=0084  DX=0000  SP=FFFA  BP=0000  SI=0012  DI=0000
DS=076A  ES=075A  SS=0769  CS=076C  IP=0028   NV UP EI PL ZR NA PE NC
076C:0028 CD21          INT     21
-p
278315
AX=0A6A  BX=0012  CX=0084  DX=0000  SP=FFFA  BP=0000  SI=0012  DI=0000
DS=076A  ES=075A  SS=0769  CS=076C  IP=002A   NV UP EI PL ZR NA PE NC
076C:002A 8B7F02        MOV     DI,[BX+02]                         DS:0014=0001
-d ds:0000
076A:0000  10 06 32 37 38 33 31 35-0D 00 00 00 00 00 00 00   ..278315........
076A:0010  00 00 00 00 01 00 02 00-00 00 00 00 00 00 00 00   ................
076A:0020  1E 2B C0 50 B8 6A 07 8E-D8 C7 06 12 00 00 00 C7   .+.P.j..........
076A:0030  06 14 00 01 00 C7 06 16-00 02 00 BB 12 00 8B F3   ................
076A:0040  E8 01 00 CB 8B 17 B4 0A-CD 21 8B 7F 02 8A 0D B5   .........!......
076A:0050  00 8B F9 8B CF 8B 1C 83-C3 02 8A 07 3A 47 01 7D   ............:G.}
076A:0060  05 86 47 01 88 07 43 E2-F1 4F 75 E7 E8 01 00 C3   ..G...C..Ou.....
076A:0070  8B 7C 02 8A 1D B7 00 8B-7C 04 C6 01 24 8B D7 B4   .|......|...$...
```

图8-15　在order子程序中通过dos功能调用输入字符串后内存内容

```
AX=076A  BX=0012  CX=0084  DX=0000  SP=FFFA  BP=0000  SI=0012  DI=0000
DS=076A  ES=075A  SS=0769  CS=076C  IP=0026   NV UP EI PL ZR NA PE NC
076C:0026 B40A          MOV     AH,0A
-t

AX=0A6A  BX=0012  CX=0084  DX=0000  SP=FFFA  BP=0000  SI=0012  DI=0000
DS=076A  ES=075A  SS=0769  CS=076C  IP=0028   NV UP EI PL ZR NA PE NC
076C:0028 CD21          INT     21
-p
278315
AX=0A6A  BX=0012  CX=0084  DX=0000  SP=FFFA  BP=0000  SI=0012  DI=0000
DS=076A  ES=075A  SS=0769  CS=076C  IP=002A   NV UP EI PL ZR NA PE NC
076C:002A 8B7F02        MOV     DI,[BX+02]                         DS:0014=0001
-t

AX=0A6A  BX=0012  CX=0084  DX=0000  SP=FFFA  BP=0000  SI=0012  DI=0001
DS=076A  ES=075A  SS=0769  CS=076C  IP=002D   NV UP EI PL ZR NA PE NC
076C:002D 8A0D          MOV     CL,[DI]                            DS:0001=06
-t

AX=0A6A  BX=0012  CX=0006  DX=0000  SP=FFFA  BP=0000  SI=0012  DI=0001
DS=076A  ES=075A  SS=0769  CS=076C  IP=002F   NV UP EI PL ZR NA PE NC
076C:002F B500          MOV     CH,00
```

图 8-16　order 子程序中通过地址表实现字符串的输入和字符串个数的获取

```
AX=0A38  BX=0003  CX=0000  DX=0000  SP=FFF8  BP=0000  SI=0012  DI=0000
DS=076A  ES=075A  SS=0769  CS=076C  IP=0050   NV UP EI PL ZR NA PE NC
076C:0050 8B7C02        MOV     DI,[SI+02]                         DS:0014=0001
-p

AX=0A38  BX=0003  CX=0000  DX=0000  SP=FFF8  BP=0000  SI=0012  DI=0001
DS=076A  ES=075A  SS=0769  CS=076C  IP=0053   NV UP EI PL ZR NA PE NC
076C:0053 8A1D          MOV     BL,[DI]                            DS:0001=06
-p

AX=0A38  BX=0006  CX=0000  DX=0000  SP=FFF8  BP=0000  SI=0012  DI=0001
DS=076A  ES=075A  SS=0769  CS=076C  IP=0055   NV UP EI PL ZR NA PE NC
076C:0055 B700          MOV     BH,00
-p

AX=0A38  BX=0006  CX=0000  DX=0000  SP=FFF8  BP=0000  SI=0012  DI=0001
DS=076A  ES=075A  SS=0769  CS=076C  IP=0057   NV UP EI PL ZR NA PE NC
076C:0057 8B7C04        MOV     DI,[SI+04]                         DS:0016=0002
-p

AX=0A38  BX=0006  CX=0000  DX=0000  SP=FFF8  BP=0000  SI=0012  DI=0002
DS=076A  ES=075A  SS=0769  CS=076C  IP=005A   NV UP EI PL ZR NA PE NC
076C:005A C60124        MOV     BYTE PTR [BX+DI],24                DS:0008=0D
```

图 8-17　在 output 子程序中利用地址表实现字符串的输出

8.2.4　用堆栈传递参数的通用子程序

例 8.7　键盘输入缓冲区内容排序并输出，用堆栈传递参数地址，程序如下：

```
data   segment
dw     50  dup(?)              ; 堆栈 50 个字
tos    label  word             ; 栈顶地址 tos
buff   db    16
numb   db    ?
arry   db    16 dup(?)
data   ends
code   segment
assume  cs:code, ds:data, ss:data
main   proc   far
; 设置 ss 和 sp
mov  ax, data
mov  ss, ax
lea   sp, tos
; ds 和 0 压入堆栈,以便返回 dos
```

```
push   ds
xor    ax, ax
push   ax
mov    ax, data
mov    ds, ax
; 参数地址压入堆栈
lea    bx, buff
push  bx                        ; buff 的地址压入堆栈
lea    bx, numb
push  bx                        ; numb 的地址压入堆栈
lea    bx, arry
push  bx                        ; arry 的地址压入堆栈
call  order
ret
main  endp
; ------------------
Order proc   near
mov   bp,sp
mov   dx,[bp+6]                 ; buff 地址送 dx
mov   ah,10
int   21h
mov   di, [bp+4]                ; 取 numb 的地址
mov   cl,[di]
mov   ch,0                      ; numb 送 cx
mov   di,cx
lp1: mov   cx,di
     mov   bx, [bp+2]           ; arry 的地址送 bx
lp2: mov   al,[bx]
     cmp   al,[bx+1]
     jge   cont
     xchg  al,[bx+1]
     mov   [bx],al
cont:  inc   bx
     loop  lp2
     dec   di
     jnz   lp1
call  output
ret   6                         ; 修改 sp 指针并返回
order    endp
; ------------------
output    proc  near
mov   di,[bp+4]                 ; 后面插入$以便显示
mov   bl,[di]
mov   bh,0
mov   di,[bp+2]
mov   byte ptr[di+bx],'$'
mov   dx, di
mov   ah,9
int   21h
ret
output  endp
code     ends
end    main
```

例子 8.7 中利用堆栈进行参数传递，首先申请了 50 个字的堆栈空间，SS 寄存器和 SP 寄存器分别存放了堆栈的段地址和栈顶的偏移地址，如图 8-18 所示，堆栈段的段地址为 076AH，栈顶偏移地址为 0064H。

```
-p

AX=076A  BX=0000  CX=00E8  DX=0000  SP=0000  BP=0000  SI=0000  DI=0000
DS=075A  ES=075A  SS=0769  CS=0772  IP=0003   NV UP EI PL NZ NA PO NC
0772:0003 8ED0          MOV     SS,AX
-p

AX=076A  BX=0000  CX=00E8  DX=0000  SP=0064  BP=0000  SI=0000  DI=0000
DS=075A  ES=075A  SS=076A  CS=0772  IP=0009   NV UP EI PL NZ NA PO NC
0772:0009 1E            PUSH    DS
```

图 8-18 程序开始寄存器 SS 和 SP 的值

接着分别把 DS 和 AX 寄存器的值压栈,因为从图 8-19 可以看出 ds:0000 处存放了语句 int 20h（机器码为 cd20），这条语句使程序能够返回 DOS。DS 和 AX 寄存器的值压栈后，SP 的值更改为 0060h。

```
-p

AX=076A  BX=0000  CX=00E8  DX=0000  SP=0062  BP=0000  SI=0000  DI=0000
DS=075A  ES=075A  SS=076A  CS=0772  IP=000A   NV UP EI PL NZ NA PO NC
0772:000A 33C0          XOR     AX,AX
-p

AX=0000  BX=0000  CX=00E8  DX=0000  SP=0062  BP=0000  SI=0000  DI=0000
DS=075A  ES=075A  SS=076A  CS=0772  IP=000C   NV UP EI PL ZR NA PE NC
0772:000C 50            PUSH    AX
-p

AX=0000  BX=0000  CX=00E8  DX=0000  SP=0060  BP=0000  SI=0000  DI=0000
DS=075A  ES=075A  SS=076A  CS=0772  IP=000D   NV UP EI PL ZR NA PE NC
0772:000D B86A07        MOV     AX,076A
-d ds:0000
075A:0000  CD 20 FF 9F 00 EA FF FF-AD DE 4F 03 A3 01 8A 03   . ........O.....
075A:0010  A3 01 17 03 A3 01 92 01-01 01 01 00 02 FF FF FF   ................
075A:0020  FF FF FF FF FF FF FF FF-FF FF FF FF 50 07 F1 49   ............P..I
075A:0030  A3 01 14 00 18 00 5A 07-FF FF FF FF 00 00 00 00   ......Z.........
075A:0040  05 00 00 00 00 00 00 00-00 00 00 00 00 00 00 00   ................
075A:0050  CD 21 CB 00 00 00 00 00-00 00 00 00 00 00 00 00   .!..............
075A:0060  00 00 00 00 00 00 00 00-00 00 00 00 00 00 00 00   ................
075A:0070  00 00 00 00 00 00 00 00-00 00 00 00 00 00 00 00   ................
```

图 8-19 DS 和 AX 的值入栈后 SP 的值

为了实现字符串的排序，需要在 main 过程中调用 order 子程序，执行子程序调用语句 call order，进入 order 子程序后，栈顶的偏移地址 SP 的值和堆栈里存储的内容如图 8-20 所示。目前 SP=0058H，堆栈里压入的分别是 DS=075AH，AX=0000H 寄存器的值，变量 buff，numb，arry 的偏移地址和 call order 指令下一条指令的 IP=0024H 的值。call order 执行后，之所以要把下一条指令的 IP 值压栈，是因为段内调用，为调用 order 子程序后能够正常返回做准备。call order 指令和它下一条指令的机器码和地址如图 8-21 所示。

```
-t

AX=076A  BX=0066  CX=00E5  DX=0000  SP=0058  BP=0000  SI=0000  DI=0000
DS=076A  ES=075A  SS=076A  CS=0772  IP=0025   NV UP EI PL ZR NA PE NC
0772:0025 8BEC          MOV     BP,SP
-d ds:0000
076A:0000  00 00 00 00 00 00 00 00-00 00 00 00 00 00 00 00   ................
076A:0010  00 00 00 00 00 00 00 00-00 00 00 00 00 00 00 00   ................
076A:0020  00 00 00 00 00 00 00 00-00 00 00 00 00 00 00 00   ................
076A:0030  00 00 00 00 00 00 00 00-00 00 00 00 00 00 00 00   ................
076A:0040  00 00 00 00 00 00 00 00-00 00 00 00 00 00 6A 07   ..............j.
076A:0050  00 00 25 00 72 07 A3 01-24 00 66 00 65 00 64 00   ..%.r...$.f.e.d.
076A:0060  00 00 5A 07 10 00 00 00-00 00 00 00 00 00 00 00   ..Z.............
076A:0070  00 00 00 00 00 00 00 00-00 00 00 00 00 00 00 00   ................
```

图 8-20 进入 order 子程序后寄存器和堆栈的值

```
-u
0772:0020 53            PUSH    BX
0772:0021 E80100        CALL    0025
0772:0024 CB            RETF
0772:0025 8BEC          MOV     BP,SP
0772:0027 8B5606        MOV     DX,[BP+06]
0772:002A B40A          MOV     AH,0A
0772:002C CD21          INT     21
```

图 8-21　call order 及其后继指令机器码

order 子程序完成排序后，需要调用 output 子程序输出排序后的内容。图 8-22 显示的是调用 output 子程序后寄存器和堆栈的值。可以看出为了调用 output 子程序后能够正常返回，call output 下一条指令的 IP 值压入堆栈，栈顶偏移地址 SP=0056H。

```
-p

AX=0A38  BX=0067  CX=0000  DX=0064  SP=0058  BP=0058  SI=0000  DI=0000
DS=076A  ES=075A  SS=076A  CS=0772  IP=004E   NV UP EI PL ZR NA PE NC
0772:004E E80300        CALL    0054
-t

AX=0A38  BX=0067  CX=0000  DX=0064  SP=0056  BP=0058  SI=0000  DI=0000
DS=076A  ES=075A  SS=076A  CS=0772  IP=0054   NV UP EI PL ZR NA PE NC
0772:0054 8B7E04        MOV     DI,[BP+04]                         SS:005C=0065
-d ds:0000
076A:0000  00 00 00 00 00 00 00 00-00 00 00 00 00 00 00 00   ................
076A:0010  00 00 00 00 00 00 00 00-00 00 00 00 00 00 00 00   ................
076A:0020  00 00 00 00 00 00 00 00-00 00 00 00 00 00 00 00   ................
076A:0030  00 00 00 00 00 00 00 00-00 00 AE FE 00 F0 8F E9   ................
076A:0040  00 F0 47 70 6A 10 E1 11-00 F0 46 72 38 0A 58 00   ..Gpj.....Fr8.X.
076A:0050  54 00 72 07 A3 01 51 00-24 00 66 00 65 00 64 00   T.r...Q.$.f.e.d.
076A:0060  00 00 5A 07 10 06 38 37-35 33 32 31 0D 00 00 00   ..Z...875321....
076A:0070  00 00 00 00 00 00 00 00-00 00 00 00 00 00 00 00   ................
```

图 8-22　进入 output 子程序后寄存器和堆栈的值

output 子程序执行完毕，通过 ret 指令获得栈顶元素 0051H，即 order 子程序中 call output 指令的下一条指令的 IP 地址，返回到 order 子程序，此时栈顶指针为 0058H。order 子程序执行完毕，通过 ret 0006 获得此时栈顶元素 0024H，即 main 过程中 call order 指令的下一条指令 IP 地址，返回到 main 过程。由于 RET 6 指令使 SP+6，所以获得栈顶元素 0024H 后，SP 寄存器的值是 0060H，而不是 005AH。子程序返回指令执行后寄存器和堆栈的值如图 8-23 所示。

```
-p
875321
AX=0938  BX=0006  CX=0000  DX=0066  SP=0056  BP=0058  SI=0000  DI=0066
DS=076A  ES=075A  SS=076A  CS=0772  IP=0067   NV UP EI PL ZR NA PE NC
0772:0067 C3            RET
-p

AX=0938  BX=0006  CX=0000  DX=0066  SP=0058  BP=0058  SI=0000  DI=0066
DS=076A  ES=075A  SS=076A  CS=0772  IP=0051   NV UP EI PL ZR NA PE NC
0772:0051 C20600        RET     0006
-p

AX=0938  BX=0006  CX=0000  DX=0066  SP=0060  BP=0058  SI=0000  DI=0066
DS=076A  ES=075A  SS=076A  CS=0772  IP=0024   NV UP EI PL ZR NA PE NC
0772:0024 CB            RETF
-d ds:0000
076A:0000  00 00 00 00 00 00 00 00-00 00 00 00 00 00 00 00   ................
076A:0010  00 00 00 00 00 00 00 00-00 00 00 00 00 00 00 00   ................
076A:0020  00 00 00 00 00 00 00 00-00 00 00 00 00 00 00 00   ................
076A:0030  00 00 00 00 00 00 00 00-00 00 AE FE 00 F0 8F E9   ................
076A:0040  00 F0 47 70 6A 10 E1 11-00 F0 46 72 38 09 38 09   ..Gpj.....Fr8.8.
076A:0050  58 00 51 00 72 07 38 09-58 00 24 00 72 07 A3 01   X.Q.r.8.X.$.r...
076A:0060  00 00 5A 07 10 06 38 37-35 33 32 31 24 00 00 00   ..Z...875321$...
076A:0070  00 00 00 00 00 00 00 00-00 00 00 00 00 00 00 00   ................
```

图 8-23　返回到 main 过程后寄存器和堆栈的值

回到 main 过程后，执行 retf 指令，该指令的作用是弹出堆栈中的值，使得 IP=0000H，CS=075AH，075A:0000 处存放的是返回 DOS 指令 INT 20H，CPU 执行该指令后程序执行结束，返回 DOS。

```
-p

AX=0938  BX=0006  CX=0000  DX=0066  SP=0060  BP=0058  SI=0000  DI=0066
DS=076A  ES=075A  SS=076A  CS=0772  IP=0024   NV UP EI PL ZR NA PE NC
0772:0024 CB            RETF
-d ds:0000
076A:0000  00 00 00 00 00 00 00 00-00 00 00 00 00 00 00 00   ................
076A:0010  00 00 00 00 00 00 00 00-00 00 00 00 00 00 00 00   ................
076A:0020  00 00 00 00 00 00 00 00-00 00 00 00 00 00 00 00   ................
076A:0030  00 00 00 00 00 00 00 00-00 00 AE FE 00 F0 8F E9   ................
076A:0040  00 F0 47 70 6A 10 E1 11-00 F0 46 72 38 09 38 09   ..Gpj.....Fr8.8.
076A:0050  58 00 51 00 72 07 38 09-58 00 24 00 72 07 A3 01   X.Q.r.8.X.$.r...
076A:0060  00 00 5A 07 10 06 38 37-35 33 32 31 24 00 00 00   ..Z...875321$...
076A:0070  00 00 00 00 00 00 00 00-00 00 00 00 00 00 00 00   ................
-p

AX=0938  BX=0006  CX=0000  DX=0066  SP=0064  BP=0058  SI=0000  DI=0066
DS=076A  ES=075A  SS=076A  CS=075A  IP=0000   NV UP EI PL ZR NA PE NC
075A:0000 CD20          INT     20
-p

Program terminated normally
```

图 8-24　main 过程中单步跟踪 retf 指令执行情况图

8.2.5　用结构变量传递参数的通用子程序

使用结构变量可以为用户提供方便，特别是处理二维数组的情况。下面先介绍结构变量，然后再引入程序实例。

1. 结构变量

结构类型是用结构伪指令（伪操作）STRUC 定义的，它可以把几种不同类型的数据变量放在一个数据结构中，成为一种新的类型，这种新的类型变量就是结构变量。使用结构变量方便了程序对其中各个分量的访问。

伪指令 STRUC 的格式为：

```
结构名    STRUC
…
结构名    ENDS
```

例 8.8　定义一个名为 STUDENT 的结构类型：

```
STUDENT    STRUC
   ID      DB  'AAAAAAAA'
   NAME    DB   3 DUP (0)
   JF1     DW   22H
   JF2     DW   ?
   JF3     DW   ?
   JF4     DW   ?
STUDENT    ENDS
```

这是一个结构数据，其中包含了六个变量，或称为六个字段，共占 19 个字节单元。STRUC 伪指令只是定义了一种结构模式，还没有生成结构变量，也就是说，还不存在结构变量要求分配内存和存入数据。可以使用结构预置语句生成结构变量并赋值。结构预置语句的格式为：

```
变量      结构名<各字段赋值>
```

例 8.9　定义 STUDENT 类型的结构变量：

```
STD1   STUDENT  <'A2031456',,,33H>
STD2   STUDENT  <>
STDSS  STUDENT  100  DUP(<>)
```

生成的结构变量 STD1 的各字段预赋值用逗号分隔。因为 NAME 字段不是一个字符串，所以不能预赋值，仅用逗号跳过，JF1 字段也没有预赋值，它们均保留了 STUDENT 结构中的值。JF2 字段预赋值为 33H，JF3 和 JF4 没有预赋值。

生成的结构变量 STD2 没有预赋值。STDSS 为复制的 100 个结构变量的起始地址。

结构变量的预置可以用图 8-25 来说明。

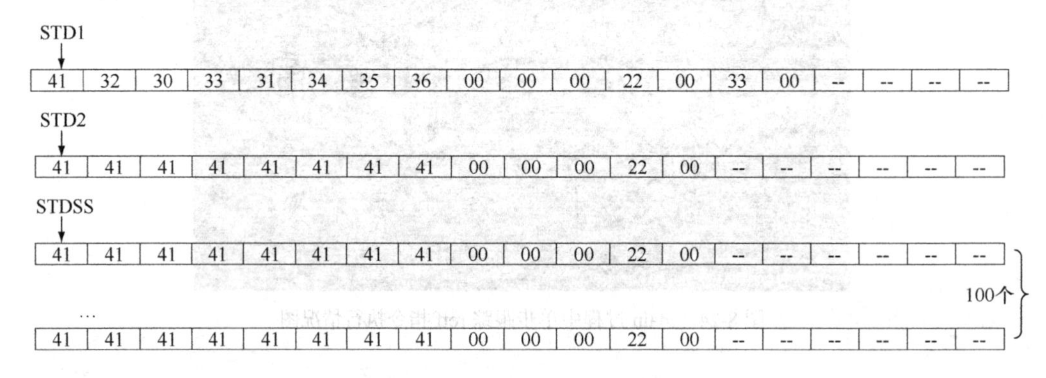

图 8-25　例 8.9 结构变量的预置情况

例 8.10　对结构变量的访问：

```
MOV   SI, 1
LEA   BX, STD1                        ; STD1 地址送 BX
MOV   AL, STD1.NAME[SI]               ; 取 STD1 的字段 NAME 第 2 字节
MOV   AL, [BX].NAME[SI]               ; 取 STD1 的字段 NAME 第 2 字节
MOV   DL, STDSS+3*19.NAME[SI]         ; 取 STDSS 第 4 条记录 NAME 第 2 字节
```

上面用三个例子介绍了结构类型的定义、结构变量的定义和对结构变量的访问三个步骤。

2. 用结构变量传递参数

例 8.11　键盘输入缓冲区内容排序并输出，用堆栈传递参数地址，使用结构类型，程序如下：

```
data      segment
dw   50  dup(?)                  ; 堆栈 50 个字
tos   label word                 ; 栈顶地址 tos
buff  db  16
numb db  ?
arry  dw 16 dup(?)
data     ends
code     segment
assume cs:code,ds:data,ss:data
main     proc   far
; 设置 ss 和 sp
mov   ax,data
mov   ss,ax
lea   sp,tos
; ds 和 0 压入堆栈，以便返回 dos
push  ds
xor   ax,ax
push  ax
mov   ax,data
mov   ds,ax
; 参数地址压入堆栈
lea   bx, buff
push  bx                    ; buff 的地址压入堆栈
lea   bx, numb
```

```
push  bx                    ; numb 的地址压入堆栈
lea   bx, arry
push  bx                    ; arry 的地址压入堆栈
call   order
ret
main   endp
; -------------------
order   proc   near
par    struc
pip    dw  ?
p3     dw  ?
p2     dw  ?
p1     dw  ?
par    ends
mov   bp,sp
mov   dx,[bp].p1            ; buff 的地址送 dx
mov   ah, 10
int    21h
mov   di,[bp].p2            ; 取 numb 的地址
mov   cl,[di]               ; numb 送 cx
mov   ch,0
mov   di,cx
lp1:   mov   cx,di
       mov   bx,[bp].p3     ; arry 地址送 bx
lp2:   mov   al,[bx]
       cmp   al,[bx+1]
       jge   cont
       xchg  al,[bx+1]
       mov  [bx],al
cont:  inc   bx
       loop  lp2
       dec   di
       jnz   lp1
       call  output
       ret   6          ; 修改 sp 指针并返回
order     endp
; -------------------
output    proc  near
mov   di,[bp].p2
mov   bl,[di]
mov   bh,0
mov   di,[bp].p3
mov   byte ptr[di+bx],'$'
mov   dx, di
mov   ah,9
int   21h
ret
output   endp
code     ends
end    main
```

请注意该程序以下几点。

（1）在子程序中只有两个地方有了修改。第一是增加了 STRUC 结构类型定义。由于结构类型定义不分配内存，是伪操作，所以可以出现在任何地方。

（2）第二是取参数地址时，用BP寄存器指向存放参数的堆栈的栈顶，也即指向存放主程序断点IP的位置。而这个位置开始的4个字正好符合STRUC定义的结构类型，可以看成是一个结构变量。BP正好指向这个结构变量的首地址，因此，可以直接使用结构变量的字段来取得参数地址。

（3）虽然没有用结构预置语句生成结构变量，但这个结构变量实际上是在程序执行过程中动态产生的，在主程序中通过把参数地址压入堆栈和调用子程序这些操作形成的。

（4）主程序所做的一系列对堆栈压入数据的操作形成的堆栈和例子8.7相同。

（5）子程序order中的ret 6指令，其作用是返回到主程序，并使SP+6，使SP寄存器指向堆栈中存放0的单元，而接着执行主程序中的ret指令就可以把0弹出到IP，把（DS）弹出到CS，从而结束程序并正确返回到操作系统。

（6）该程序用结构变量的方法避免了计算各参数地址的复杂性，方便了用户编写程序。

8.3 多模块程序设计

实际应用中，一个源程序可能由若干个子程序构成，而子程序经常是独立编写的程序文件，这些程序文件被称为模块（同一个源程序文件中的各个子程序也可以认为是模块）。对于独立编写的程序文件，可以分别汇编，如果某个模块修改了，只需修改这个模块，重新汇编后，再和其他模块进行连接产生可执行文件。

8.3.1 多模块之间的参数传递

各个程序模块可能由不同的程序员编写，各模块内部通常都由代码段和数据段以及堆栈段等若干个段组成。几个源程序文件经过连接成为一个完整的可执行程序。对于不同模块中的段如何排列和组合，在本章最后一节介绍。下面将介绍模块之间的参数传递。这里的参数可以是过程名或变量名，也可以是标号名。

在一个模块中用户定义的的符号可以分为局部符号和外部符号。在本模块中定义，又只在本模块中引用的符号叫局部符号；在本模块中定义，而在另一模块中引用的符号叫外部符号。对于外部符号，编程时需要明确说明。两条有关的伪指令格式如下：

```
EXTRN    符号名：类型[，…]
PUBLIC   符号名1，符号名2，……
```

伪指令 EXTRN，指出本模块中引用的符号名是其他模块中定义的符号名。如果符号名是变量，则类型应该是BYTE，WORD，DWORD等；如果符号名是标号或过程名，则类型为NEAR或FAR。引用的该符号名类型必须与定义的符号名类型相一致。

伪指令 PUBLIC，说明本模块中哪些子程序名、标号、变量名可以被其他模块引用，这些符号在本模块内部定义，当然也可以在本模块中引用。

例8.12 主程序键盘输入缓冲区，子程序对缓冲区内容排序并输出，采用独立模块。

```
; 812main.asm
public  buff,numb,arry
extrn   order:far
data    segment
buff   db   16
```

```
numb   db   ?
arry   db   16 dup(?)
data    ends
code    segment
assume  cs:code,ds:data
main proc far
push ds
sub  ax,ax
push ax
mov  ax,data
mov  ds,ax
lea  dx,buff
mov  ah,10
int  21h
call order
ret
main     endp
code     ends
end main
; ------------------
; 812sub.asm
public  order
extrn   buff:byte,numb:byte,arry:byte
code    segment
assume  cs:code
order   proc  near
mov   cl,numb
mov   ch,0
mov   di,cx
lp1:    mov   cx,di
        mov   bx,0
lp2:    mov   al,arry[bx]
        cmp   al,arry[bx+1]
        jge   cont
        xchg  al,arry[bx+1]
        mov   arry[bx],al
cont:   inc   bx
        loop  lp2
        dec   di
        jnz   lp1
        mov   bl,numb
        mov   bh,0
        mov   byte ptr[arry+bx],'$'
        mov   dx, offset arry
        mov   ah,9
        int 21h
ret
order   endp
code    ends
end
```

主程序文件 812main.asm 和子程序文件 812main.asm 独自汇编后，如图 8-26 和图 8-27 所示，再进行连接，如图 8-28 所示。连接时主模块在前，连接命令操作如下：

```
LINK  812main +812sub
```

```
C:\>masm 812main.asm
Microsoft (R) Macro Assembler Version 5.00
Copyright (C) Microsoft Corp 1981-1985, 1987.  All rights reserved.

Object filename [812main.OBJ]:
Source listing  [NUL.LST]:
Cross-reference [NUL.CRF]:

  51746 + 464798 Bytes symbol space free

      0 Warning Errors
      0 Severe  Errors
```

图 8-26　汇编 812main.asm

```
C:\>masm 812sub.asm
Microsoft (R) Macro Assembler Version 5.00
Copyright (C) Microsoft Corp 1981-1985, 1987.  All rights reserved.

Object filename [812sub.OBJ]:
Source listing  [NUL.LST]:
Cross-reference [NUL.CRF]:

  51560 + 464984 Bytes symbol space free

      0 Warning Errors
      0 Severe  Errors
```

图 8-27　汇编 812sub.asm

```
C:\>link 812main+812sub

Microsoft (R) Overlay Linker  Version 3.60
Copyright (C) Microsoft Corp 1983-1987.  All rights reserved.

Run File [812MAIN.EXE]:
List File [NUL.MAP]:
Libraries [.LIB]:
LINK : warning L4021: no stack segment
```

图 8-28　链接两个模块生成 812main.exe 文件

8.3.2　显示十进制数的通用模块

我们一直想知道如何显示一个十进制数，下面来看一个例子。

例 8.13　从键盘输入一个十六进制数（不超过四位），显示输出该数的十进制形式。

算法分析：输入的十六进制数转换为十进制显示可以分为两步实现。第一步，把输入的十六进制数转成二进制。子程序接收键盘输入的十六进制数，只考虑以下情况为合法：为数字（30H～39H）和大写 A～F（41H～46H）。其他输入则为非法输入，退出程序。当输入为数字时，减 30H，当输入为大写 A～F 时，减 37H。把四次的输入拼装成四位十六进制数存放在 BX 寄存器中。第二步，把二进制数用十进制形式显示。这可以通过辗转相除法得到该数的十进制数各数位。

这两步的功能相对独立，可以分别用子程序实现，HTOB 子程序把输入的十六进制数转换成二进制，BTOD 子程序把二进制数用十进制形式显示。BX 寄存器用来在子程序间传递参数。为了避免显示的重叠，另外用一个子程序 CRLF 实现输出回车换行。图 8-29 为程序结构框图。

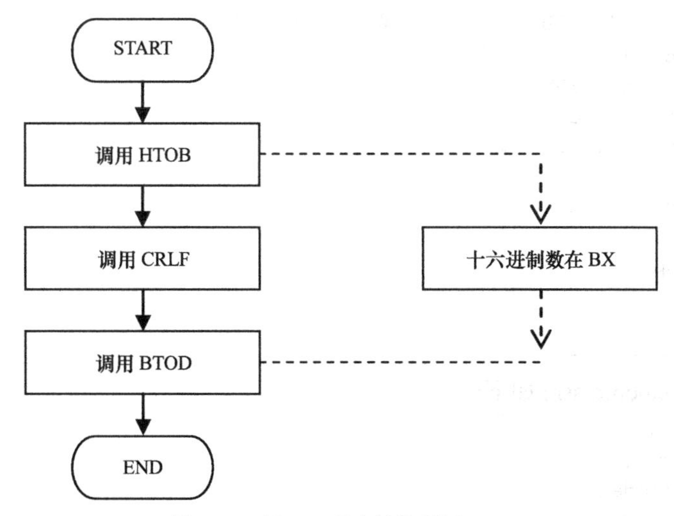

图 8-29　例 8.12 程序结构框图

主程序文件 htodpro.asm 如下:

```
extrn   htob:far,crlf:far,btod:far
code    segment
assume  cs:code
main    proc  far
push  ds
xor   ax, ax
push  ax
call  htob
call  crlf
call  btod
ret
main    endp
code    ends
end   main
; ------------------
```

子程序文件 htobpro.asm 如下:

```
public  htob
code1   segment
assume  cs:code1
htob    proc  far
start:  mov   bx, 0           ; 初始化
        mov   ch, 4
        mov   cl, 4
inchr:  mov   ah, 1           ; 键盘输入
        int   21h
        cmp   al, 30h
        jl    exit            ; 非法输入
        cmp   al, 39h
        jle   dig             ; 输入是数字 0～9
        cmp   al, 41h
        jl    exit            ; 非法输入
        cmp   al, 46h
        jg    exit            ; 非法输入
```

```
        sub  al, 37h           ; 输入是大写 A～F
        jmp  ls4
dig:    sub  al, 30h
ls4:    shl  bx, cl
        add  bl, al
        dec  ch
        jnz  inchr
exit:   ret
htob    endp
code1   ends
        end
; ------------------
```

子程序文件 btodpro.asm 如下：

```
public  btod
code2   segment
assume  cs:code2
btod    proc  far
mov   cx, 10000
call  ddiv
mov   cx, 1000
call  ddiv
mov   cx, 100
call  ddiv
mov   cx, 10
call  ddiv
mov   cx, 1
call  ddiv
ret
btod    endp
ddiv    proc  near
mov   ax, bx
mov   dx, 0
div   cx
mov   bx, dx
mov   dl, al
add   dl, 30h
mov   ah, 2
int   21h
ret
ddiv    endp
code2   ends
        end
; ------------------
```

子程序文件 crlfpro.asm 如下：

```
public  crlf
code3   segment
assume  cs:code3
crlf    proc  far
mov   dl,0ah
mov   ah, 2
int   21h
mov   dl, 0dh
mov   ah, 2
int   21h
```

```
ret
crlf   endp
code3   ends
        end
```

多模块程序文件独立汇编后，做如下连接操作，可产生可执行文件。

```
LINK  htodpro+htobpro+btodpro+crlfpro
```

8.3.3　C 语言程序调用汇编语言子程序

用汇编语言开发的应用程序占用内存空间小、运行速度快、能够直接控制硬件；用高级语言编写人机交互界面和数据分析处理等外层程序实现起来比较方便，为充分发挥两类语言各自的优势，有时候采用汇编语言与高级语言联合编程的方法。下面介绍汇编语言与 C 语言的联合编程。

常用方法是用 C 语言编写主程序，用汇编语言编写子程序。将它们编写完成后，分别编译/汇编成目标文件（OBJ），然后把它们连接起来，形成可执行文件（EXE）。

要注意的是参数、调用和命名的规定。

（1）C 语言向汇编语言传送参数是通过堆栈进行的，调用子程序时，其堆栈情况如图 8-30 所示，汇编语言子程序从堆栈中取出参数，所以必须清楚参数的位置。如果把汇编程序写成近过程，则为近调用；否则为远调用。

（2）C 语言程序对外部过程须以 EXTERN 说明，而在汇编语言子程序中必须在过程名前加下划线，并说明为 PUBLIC。

（3）C 语言也提供 6 种存储模型：微型（tiny）、小型（small）、中型（medium）、紧凑型（compact）、大型（1arge）和巨型（huge），汇编语言程序必须使用相同的存储模型。

（4）汇编语言程序的返回参数放在 AX 寄存器（整型）。

(1) C 的近调用		(2) C 的远调用	
(BP-2)	局部变量	(BP-2)	局部变量
(BP)	原 BP	(BP)	原 BP
(BP+2)	返回地址	(BP+2)	返回
(BP+4)	参数 1	(BP+4)	地址
(BP+6)	参数 2	(BP+6)	参数 1
(BP+8)	参数 3	(BP+8)	参数 2

图 8-30　堆栈情况

例 8.14　C 语言程序调用汇编语言程序，求两个数中的较大数。

```
/*主程序 my_c.c*/
extern  int max(int,int) ;
main()
{ int b ;
b=max(4,6) ;              /*   b=AX     */
printf("max is %d",b) ;
}
; ------------------
; 子程序 my_h.asm
.model  small
public _max
.code
_max  proc  near
```

```
push bp
mov bp,sp
mov ax,[bp+4]
cmp  ax,[bp+6]
jg exit
mov ax,[bp+6]              ; AX 寄存器中的最大值返回给 C 程序
exit:
pop bp
ret
_max  endp
end
```

操作过程：

（1）对 MY_H.ASM 汇编：

MASM MY_H/MX　　（加/MX 是为了生成小写函数名，以适应 C 程序）。

（2）在 TC 集成环境中，在菜单条上选择 Option / Compiler / Model，在 Model 的选择窗口选项中选择所需要的存储模型，这里选 small。编译 MY_C.C 程序。

（3）建立 PRJ 工程文件，文件内容为：

```
MY_C.C
MY_H.ASM
```

在菜单条上选择 Compile，并设立主文件为 MY_C.C，然后选 LINK EXE FILE。于是连接成 EXE 文件。在 TC++集成环境中，设成.C 文件也可以。

本章小结

本章介绍了子程序的概念和结构，子程序间参数的传递方法和多模块的程序设计方法。通过本章的学习，遇到复杂的问题可以采用模块化的程序设计方法，合理地分解任务和划分功能，设计多个子程序，增加程序的可读性。

习题 8

8.1　过程定义如下，补充括号中的指令。

```
code   segment
    assume   cs:code
main   proc  far
(          )
(          )
(          )
…
…
…
ret
main    endp
code    ends
end   main
```

8.2　补充下列程序括号中的指令，使得程序对堆栈的操作全部利用程序中定义的 TOS 堆栈，

并画出程序执行后堆栈 TOS 中的数据。

```
data   segment
         dw   100 dup(?)
  tos  label  word
data   ends
code   segment
    assume   cs:code,ss:data
main   proc  far
(          )
(          )
(          )
push  ds
xor   ax,  ax
push  ax
call  far ptr suba
…;假定此处指令的地址为 CS=3400h, IP=30h
…
…
code   ends
end    main
```

8.3　主程序从键盘输入一个字符串到BUFF,再输入一个字符到AL,用子程序在字符串BUFF中查找是否存在该字符，如果找到，显示发现的字符位置。用寄存器传递要查找的字符。

8.4　主程序从键盘输入一个八位的二进制数，对其作求补操作，用子程序对求补后的值以二进制形式显示。

8.5　主程序从键盘输入两个四位的十六进制数 A 和 B，用子程序作十六进制计算 A+B，并显示计算结果。

8.6　某字数组为有符号数，第一个单元为元素个数 N，后面为 N 个元素，编写通用子程序，求数组元素中的最大值，并把它放入 MAX 单元。

8.7　设有一个数组存放学生的成绩（0～100），编制一个子程序统计 0～59 分、60～69 分、70～79 分、80～89 分、90～100 分的人数，并分别存放到 scoreE、scoreD、score C、score B 及 score A 单元中。编写一个主程序与之配合使用。

8.8　用多模块程序设计一个简单的计算器程序，实现整数的加减乘除。运算符可以为：+，-，×，/，=。

8.9　从键盘输入姓名和电话号码，建立通讯录，通讯录的最大容量为 9 条记录，程序结束时无需保留通讯录，但程序运行时要保留通讯录信息。程序的人机界面和顺序要求如下：

（1）提示信息 INPUT NAME:（调用子程序 INNAME 录入姓名，序号自动产生）

（2）提示信息 INPUT TELEPHONE NUMBER:（调用子程序 INTELE 录入电话号码）

（3）提示信息 INPUT 序号:（调用子程序 PRINT 显示某人的姓名和电话号码，如果序号不存在，则提示信息 NO THIS NUMB）。

实验 8　子程序设计和多模块程序设计

实验目的：

（1）掌握通用子程序的设计方法，学会子程序的功能划分和正确进行子程序的参数传递。

（2）熟悉使用结构变量，掌握多模块程序设计方法，正确使用 PUBLIC、EXTRN 实现参数传递。

实验内容：

【1】采用通过地址表传递参数地址的方法，求数组元素累加和的通用子程序。

【2】从键盘输入一个十六进制数（不超过四位），显示输出该数的十进制形式。

【3】从键盘输入一个十进制数（小于 65536 的正数），显示输出该数的十六进制形式。

【4】设计一个简单计算器程序，实现整数的加减乘除运算。

要求：

（1）以下两种算式结构可供参考：

算式分离结构：操作数和操作符独立定义为：

```
OPER1       DW  ? ; 操作数 1
OPERATOR    DB  ? ; 操作符
OPER2       DW  ? ; 操作数 2
```

算式整体结构：操作数和操作符放在键盘缓冲区，缓冲区可定义为：

```
MAX         DB  10              ; 缓冲区大小
REAL        DB  ?               ; 实际输入的字节数
BUFF        DB  10 DUP(? )      ; 算式
```

（2）从键盘输入算式，只接受不超过 4 位的十进制正整数。运算结果为不超过 65535 的整数。

（3）不接受复合算式，如 3+5×6。

（4）计算器使用运算符‘+ - × /’、回车键和‘=’键、清除键‘C’。回车键或‘=’键给出计算结果，清除键‘C’为清 0。按清除键后，可接受下一算式。

（5）程序分算式输入模块、计算模块、输出显示模块。输入模块和计算模块在同一程序文件中，输出显示模块为另一程序文件。

【5】学生成绩表由姓名、A 成绩、B 成绩、合计总分四项组成，其中合计总分=A 成绩+B 成绩。从键盘输入 6 个人的成绩记录后，输出学生成绩表。

要求：成绩表用结构类型；输入、计算、输出分为 3 个子程序；成绩为百分制无符号数；合计总分由程序计算；用以下两种方法分别实现。

（1）成绩从键盘输入后转为压缩 BCD 码格式存放。

（2）成绩从键盘输入后转为二进制数格式存放。

第 9 章 宏汇编及其他高级伪操作

早期的汇编语言（ASM）还只是具备一些基本功能，程序员对描述任务、编程设计仍感不便，于是进一步产生了更加灵活的宏汇编语言（MASM）。宏汇编语言提供了类似于高级语言的某些复杂功能，如宏汇编、重复汇编与条件汇编。

9.1 宏汇编

汇编语言中的宏与子程序类似，可以作为一个独立的功能程序供其他程序多次调用。子程序的设计方法可以实现程序复用，节省存储空间，优化程序结构。但宏和子程序的调用方式不同。调用子程序的不便之处是参数的传递，传参时要占用寄存器或者存储器，特别是参数比较多时，增加了程序的复杂性。另外，调用子程序还需要为保存断点实现转移及返回到调用程序增加消耗的时间。而宏汇编语言提供的宏功能既可以实现程序复用，又能方便地传递多个参数。若程序中重复部分只是一组较简单的语句序列，且要传送的参数又比较多时，更适合使用宏汇编功能。

9.1.1 宏定义、宏调用和宏展开

宏是源程序中一段有独立功能的程序代码。宏的使用需要三个步骤：宏定义、宏调用和宏展开，因此程序设计中使用宏功能的步骤是：首先进行宏定义（类似写一个子程序），然后在需要时进行宏调用（类似调用子程序），最后在汇编阶段对宏指令进行展开。

1. 宏定义

宏定义用一对伪指令 MACRO 和 ENDM 来定义。格式为：

```
宏指令名  MACRO  [形参 1, 形参 2, …]
          <宏定义体>
          ENDM
```

宏指令名给出宏定义的名称，第一个符号必须是字符。

宏定义体由一系列指令语句和伪指令语句组成，也可以是其他非语句形式。

宏定义的指令名可用伪指令 PURGE 来取消，然后重新定义。

宏定义在程序中的位置没有严格要求，可以写在某一个段内，也可以不在段内。

宏指令具有比机器指令和伪指令更高的优先权，当宏指令与机器指令或伪指令同名时，宏汇编程序都视为宏指令处理。所以宏指令名不要和指令或伪指令同名。

例 9.1 定义两数相加宏指令 sumn。

```
sumn    macro  x, y, result
        mov    ax, x
        add    ax, y
        mov    result, ax
        endm
```

2. 宏调用

宏指令被定义后，在源程序中可以直接使用，称为宏调用。格式为：

宏指令名 [实参 1, 实参 2, …]

实参可以是常数、寄存器、存储单元名以及用寻址方式能找到的地址或表达式等，但在宏展开后必须形成合法的指令或伪指令语句，否则机器无法识别。

实参个数可以少于形参个数，这时多余的形参取空值。

例 9.1（续） 调用宏 sumn 实现(bx)= 34 + 25。

在代码段使用宏调用

```
…
sumn   34,25, bx
…
```

3. 宏展开

在对源程序的汇编阶段，汇编程序对源程序中的每个宏调用都进行了宏展开，即用宏定义体取代每个宏调用的位置，并用实参按顺序逐一替换宏定义体中的形参。因此，可执行文件的长度与程序中宏调用的次数成正比。

例 9.1（续） 下面来看一下宏调用的例子在宏展开后的情况。

展开前：

```
…
sumn   34, 25, bx
…
```

展开后：

```
…
 1    mov     ax, 34
 1    add     av, 25
 1    mov     bx, ax
```

展开后，原来宏指令的地方换成了若干条汇编指令。各指令前的“1”是汇编程序自动加上去的，这些指令是由宏展开得到的。可以看到，例 9.1 中的形参 x、y、result 已经被实参 34、25、bx 取代了。

下面再看一个综合宏定义、宏调用和宏展开的例子。

例 9.2 用宏指令实现两个 8 位有符号数的乘法。

宏定义如下：

```
imultiply       macro   x, y, result
                push    ax
                mov     al, x
                imul    y
                mov     result, ax
                pop     ax
                endm
```

在代码段使用宏调用：

```
                imultiply   cl, dl, [bx]
                …
                imultiply   ary, var, save
```

宏展开为：

```
     1   push    ax
     1   mov     al, cl
     1   imul    dl
     1   mov     [bx], ax
     1   pop     ax
          …
     1   push    ax
     1   mov     al, ary
     1   imul    var
     1   mov     save, ax
     1   pop     ax
```

由于程序中有两次宏调用，所以就进行了两次宏展开，产生了两段代码。如果用子程序实现本例，无论程序中几次调用子程序，子程序代码仅有一段，只是主程序多次执行了这一段子程序代码。从例子还可以看出，宏指令可以直接带形参，调用时直接用实参代换，避免了子程序因参数传递带来的麻烦，使编程更加灵活。

下面再看一个利用表达式进行复杂运算的宏汇编例子。

例 9.3 某工厂工人的周工资由计时工资和计件工资两部分组成，计时工资部分的计算方法是每小时工资率 RATE 乘以工作小时数 HOUR，计件工资部分按超定额部分每件乘以 SUP 计算，超定额=实际完成的工件数 MADE-定额工件数 PART，工资总额放在 WAGE 中。用宏指令计算某人的周工资。

宏定义如下：

```
wages       macro   rate, hour, made, part, sup
            wage=rate*hour+(made-part)*sup
            endm
rate=5
part=100
sup=4
```

宏调用：

```
            wages   rate, 40, 120, part, sup
```

宏展开为：

```
            1    wage=rate*40+(120-part)*sup
```

从 LST 列表文件中可以看到 WAGE 的值被计算出来。宏定义使用了 5 个参数，对于同一种工作，RATE、PART、SUP 对每个人来说都是一样的，不同的只是工作小时数 HOUR 和完成的工件数 MADE。

由以上三个例子可以看出，宏指令与子程序具有类似的功能，但它们的工作方式是完全不同的，如图 9-1 所示。

由图 9-1 可以总结宏调用与子程序调用具有以下区别。

（1）空间的区别：宏指令并不节省目标程序所占的内存空间；而子程序在目标模块中只有一段。

（2）时间的区别：宏指令在运行时不需要其他额外的 CPU 开销；而子程序的调用和返回需要

占用时间。

（3）参数的区别：宏调用可实现多个参数的直接代换，方式简单灵活；而子程序参数传递麻烦。

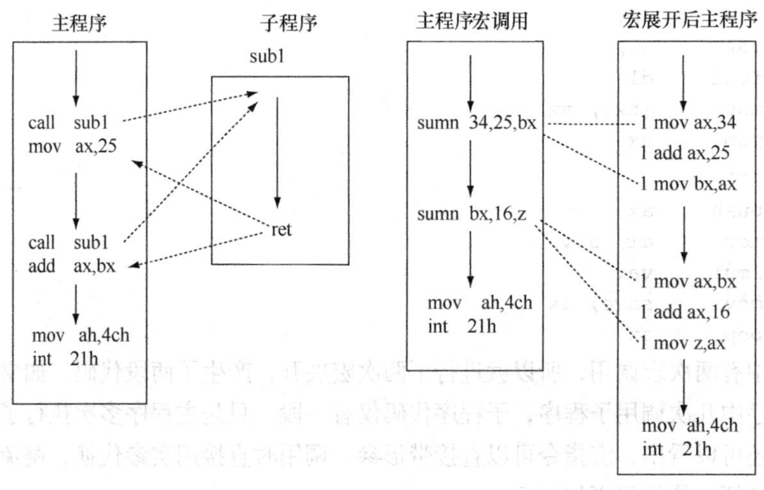

（a）子程序调用方式　　　　（b）宏调用方式

图 9-1　两种调用方式对比

至于在编程时是使用子程序还是宏调用，可以根据具体情况选择。一般来说，代码不长、变元较多或者要求快速执行时，使用宏汇编比较合适；当程序较长或者对内存空间有要求时，选用子程序比较好。

9.1.2　宏定义的嵌套

宏嵌套能够增加宏的功能，简化宏的操作。这种嵌套结构的特点是外层宏定义的宏体中又有宏定义，只有调用外层宏定义一次后，才能调用内层宏指令。

例 9.4　用嵌套的宏定义实现两个 8 位数的算术运算。

宏定义如下：

```
math      macro   mathname, action, num
mathname    macro    x, y, result
                     push      ax
                     mov       num, x
                     action    y
                     mov       result, ax
                     pop       ax
                     endm
              endm
```

其中外层宏定义的形参是内层宏定义名，调用外层宏定义一次后，才能形成一个不含嵌套的宏定义。实施宏调用：

```
math    imultiply, imul, al
```

宏展开为有符号数的乘法宏定义：

```
imultiply   macro    x, y, result
                        push      ax
                        mov       al, x
                        imul      y
```

```
                        mov     result, ax
                        pop     ax
                        endm
```

实施宏调用：

```
math    divide, div, ax
```

宏展开为无符号数的除法宏定义：

```
divide      macro   x, y, result
                       push    ax
                       mov     ax, x
                       div     y
                       mov     result, ax
                       pop     ax
                       endm
```

再实施宏调用：

```
divide  ary, var, save
```

宏展开为如下代码：

```
    1       push    ax
    1       mov     ax, ary
    1       div     var
    1       mov     save, ax
    1       pop     ax
```

9.1.3 宏定义中使用宏调用

这种结构主要是为了使宏定义结构更加简明清晰，宏定义中的宏调用必须已经定义。

例 9.5 用宏指令显示字符。

宏定义如下：

```
int21   macro   function
mov     ah, function
int     21h
endm
dispc   macro   char
mov     dl, char
int21   2
endm
```

宏调用：

```
dispc       'a'
```

宏展开：

```
    1   mov     dl,'a'
    2   mov     ah, 2
    2   int     21h
```

这里的 2 表示第二层展开结果。

9.1.4 带间隔符的实参

在宏调用中，有时实参使用的是字符串（不是单引号括起来的），而且字符串中包括间隔符（如空格、逗号等），为使得间隔符成为实参的一部分，要用尖括号将字符串括起来，作为一个实参的整体来替换形参。

例 9.6　在数据段中定义 40 个字节的存储空间。

```
defdb   macro   buf,x
 buf    x
        endm
data    segment
defdb   array,<db  40  dup (?)>
data    ends
…
```

宏展开为：

```
1      array   db40  dup (?)
```

本例中的宏调用放在数据段，数组名和类型及长度作为参数，使数组定义更加灵活。但如果宏调用时实参不合适，宏展开时因不能产生合法的语句而不能通过汇编。

9.1.5　连接操作符&

在宏定义体中，形参可以表现为操作码的一部分、操作数的一部分或者是一个字符串，用连接符&可连接实参，形成一个完整的符号或字符串。

例 9.7　用操作符&连接实参，生成指令中的操作码。

```
shift      macro rig, m, n
           mov    cl, n
           s&m    rig,cl
           endm
```

宏调用：

```
shift      ax, hl, 4
shift      dx, hr, 2
```

宏展开：

```
    1     mov     cl, 4
    1     shl     ax, cl
    1     mov     cl, 2
    1     shr     dx, cl
```

例 9.8　用操作符&连接实参，生成指令中的操作数。

```
student    macro   rec, n, name, tel
             rec    db   &n
             rec1   db '&name&,&tel'
             rec2   db '&computer'
             endm
```

宏调用：

```
student    msg, 1, wang, 12345678
```

宏展开：

```
    1     msg    db   1
    1     rec1   db 'wang,12345678'
    1     rec2   db '&computer'
```

从第 3 条宏展开中可以看出，由于操作符&后面不是参数，所以&只代表一个普通字符。

9.1.6　宏替换操作符%

前面介绍的实参替换形参，都是直接以实参符号来替换形参。而有些场合需要用实参的值来替换形参，称为宏替换。这时实参符号前面要用宏替换操作符%，结果将%后面的表达式的值转换为当前基数下的数来替换形参。

例 9.9　用操作符%将实参的值替换形参。

```
student    macro   rec, n, msg
             rec&n   db msg
endm
```

宏调用：

```
n=1
student    numb, %n, 'wang,12345678'
n=n+1
student    numb, %n, 'zhou,56781234'
```

宏展开：

```
    1     numb1  db   'wang,12345678'
    1     numb2  db   'zhou,56781234'
```

9.1.7 LOCAL 伪操作

在宏定义中，常常使用标号，当多次宏调用后，就会出现标号重复定义的错误。先看下面的例子。

例 9.10　宏定义体中使用标号。

```
cmpdata    macro      r1, r2, max
            cmp        r1, r2
            jge        mr1
            mov        max, r2
            jmp        mr2
            mr1:       mov max, r1
            mr2:
            endm
```

宏调用：

```
cmpdata    ax, bx, var
cmpdata    dx, cx, value
```

显然两次调用的结果就会使同一个标号 mr1 在程序中定义两次，这是不允许的，因此不会通过汇编。避免标号重复定义的办法是在宏定义中使用 LOCAL 伪操作，将标号声明为局部标号，这样每次调用后，宏展开的标号是不同的。这是因为汇编程序会为 LOCAL 伪操作声明的局部标号重新建立唯一的符号（??0000～??FFFF）来代替每个局部标号，从而避免因多次调用而导致的标号重复定义的错误。LOCAL 伪操作应作为宏定义体中的第一条语句。LOCAL 伪操作的格式为：

```
LOCAL    符号[, 符号]
```

其中符号表示宏内的标号、变量等。

注意

伪指令 LOCAL 必须是伪指令 MACRO 后的第一条语句，并且在 MACRO 和 LOCAL 之间也不允许有注释和分号标志。

上面的宏定义应修改为：

```
cmpdata     macro      r1, r2, max
            local      mr1, mr2
            cmp        r1, r2
            jge        mr1
```

```
        mov         max, r2
        jmp         mr2
        mr1:     mov   max, r1
        mr2:
        endm
```

宏调用：

```
cmpdata    ax, bx, var
cmpdata    dx, cx, value
```

宏展开：

```
    1          cmp    ax, bx
    1          jge    ??0000
    1          mov    var, r2
    1          jmp    ??0001
    1   ??0000: mov    var, r1
    1   ??0001:
    1          cmp    dx, cx
    1          jge    ??0002
    1          mov    var, r2
    1          jmp    ??0003
    1   ??0002: mov    var, r1
    1   ??0003:
```

9.1.8 使用宏库文件

如果程序中定义了多个宏，用户可以把它们集中建立在一个独立的文件中，需要时随时调用。这种文件与高级语言中的库文件类似，称为宏库。宏库文件为文本文件，扩展名没有特殊要求，可为MAC。

当程序中需要用到宏库中的某些宏定义时，只需在程序的开始用 INCLUDE（包含）伪指令加入宏库文件。INCLUDE 伪指令也可以不放在程序的最前面，只要在所有的宏调用之前加入宏库文件就可以了。程序中可以使用多个 INCLUDE 伪指令加入多个宏库文件。

格式：INCLUDE　宏库文件名

注意：因为 INCLUDE 操作把宏库文件和当前源程序合并为一个文件进行汇编，所以，两个文件中定义的标识符不能重复。

例 9.11　宏库文件 STDIO.MAC 是关于输入/输出的文件。内容如下：

```
cr equ  13
lf equ  10
getchar macro                ; 宏getchar，键盘输入一个字符
        mov     ah, 1
        int    21h
        endm
putchar macro  asc           ; 宏putchar，输出一个字符
        mov     ah, 2
        mov     dl, asc
        int     21h
        endm
prints  macro  msg           ; 宏prints，输出字符串
        mov     ah, 9
        mov     dx, offset  msg
        int    21h
```

```
        endm
inputs  macro   conbuf          ; 宏prints, 输入字符串
        mov     ah, 10
        mov     dx, offset  conbuf
        int     21h
        endm
crlf    macro                   ; 宏crlf, 回车换行
        putchar  cr
        putchar  lf
        endm
exit    macro                   ; 宏exit, 退出程序
        mov     ah, 4ch
        int     21h
        endm
```

例 9.12　在程序中加入宏库文件 STDIO.MAC，并使用其中的宏指令。程序内容如下:

```
Include stdio.mac
data    segment
        string db  16, ?,16 dup(?)
        msgbox db '输入字符串请用$结束' ,13,10,'$'
data    ends
code    segment
        assume  cs:code,ds:data
start:
        getchar                 ; 输入一个字符
        crlf                    ; 输出回车换行
        putchar  'a'            ; 输出一个字符
        crlf                    ; 输出回车换行
        inputs   string         ; 输入字符串
        crlf                    ; 输出回车换行
        prints   string+2       ; 输出字符串
        exit                    ; 退出程序
code    ends
        end  start
```

程序的代码段中全部使用了宏指令实现键盘输入和显示输出，大大简化了程序设计。

程序的部分 LST 清单如下：

```
            INCLUDE  STDIO.MAC
= 000D      C  CR  EQU  13
= 000A      C  LF  EQU  10
            C  GETCHAR   MACRO
            C            MOV    AH, 1
            C            INT    21H
            C            ENDM
            C  PUTCHAR   MACRO   ASC
            C            MOV    AH, 2
            C            MOV    DL, ASC
            C            INT    21H
            C            ENDM
            C  PRINTS    MACRO   MSG
            C            MOV    AH, 9
            C            MOV    DX, OFFSET  MSG
```

```
                    C              INT     21H
                    C              ENDM
                    C  INPUTS      MACRO   CONBUF
                    C              MOV     AH, 10
                    C              MOV     DX, OFFSET  CONBUF
                    C              INT     21H
                    C              ENDM
                    C  CRLF        MACRO
                    C              PUTCHAR   CR
                    C              PUTCHAR   LF
                    C              ENDM
                    C  EXIT        MACRO
                    C              MOV     AH,4CH
                    C              INT     21H
                    C              ENDM
                    C
0000                    CODE       SEGMENT
                                        ASSUME  CS:CODE,DS:DATA
0000                    START:
0000  B8 ---- R                    MOV  AX,DATA
0003  8E D8                        MOV DS,AX
0005  8E C0                        MOV  ES,AX
                         GETCHAR
0007  B4 01                1         MOV     AH, 1
0009  CD 21                1         INT     21H
                         CRLF
000B  B4 02                2         MOV     AH, 2
000D  B2 0D                2         MOV     DL, CR
000F  CD 21                2         INT     21H
0011  B4 02                2         MOV     AH, 2
0013  B2 0A                2         MOV     DL, LF
0015  CD 21                2         INT     21H
                         PUTCHAR  'A'
0017  B4 02                1         MOV     AH, 2
0019  B2 41                1         MOV     DL, 'a'
001B  CD 21                1         INT     21H
                         CRLF
001D  B4 02                2         MOV     AH, 2
001F  B2 0D                2         MOV     DL, CR
0021  CD 21                2         INT     21H
0023  B4 02                2         MOV     AH, 2
0025  B2 0A                2         MOV     DL, LF
0027  CD 21                2         INT     21H
                          INPUTS     STRING
0029  B4 0A                1         MOV     AH, 10
002B  BA 0000 R            1         MOV     DX, OFFSET  STRING
002E  CD 21                1         INT     21H
                         CRLF
0030  B4 02                2         MOV     AH, 2
0032  B2 0D                2         MOV     DL, CR
0034  CD 21                2         INT     21H
0036  B4 02                2         MOV     AH, 2
0038  B2 0A                2         MOV     DL, LF
003A  CD 21                2         INT     21H
                          PRINTS     STRING+2
003C  B4 09                1         MOV     AH, 9
```

```
003E  BA 0002 R            1       MOV     DX, OFFSET  STRING+2
0041  CD 21                1       INT     21H
                       EXIT
0043  B4 4C                1       MOV     AH,4CH
0045  CD 21                1       INT     21H
0047               CODE            ENDS
                                   END  START
```

9.2　其他高级伪操作

9.2.1　PURGE 伪操作

一个宏定义可以用伪操作 PURGE 来取消，然后可以再重新定义。

格式：PURGE　　宏指令名[，宏指令名]

功能：取消宏定义。

取消宏定义的作用是使该宏定义成为空，如果程序中对已被取消宏定义进行宏调用，汇编程序则忽略该宏调用，不会进行宏展开。

用 PURGE 伪操作取消已有的宏定义，比彻底删除已有的宏定义更具灵活性和留有余地，删除意味着不可挽回，除非再重写，而取消还可以再启用。特别是在使用宏库文件时，有可能程序与宏库中的宏定义出现冲突，在这种情况下，就可以使用 PURGE 伪操作解决冲突，而不必修改宏库文件。

9.2.2　列表伪操作

列表伪操作可以控制其后的宏调用是否在列表文件中出现宏展开，并不影响宏展开的实际产生。这样可以有选择地控制在列表文件中列出某些宏展开。

.LISTMACRO　　　或

.XALL

列出产生目标码的宏展开。默认情况。

.LISTMACROALL　　或

.LALL

列出包括注释在内的所有宏展开。

.NOLISTMACRO　　或

.SALL

不列出任何宏展开。

9.2.3　重复汇编

有时程序中需要得到连续相同的或者格式相同的一组代码，这时可使用重复汇编。重复汇编包含的内容是在汇编期间展开的，可与宏配合使用。重复汇编可分为重复次数已知的重复汇编和重复次数未知的重复汇编。

1．重复次数确定的伪操作

格式：　REPT　　表达式

```
        …        (重复块)
      ENDM
```

其中表达式的值表示重复块的重复次数，重复汇编伪指令应根据具体情况放在源程序合适的地方。

例 9.13 在数据段产生字节数据，首地址为 ARRAY。

```
x=0
array       label   byte
            rept    99
            db      x
x=x+1
             endm
```

汇编后产生：

```
     1      db      0
     1      db      1
            …
     1      db      99
```

例 9.14 在代码段产生一组代码，该组代码的功能是从键盘输入 9 个字符，放入数组 ARRAY。程序如下：

```
getchar     macro
            mov     ah, 1
            int     21h
            endm
data        segment
            array   db  10  dup(?)
data        ends
code        segment
            assume  cs:code,ds:data
start:
            mov     ax,data
            mov     ds,ax
n=0
            rept    9
            getchar
            mov     array+n, al
n=n+1
            endm
            mov ah,4ch
            int 21h
code        ends
            end    start
```

重复汇编中使用了宏调用，这部分经汇编后产生：

```
            2               mov     ah, 1
            2               int      21h
            1               mov     array+n,al
            1    n=n+1
            2               mov     ah, 1
            2               int      21h
            1               mov     array+n,al
            1    n=n+1
            2               mov     ah, 1
            2               int      21h
```

```
        1             mov    array+n,al
                      …

        1    n=n+1
        2             mov    ah, 1
        2             int    21h
        1             mov    array+n,al
```

2. 不定次数的重复汇编伪操作

（1）IRP 伪操作

格式：IRP　形参，<实参 1，实参 2，…，实参 n>

… (重复块)

ENDM

功能：宏汇编程序将重复块的代码重复几次，重复次数由实参个数确定，注意实参表列用尖括号括起来。实参可以是常数、符号、字符串。

例 9.15　用不定次数的重复汇编在数据段产生字节数据，首地址为 ARRAY。

```
array       label   byte
            irp     x, <3,5,7,22,6,8,19>
            db      x
endm
```

汇编后产生：

```
     1      db     3
     1      db     5
             …
     1      db     19
```

（2）IRPC 伪操作

格式：IRPC　形参，字符串

… (重复块)

ENDM

功能：将重复块重复汇编，重复的次数由字符串的字符个数决定，并在每次重复时，依次用相应位置的字符代换形参。字符串不需用引号，但可以用尖括号括起来。

例 9.16　用 IRPC 伪操作在数据段产生字节数据，首地址为 ARRAY。

```
array       label   byte
            irpc    x, 5678
            db     x
            endm
            irpc    x, <1234>
            db     x
            endm
            char= 'a'
            irpc    n,  abcd
            n      db  char
            char=char+1
            endm
```

汇编后，从 LST 列表文件中可以看到展开的实际内容如下：

```
    1     db     5
    1     db     6
    1     db     7
    1     db     8
```

```
1      db     1
1      db     2
1      db     3
1      db     4
1      a      db   61
1      b      db   62
1      c      db   63
1      d      db   64
```

例 9.17 用 IRPC 伪操作定义寄存器清 0 指令。

```
irpc    reg, abcd
mov     reg&x, 0
endm
```

汇编后，从 LST 列表文件中可以看到展开的实际内容如下：

```
1    mov     ax, 0
1    mov     bx, 0
1    mov     cx, 0
1    mov     dx, 0
```

9.2.4 条件汇编

让汇编程序根据某些条件是否成立来决定是否把一段汇编语句包括在程序中或者排除在外，满足条件的那部分语句生成目标代码，可以用条件汇编伪操作实现，一般格式为：

```
IF ××      条件表达式或参数
      <语句体 1>
[ELSE]
      <语句体 2>
ENDIF
```

功能：若条件成立，则汇编语句体 1 中的语句；否则，对语句体 2 进行汇编。条件汇编伪指令共有 8 条，如表 9-1 所示。

表 9-1　　条件汇编伪指令

格式	功能	格式	功能
IF　表达式	表达式不为 0，条件为真	IFB　<变量>	变量为空，条件为真
IFE　表达式	表达式为 0，条件为真	IFNB　<变量>	变量不为空，条件为真
IFDEF　符号	符号已定义，条件为真	IFIDN　<串变量 1>，<串变量 2>	2 串相等，条件为真
IFNDEF　符号	符号未定义，条件为真	IFNIDN　<串变量 1>，<串变量 2>	2 串不相等，条件为真

条件汇编伪指令可以在宏定义体内，也可以在宏定义体外，也可以嵌套。IF 和 IFE 的表达式可以用关系操作符 EQ，NE，LT，LE，GT，GE 和逻辑操作符 AND，OR。

例 9.18 用宏指令 MAX 把三个变元中的最大值放在 AX 中。变元个数不同产生的程序段也不同。

```
max        macro  k, a, b, c
           local  next, out
           mov    ax,  a
           if     (k  ge  2) and (k  le  3) ; k在2~3范围则满足条件
```

```
                if     k   eq   3          ; k=3 则满足条件
                cmp    c, ax
                jle    next
                mov    ax, c
                endif
next:      cmp     b, ax
           jle     out
           mov     ax, b
           endif
out:
           endm
```

宏调用：

```
           max     1, x
           max     2, x, y
           max     3, x, y, z
```

宏展开：

```
           max     1, x
       1   mov     ax, x
       1  ??0001:
           max     2, x, y
       1   mov     ax, x
       1  ??0002:
       1   cmp     y, ax
       1   jle     ??0003
       1   mov     ax, y
       1  ??0003:
           max     3, x, y, z
       1   mov     ax, x
       1   cmp     z, ax
       1   jle     ??0004
       1   mov     ax, z
       1  ??0004:
       1   cmp     y, ax
       1   jle     ??0005
       1   mov     ax, y
       1  ??0005:
```

例 9.19　求 K 的阶乘，结果放在 AX 中。宏定义和子程序一样，也可以递归调用，用条件伪操作可结束宏递归。

```
pow        macro  k
           pop     ax                 ; 把上次的结果从堆栈弹出到累加器
           mov     bl, k
           mul     bl
           push    ax                 ; 把结果压入堆栈
           k=k-1
           if      k  ge  1
                pow  k                ; 递归调用
           endif
           endm
```

宏调用：

```
           mov     ax, 1
           push    ax                 ; 把 1 压入堆栈
           n=4
           pow  n
```

宏展开：

```
1      pop  ax
1      mov bl,n
1      mul bl
1      push ax
1      n=n-1
2      pop  ax
2      mov bl,n
2      mul bl
2      push ax
2      n=n-1
3      pop  ax
3      mov bl,n
3      mul bl
3      push ax
3      n=n-1
4      pop  ax
4      mov bl,n
4      mul bl
4      push ax
4      n=n-1
```

宏汇编是本章的重点，要学会使用宏汇编，了解重复汇编和条件汇编等高级伪操作，以简化程序设计。

习题 9

9.1 宏定义：

```
MSG  MACRO   P1, P2, P3
     IN&P1   P2  P3
     ENDM
K=1
```

展开下列宏调用：

```
MSG  %K, DB, 'MY  NAME'
MSG  C,  AX
```

9.2 使用宏指令，在数据段定义 9 条通讯录记录，宏展开后的数据段形如：

```
DATA   SEGMENT
      DA1  LABEL BYTE
      DB   1, 'NAME1', 'TELE1'
      DB   2, 'NAME2', 'TELE2'
           …
      DB    9, 'NAME9', 'TELE9'
DATA   ENDS
```

9.3 宏指令和指令的区别是什么？使用宏指令和使用子程序有何异同？宏指令有何优点？

9.4 在宏定义中有时需要 LOCAL 伪操作，为什么？

9.5 宏定义在程序中的位置有何规定？宏调用是否一定放在代码段？

9.6 用宏指令计算 S=（A+B）×K/2，其中 A，B，K 为常量。

9.7 编写宏定义，比较两个常量 X 和 Y，如果 X>Y，MAX=X；否则 MAX=Y。

9.8 编写非递归的宏定义，计算 K 的阶乘，K 为变元。

9.9　在数据段中定义了三个有符号数 A、B、C，使用宏指令，给三个数排序，三个变量作为参数。

9.10　编写一个宏定义 SCAN，完成在一个字符串中查找某个字符的工作。被查找的该字符，字符串首地址及其长度均为变元。

9.11　编写宏指令 COMPSS，比较 2 个同长度的字符串 str1 和 str2 是否相等，2 个字符串的首地址和长度为变元。写出完整程序，在数据段中写出数据定义，在代码段中写出宏定义和宏调用，并处理，若相等则显示‘MATCH’，否则显示‘NOT MATCH’。

9.12　编写宏定义程序，可以对任意字数组求元素之和，数组名称、元素个数和结果存放单元为宏定义的哑元。

9.13　编写一个宏库文件，其中包括系统功能调用（INT 21H）的 00～0A 号功能调用，并通过宏调用实现以下各项功能：从键盘输入一个字符串到 BUFF；再输入一个单字符，然后在字符串 BUFF 中查找是否存在该字符；如果找到，显示发现的字符位置。

实验 9　宏汇编程序设计

实验目的：

1. 通过一个简单的输入/输出例子来体会如何用宏简化编程。
2. 掌握建立宏库文件，进行宏文件的访问。

实验内容：

【1】建立一个宏库文件，其中包含输入字符、显示字符、输入一串字符、显示一串字符、输出换行、结束返回 DOS。

【2】用宏指令实现键盘多次输入多个十进制数，求出补码并用二进制和十六进制显示。

第10章 输入/输出和中断

在微型计算机应用中，经常要实现人机交互及机间通信，计算机主机通过硬件接口或控制器及输入/输出程序对外部设备进行控制和访问，完成输入/输出任务。很多情况下，这种信息交换的提出来自外部设备，对于计算机主机而言，要能够暂时中断当前执行的程序，及时处理这个紧急的随机事件，处理完毕再回到被中断的程序继续执行。中断机制的引入大大提高了系统效率。中断方式是非常重要和有效的输入/输出方式。本章主要讨论输入/输出和中断的概念，特别是中断方式的输入/输出程序设计。

10.1 外部设备与输入/输出

在计算机系统中，输入/输出设备是实现人机交互及机间通信的的重要组成部分。程序、原始数据和各种现场采集到的信息，要通过输入设备输入至计算机，计算结果或各种控制信号输出给各种输出设备。由于外部设备的电气特性与计算机主机的差异，外部设备的速度也低于主机CPU的速度，所以为了协调外部设备和计算机主机的这些差异，计算机系统通过I/O硬件接口以及I/O控制程序对外部设备进行控制和访问。对于系统中标准输入/输出设备的常规操作，汇编语言程序员通常使用系统提供的标准输入/输出程序，也就是DOS系统功能调用（INT 21H）或BIOS（基本输入/输出子系统）调用，而不必直接使用I/O指令。采用这种方式进行输入/输出时，不需要考虑程序的实现细节以及输入/输出设备的特性，只要按约定准备入口参数或者从约定的出口参数取出数据即可。但在实际应用中仅靠系统提供的标准程序是不够的，有时需要直接用I/O指令控制外设的输入/输出操作。

10.1.1 I/O 端口

CPU与I/O设备的通信有三种信息，即控制信息、状态信息和数据信息。

◆ 控制信息是从CPU输出到I/O接口的，用来控制I/O设备的动作，如启动或停止。

◆ 状态信息是从I/O接口输入到CPU的，用来表示I/O设备当前的状态，如对于输入设备，通常以READY信号表示设备已准备好向CPU输入数据。对于输出设备，通常以BUSY信号表示设备正忙，没有空闲时间接收CPU输出的数据。

◆ 数据信息是CPU与I/O设备真正要交换的信息，对于输入设备，数据信息是从I/O接口输入到CPU。对于输出设备，数据信息是从CPU输出到I/O接口。

每一个外部设备都通过I/O接口部件和CPU相连，I/O接口部件中应该有三种寄存器，即数据寄存器，状态寄存器和控制命令寄存器。数据寄存器用来存放数据信息；状态寄存器用来存放表示外部设备当前状态的状态信息；控制命令寄存器用来传递 CPU 发出的控制信息。这些寄存器并不属于外部设备，而是属于计算机主机。计算机主机的 CPU 通过访问这些寄存器来实现与外部设备交换数据。在实际使用中，我们通常把接口中的这些寄存器称为设备的端口（PORT）。

为了便于 CPU 对这些端口的访问，通常给这些端口分配端口地址（即端口号）来识别的，在 80x86 微机中，端口与存储器地址完全分开，采用独立编址的方式。

I/O 端口地址空间不大，由于系统中实际外设数量很少，系统只占用了 1K 个端口中的一部分，其中一些保留给用户使用。表 10-1 列出了部分端口地址。

表 10-1　部分端口地址分配

端口地址	功能
00～0F	DMA 控制器 8237A
20～3F	可编程中断控制器 8259A
40～5F	可编程中断定时/计数器
60～63	8255A　PPI 可编程并行接口
70～71	CMOS RAM
81～8F	DMA 页表地址寄存器
93～9F	DMA 控制器
A0～A1	可编程中断控制器 2
C0～CE	DMA 通道，内存/传输地址寄存器
F0～FF	协处理器
170～1F7	硬盘控制器
200～20F	游戏控制
278～27A	3 号并行口（LPT2）
2E0～2E3	EGA/VGA 使用
端口地址	功能
2F8～2FE	2 号串行口（COM2）
320～324	硬盘控制器
366～36F	PC 网络
372～377	软盘适配器
378～37A	2 号并行口（LPT1）
380～38F	SDLC 及 BSC 通信
390～393	Cluster 适配器
3A0～3AF	BSC 通信
3B0～3BF	MDA 视频寄存器
3BC～3BE	1 号并行口
3C0～3CF	EGA/VGA 视频寄存器
3D0～3D7	CGA 视频寄存器
3F0～3F7	软盘控制寄存器
3F8～3FE	1 号串行口（COM1）

当 CPU 执行输入/输出指令时，指令中给出的端口地址送达地址总线，系统依据输入/输出指令就知道当前是访问 I/O 端口而不是访问存储器，而且还可以知道是输入或是输出操作。

第 5 章介绍了两条专门的 I/O 指令与端口进行通信，即 IN 和 OUT 命令，这两条指令既可以传送字节也可以传送字，视外设端口宽度决定。这两条 I/O 指令是主机 CPU 与外部设备进行数据交换的最基本途径。即使使用 DOS 系统功能调用或 BIOS 调用，其例行程序也是用 I/O 指令实现 CPU 与外部设备的数据交换。使用 I/O 指令对端口直接进行输入/输出，需要熟悉硬件结构，程序对硬件的依赖性很强，一般来说，程序员应尽可能使用层次较高的 DOS 功能，其次才是使用 BIOS 功能，最后才是使用输入/输出指令直接操作端口访问外设。理由是使用层次较高的 DOS 功能大大方便了编程，同时也可以避免因系统底层硬件和软件的改动而导致用户程序不能正常运行。

10.1.2 I/O 的数据传送控制方式

当外设的数据传送随时可以进行而不需要 CPU 查询外设的状态后再决定时，可直接用 IN 或 OUT 指令实现 CPU 与指定的外设寄存器之间的信息传送，这叫无条件传送，电灯开关对灯泡的送电就是无条件传送。无条件传送是最简单的数据传送方式，它所需要的硬件和软件都是最节省的。当然这个外设必须随时处于准备就绪的状态才能进行无条件数据传送，否则就会出错或者数据传送无效。

例 10.1 PC 微机中的扬声器的驱动电路如图 10-1 所示，61H 端口 D1 位和定时器 2 的 OUT2 引脚作为一个与门的 2 个输入端，与门的输出端经放大器连接扬声器。可以用两种方法使扬声器发声，即与门的 2 个输入端其中一个作为控制端，设置为 1（高电平），让另一个输入端交替出现 1 和 0，就可以使扬声器发声。例如让 61H 端口的 D1 位按合适的频率交替出现 1 和 0，就可以使扬声器发声。

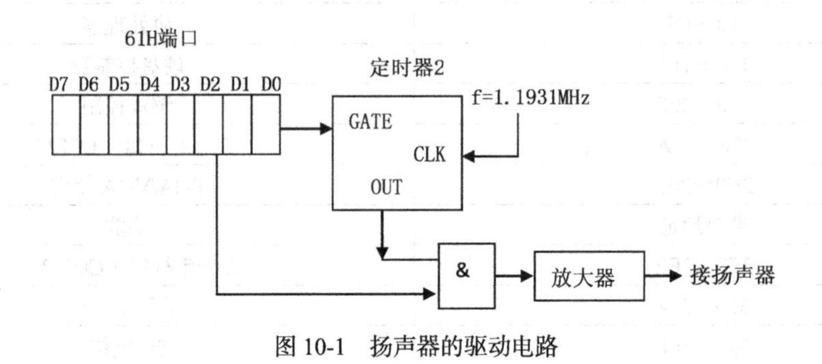

图 10-1 扬声器的驱动电路

例 10.1 程序如下：

```
CODE        SEGMENT
            ASSUME  CS: CODE
SOUND       PROC  FAR
F=9999H
TIME=9999H
START:
PUSH  DS
            MOV   AX, 0
            PUSH  AX
            MOV   CX, F                ; 延时初值，控制脉冲宽度
            MOV   DX, TIME             ; 音长初值，控制脉冲个数
            IN    AL, 61H              ; 读入 61H 端口
            AND   AL, 11111100B        ; 保持高 6 位不变
TRIG:
```

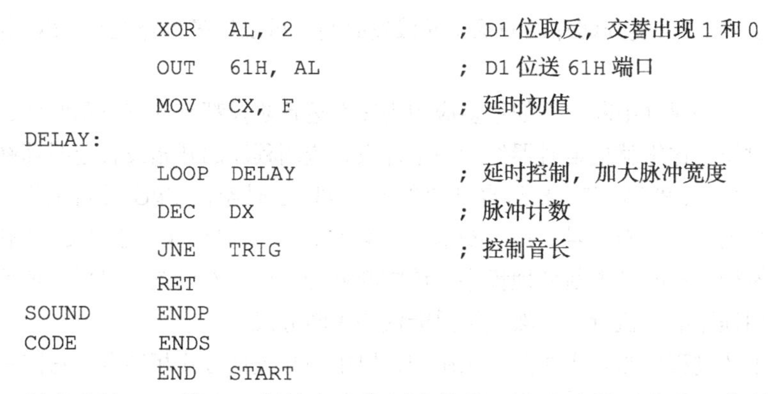

```
            XOR   AL, 2                  ; D1 位取反，交替出现 1 和 0
            OUT   61H, AL                ; D1 位送 61H 端口
            MOV   CX, F                  ; 延时初值
DELAY:
            LOOP  DELAY                  ; 延时控制，加大脉冲宽度
            DEC   DX                     ; 脉冲计数
            JNE   TRIG                   ; 控制音长
            RET
SOUND       ENDP
CODE        ENDS
            END   START
```

程序中读 61H 端口，保持高 6 位原来的值不变，这是因为高 6 位是控制其他设备的。使最低位为 0 是为了打开定时器门控。因为计算机运算速度很快，如果不进行延时，扬声器得到的脉冲频率过高，则人耳无法听到声音。所以程序中采用了循环作为延时措施，用来加大脉冲宽度以降低脉冲频率，从而控制声音的频率不至于太高。用 DX 寄存器的值控制脉冲个数，从而控制音长能达到一定时间。这样我们就能听到扬声器的发声。声音效果取决于机器的 CPU 速度，可以通过改变 CX 和 DX 寄存器的值来适应不同的机器。

（1）查询传送

通常外设速度总是低于 CPU 工作速度的，为防止数据的丢失，CPU 要不断查询外设的状态，只有当输入设备就绪或输出设备空闲时，才能进行数据传送；否则就等待。CPU 查询外设的状态也是通过执行输入指令读入该外设的端口（状态寄存器）数据，才能作出判断。这种先查询再传送的控制方式表明外设和 CPU 在时间上是串行工作的，CPU 花费大量的时间用于测试外设状态，等待与外设的同步，这是一种低效率的传送方式。当系统中有多个外设时，可以对每个设备轮流查询、轮流服务。

由图 10-2 可以看出，最先查询的设备，其工作优先级最高。改变查询顺序就改变了设备优先级。

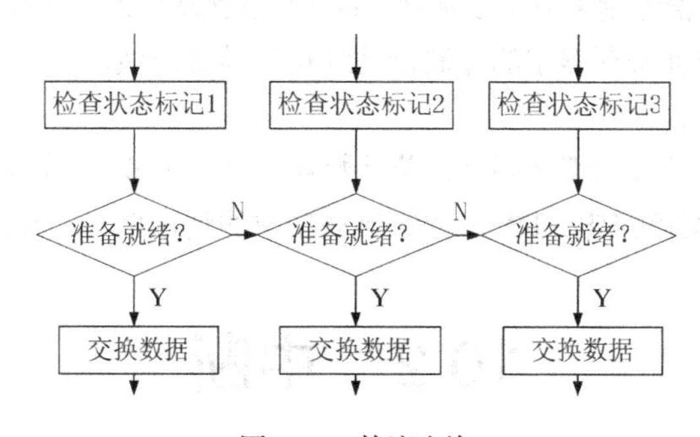

图 10-2　轮流查询

（2）中断传送

查询传送中，CPU 为了不断测试外设状态而不能做任何其他事情，CPU 完全为外设服务。为了提高 CPU 的效率，采用中断方式，CPU 与外设并行工作。即 CPU 启动外设之后，不再等待外设工作的完成，而是执行其他程序。当外设需要和 CPU 进行数据传送时，主动向 CPU 发出中断请求，请求 CPU 为其服务，CPU 接到请求后，暂时中断当前程序的运行，转去执行处理相应的中断服务程序，完成所需的数据传送，当处理结束后，CPU 又返回到被中断的程序的断点处继续

往下执行。这种方式避免了 CPU 反复查询外设的状态而浪费时间，可以使多台外设与 CPU 并行工作。

中断方式的一个典型例子是时钟中断，例如很多应用程序在运行阶段都有动态显示时间，如每隔一秒就显示一次当前时间。这里就把定时器作为一个外设，应用程序的开始设置定时器初值后，定时器就自行作减法计数，CPU 则继续执行自己的程序，此时定时器和 CPU 并行工作。当定时器计数为 0 时，就会发出一个中断信号，该中断信号就会被 CPU 及时捕获，于是 CPU 就暂停正在执行的程序，转而执行一段时钟中断处理程序，该中断处理程序再次设置定时器初值后，又返回到先前被暂停的应用程序继续执行。显然这里只能使用中断方式。

在很多集散型计算机生产过程多测点实时监控系统中，以中断和查询方式相结合，每隔一定时间或某个事件发生就启动后台程序，后台程序以查询方式进行多个测点的轮询访问，实现中心计算机与测点的数据传送。

（3）直接存储器传送（DMA）

前面介绍的数据传送方式都是使用程序进行外部设备与 CPU 之间的数据交换。而直接存储器传送方式是外部设备与主存储器之间直接进行数据交换而不通过 CPU。这种传送方式适用于高速 I/O 设备，如磁盘、模数转换器等设备。这种设备数据传输速度很快，例如硬盘的数据传输速率约为每秒 200 000 字节（随着硬盘数据密度的提高和转速的提高，数据传输速率越来越高），也就是说传输一个字节只需 5 微秒，如果采用指令一个字节一个字节地传输，则会造成数据的丢失。而 DMA 方式能使硬盘和主存储器进行成批数据的交换，每个字节一到达端口，就直接送到存储器，同样，接口和它的 DMA 控制器也能直接从存储器取出字节并把它送到硬盘。

DMA 控制器（8237A）主要包括控制寄存器、状态寄存器、地址寄存器、字节计数器。地址寄存器设置要传送的数据块首地址，字节计数器设置要传送的数据字节数，控制寄存器设置控制字，用以指出输入或输出，并启动 DMA 操作。系统执行 DMA 操作的过程如下。

① DMA 控制器向 CPU 发出 HOLD 信号，请求使用总线。

② CPU 发出 HOLD 信号给 DMA 控制器，DMA 控制器获得总线控制权。

③ DMA 控制器把地址寄存器中的存储器地址送到地址总线。

④ 传送一个字节数据。

⑤ 地址寄存器加 1，字节计数器减 1，若计数器的值不为 0，则转③继续传送下一字节。

⑥ 否则，本次数据交换完毕，DMA 控制器撤销总线请求信号，交还总线控制权。

10.2 中断

10.2.1 中断的概念

1. 中断与中断源

由于某种事件的发生，使得 CPU 暂时停止（中断）正在执行的程序，转而去执行处理该事件的程序，对该事件的处理结束后，再继续执行先前被中断的程序，这个过程称为中断。引起中断的事件称为中断源，它们可能是来自外设的 I/O 请求，也可能是计算机的一些异常事故或其他内部原因，还有可能是为调试程序而设置的中断源等。

2. 中断源的分类

80x86 的中断源如图 10-3 所示，根据中断源所处的位置，可分为外部中断源和内部中断源。

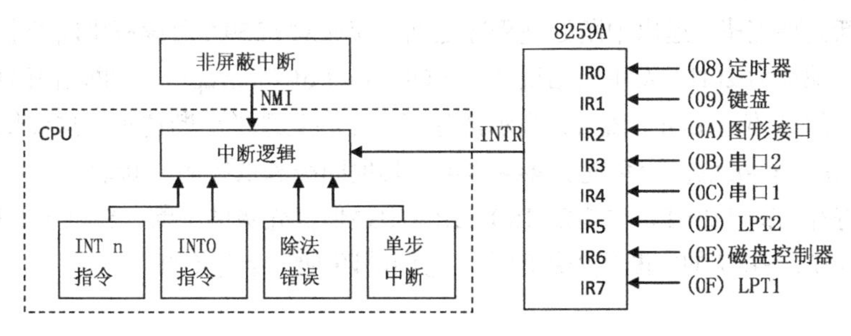

图 10-3　80x86 中断源

（1）内部中断源来自 CPU 的内部，其特点是不需要外部硬件支持，不受中断允许标志 IF 的限制，内部中断也称为软件中断。通常由以下三种情况引起。

① 中断指令 INT。

中断指令 INT 必须指定一个类型号，如执行 INT 21H 指令时，CPU 会立刻产生中断，从 84H 存储单元（84H=21H×4）的开始位置取出两个字分别送 IP 和 CS，从而实现类型号为 21H 的系统功能调用。

② CPU 的某些错误。

CPU 的某些错误引发的中断，如除法出错（除数为 0 或商超出寄存器表示范围），则立刻产生类型为 0 的中断。

③ 为调试程序 Debug 而设置的中断。

单步中断是当标志位 TF=1 时，每条指令执行后，CPU 自动产生类型号为 1 的单步中断，单步中断处理程序的功能是执行一条用户指令后就停下，并把 TF 置 1，使 CPU 为单步方式。

断点中断是使程序从指定的位置开始执行，并暂停在某个指定的位置（断点）。设置断点实际上就是把 INT 3 指令插入到断点处，CPU 执行到断点处的 INT 3 指令就会产生类型号为 3 的断点中断。

（2）外部中断源来自 CPU 的外部。外部中断也称为硬件中断。有两条外部中断请求线：NMI（不可屏蔽中断源）和 INTR（可屏蔽中断源）。

① 不可屏蔽中断源由硬件故障引起，不受标志位 IF 的影响，在当前指令执行完以后，CPU 就响应。NMI 有电源掉电、存储器出错或总线奇偶检验错等，这些错误如不及时响应和处理，机器就难以操作下去，所以系统必须无条件地及时处理。

② 所谓可屏蔽中断源，就是允许程序员决定对该中断源是否予以处理。这由两个控制条件决定，一是该设备的中断请求是否被屏蔽掉，如果被屏蔽掉，则该设备就不能发出中断请求，当然更谈不上 CPU 的响应；二是 CPU 是否一定要响应未被屏蔽的中断请求呢？不是的，这要取决于标志寄存器 FLAGS 的中断允许位 IF 的状态，当 CPU 处于开中断状态（IF=1）时，CPU 能够响应外设的中断请求；当 CPU 处于关中断状态（IF=0）时，CPU 不响应外设的请求。可用 STI 指令开中断（使 IF=1），也可用 CLI 指令关中断（使 IF=0）。

可屏蔽中断源由 8259A 可编程中断控制器统一管理。通过对 8259A 可编程中断控制器中的中断屏蔽寄存器（IMR）的设置可以控制外设是否被屏蔽。中断屏蔽寄存器的 I/O 端口地址为 21H，它的 8 位对应控制 8 个外设，某位为 1 表示某种外设被屏蔽。例如，只允许键盘和定时器中断，可在主程序的初始化部分设置如下的中断屏蔽字（参见图 10-4 的中断屏蔽寄存器）：

```
MOV   AL, 11111100B
OUT   21H, AL
```

在一次中断处理完毕，退出中断处理程序之前，应该对 8259A 可编程中断控制器中的中断命令寄存器（端口地址为 20H）发中断结束命令 EOI（End of Interrupt）。中断结束命令的作用是使中断命令寄存器的 5 位（EOI）置 1，表示清除当前正在处理的中断请求。这样做的目的是通知 8259A，本次中断处理结束，让系统能够继续响应其他同级和低级的中断请求。

中断命令寄存器的 L2～L0 位指定 IR0～IR7 中最低优先级的中断，SL（Set Level）位和 R（rotate）位控制 IR0～IR7 的中断优先级顺序，它们的四种组合含义如下：

R	SL	
0	0	正常优先级
0	1	清除由 L2～L0 位指定的中断请求
1	0	各中断优先级依次左循环一个位置
1	1	各中断优先级依次循环，使得 L2～L0 位指定的中断请求到达最低优先级位置

结束中断的指令为：

```
MOV   AL, 00100111B
OUT   20H, AL
```

其中中断命令寄存器 EOI 位=1，表示结束当前中断；

L2～L0 位=111，表示最低优先级中断为 IR7；

SL 位和 R 位=00，表示正常优先级，正常优先级的次序为：IR0，IR1，…，IR7。

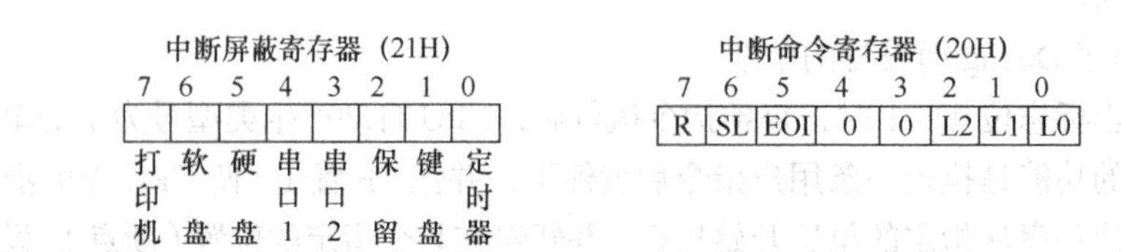

图 10-4　中断屏蔽寄存器和中断命令寄存器

3. 中断类型号

在实际的系统中，中断源有多个，需要给每个中断源编一个号，以便于识别。在执行软件中断指令 INT N 时，N 就是中断类型号。由于 CPU 引脚的限制，只有一条中断请求线连接 8259A 可编程中断控制器，当 8259A 控制器所连接的外部设备请求中断时，8259A 控制器向 CPU 发出 INTR 信号，于是 CPU 读取那个请求中断的设备的中断类型号，然后转去调用该设备的中断处理程序。在图 10.4 中，定时器的中断类型号为 08H。

4. 中断优先级和中断嵌套

当在同一时刻有若干个中断源发出中断请求时，CPU 如何处理呢？CPU 应该按中断源的优先级顺序予以响应。这个优先级规则由程序员编程决定，交由 8259A 管理。

另外，正在运行的中断服务程序在开中断（IF=1）的情况下，可以被其他更高级的中断源中断，这种一个中断服务程序又被另一个中断服务程序中断的情况称为中断嵌套。因此需要对系统中的所有中断源设置中断优先级。系统规定的中断优先级从高到低的顺序依次为：

- 内中断（除法错，INTO，INT）；
- 不可屏蔽中断（NMI）；

◆ 可屏蔽中断（INTR）；
◆ 单步中断（调试程序）。

① 对于可屏蔽中断（INTR），程序员可以通过对 8259A 可编程中断控制器编程，设置和改变中断优先级。

② 可屏蔽中断（INTR）的优先级分 8 级，默认情况的优先级次序为：

IR0，IR1，IR2，IR3，IR4，IR5，IR6，IR7

因此，在图 10-4 中，定时器的优先级最高。

10.2.2　中断向量表

1. 中断向量表

CPU 获得中断类型号后，把中断类型号自动乘以 4 计算出存放该中断处理程序的起始地址的存储器地址，从而从该地址取出该中断处理程序的起始地址，转去执行相应的中断处理程序（或称为中断服务程序）。我们把中断处理程序的起始地址称为中断向量。在存储器的最低 1KB（地址从 0000～3FFH）集中存放 256 种中断类型的中断向量，每个中断向量为四个字节，其中前两个字节是偏移地址，后两个字节是段地址。这个集中存放中断向量的存储区称为中断向量表。中断向量表如图 10-5 所示。256 个中断向量对应的中断类型号为 0～255（00000H～000FFH）。

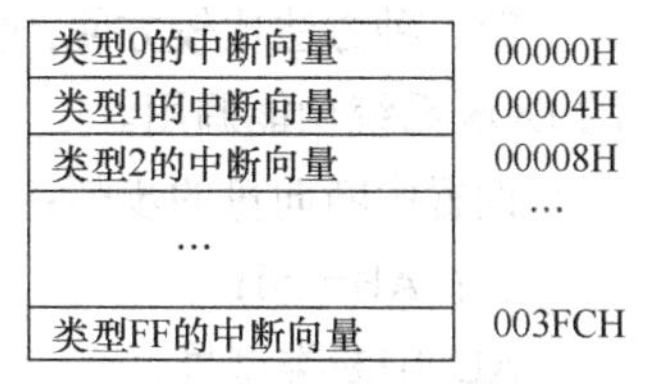

图 10-5　中断向量表

无论是软件中断还是硬件中断，CPU 获得中断类型号以后，就从中断向量表中取出中断向量，送 IP 和 CS 寄存器，即调用相应的中断处理程序。

对于软件中断指令 INT N 来说，其操作如下。

（1）将标志寄存器内容、当前 CS 及 IP 的值入栈，并将 IF 和 TF 两个标志清零。

（2）取中断类型号 N，并计算中断向量地址为 4N。从中断向量地址表中 4N 处取中断向量，第一个字为偏移地址送 IP，第二个字为段地址送 CS，从而执行 N 号中断服务程序。

对于硬件中断，即便有程序在运行，在每一条指令的周期内，CPU 都会检测中断控制器，一旦捕捉到中断请求，即刻获取中断类型号。

由于采用中断类型号和中断向量表，使得计算机快速得到中断向量，转而执行相应的中断处理程序，从而大大提高了响应和处理速度。表 10-2 列出各类中断在中断向量表中的地址分配。

表 10-2　中断向量表的地址分配

地址	中断类型号		地址	中断类型号	
00～7F	00～1F	BIOS 中断向量	1C0～1DF	70～77	I/O 设备中断向量
80～FF	20～3F	DOS 中断向量	1E0～1FF	78～7F	保留
100～17F	40～5F	扩充 BIOS 中断向量	200～3C3	80～FD	BASIC
180～19F	60～67	用户中断向量	3C4～3FF	F1～FF	保留
1A0～1BF	68～6F	保留			

2. 设置中断向量的方法

用户可以扩充自己的中断，有两种方法。

第一种方法比较直观，根据中断类型号和中断向量地址的关系，即中断类型号×4=中断向量地址，用指令直接设置：

```
        MOV   AX, 0
        MOV   ES, AX
        MOV   BX, N*4
        MOV   AX, OFFSET  INTMY          ; INTMY 的偏移地址
        MOV   ES: WORD PTR[BX],AX        ; 送中断向量表
        MOV   AX, SEG INTMY              ; INTMY 的段地址
        MOV   ES: WORD PTR[BX+2],AX      ; 送中断向量表
              …
        INTMY:
              …
        IRET
```

程序中从 INTMY 标号开始到 IRET 指令这一段指令序列就是用户自己的中断处理程序，接下来，程序中就可以使用 INT N 指令调用中断类型号为 N 的中断处理程序。

第二种方法比较方便，通过 DOS 系统功能调用来完成。下面列出设置中断向量和取中断向量的 DOS 系统功能调用。

设置中断向量的步骤：

置：AH=25H

AL=中断类型号

DS:DX=中断向量

执行：INT　21H

取中断向量的步骤：

置：AH=35H

AL=中断类型号

执行：INT　21H

返回得到：ES:BX=中断向量

如果用户使用自己的中断处理程序替代系统中的某个中断处理程序，应注意在设置自己的中断向量前，先从中断向量表中取出原中断向量并保存，在中断处理程序执行结束前再恢复设置原中断向量。

例 10.2　使用 DOS 系统功能调用，取原中断向量并保存，再设置自己的中断向量，用完后再恢复原中断向量。程序段如下：

```
    MOV   AL, N                        ; 中断类型号 N
    MOV   AH, 35H
    INT   21H                          ; 取中断向量到 ES:BX
    PUSH  ES
    PUSH  BX                           ; 保存中断向量
    PUSH  DS                           ; 暂存当前 DS
    MOV   AX, SEG  INTMY               ; INTMY 的段地址
    MOV   DS, AX
    MOV   DX, OFFSET  INTMY            ; INTMY 的偏移地址
    MOV   AL, N                        ; 中断类型号 N
    MOV   AH, 25H
    INT   21H                          ; 设置自己的中断向量
```

```
    POP   DS                    ; 恢复当前 DS
    …
```

；因为 INTMY 的中断向量已设置好，所以在这里，使用 INT N 指令可以调用 INTMY 中断处理程序。如果此时发生 N 号外部中断请求，也将启动执行 INTMY 中断处理程序

…

；下面这段代码是把原中断向量写入中断向量表

```
    pop   dx                    ; DX=原中断向量的偏移地址
    POP   DS                    ; DS=原中断向量的段地址
    MOV   AL, N                 ; 中断类型号 N
    MOV   AH, 25H
    INT   21H                   ; 原中断向量写入中断向量表
    RET
```

；下面这段代码是 INTMY 中断处理程序

```
    INTMY:                      ; INTMY 中断处理程序的开始
    …
    IRET
```

10.2.3　中断过程

从中断请求的发生到处理中断并从中断返回到原来程序被中断的位置，一个完整的中断过程一般经历以下五个步骤：中断请求、中断优先级判定、中断响应、中断处理和中断返回。

（1）中断请求。由中断源提出中断请求，如定时器时间到发出的中断请求、输入设备要求输入数据的中断请求等。

（2）中断优先级判定。按规定的优先级次序对各中断源进行判优。通常由硬件完成。

（3）中断响应。CPU 在每执行完一条指令后，通过硬件自动查询是否有中断请求，所以对中断请求能够及时发现。如果允许 CPU 响应（标志寄存器 FLAGS 的中断允许位 IF=1），则 CPU 自动完成以下工作：

① 取中断类型号 N；

② 标志寄存器入栈；

③ 代码段寄存器（CS）和指令指针（IP）入栈；

④ 禁止硬件中断和单步中断（IF=0，TF=0）；

⑤ 在中断向量表中的 N×4 开始的单元取两个字分别送 IP 和 CS，即调用中断处理程序。

（4）中断处理。执行中断处理程序，程序一开始可以根据需要开中断，以允许中断嵌套。用入栈指令把中断处理程序中将要用到的寄存器内容压入堆栈，以保护现场，待中断处理完毕，退出中断处理程序之前把寄存器的内容从堆栈中弹出，从而恢复现场。

（5）中断返回。在中断处理程序的最后，用 EOI 指令清除本次中断，表示本次中断处理完毕，系统可以接受其他中断。如果此时没有其他中断请求，接着用 IRET 指令实现 IP 内容出栈，CS 内容出栈，状态寄存器的内容出栈，继续执行被中断了的程序。

10.2.4　中断调用指令

在前面介绍中，我们已经使用过 INT 21H 指令来实现 DOS 系统功能调用。INT 中断调用指令和 CALL 子程序调用指令作用类似，也是转去执行子程序。INT 指令是特殊的子程序调用指令，

调用的子程序即为中断服务程序。

前面已经介绍，计算机系统中的某些临时紧急事件发生时，通常采取中断措施，调用中断服务程序，程序的入口地址叫中断向量。为了能使用户也能在程序中调用这些中断服务程序，80x86 提供了 INT 中断指令。例如执行 INT 21H 指令时，机器把中断类型号 21H×4，即从地址为 84H 的中断向量区中取出对应的中断向量送给 CS 和 IP，从而实现 DOS 系统功能调用。

这里介绍 2 条中断命令：中断指令和中断返回指令。

（1）INT (interrupt)　中断指令

格式：INT　N

操作：PUSH　FLAGS

PUSH　CS

PUSH　IP

IP←(N×4)

CS←(N×4 + 2)

其中 N 为中断类型号，它可以是常数或常数表达式，其值必须在 0～255 范围内。如指令中不给出 N，它隐含的类型号为 3。INT 指令不影响除 IF、TF 和 AC 以外的标志位。

INT 指令是段间的间接调用，比 CALL 指令多了一个把标志寄存器推入堆栈的操作。

（2）IRET　(return from interrupt)　从中断返回指令

格式：IRET

操作：POP　IP

POP　CS

POP　FLAGS

显然是恢复 INT 指令所保存的断点地址。

10.3　中断处理程序设计

10.3.1　中断处理程序的基本功能

中断程序设计分为主程序设计和中断处理程序设计两部分。

1. 主程序设计

主程序设计中要注意的问题如下所示。

（1）设置中断向量，把中断处理程序的入口地址存入中断向量表，设置中断向量可以直接用 MOV 指令完成，也可以用 DOS 系统功能调用完成，方法在前面已作介绍。

（2）设置中断优先级和中断屏蔽位，对 8259A 的中断命令寄存器和中断屏蔽寄存器进行设置，方法在前面也已作介绍。或选择默认状态设置。

（3）中断系统的其他初始化，即中断控制器 8259A 的初始化和外设接口的初始化。

（4）开中断。

此后，如果有中断请求发生，CPU 就可以响应。

2. 中断处理程序设计

中断处理程序的编写方法和标准子程序很类似，在中断处理程序中要注意的问题如下：

（1）保存寄存器的内容；

（2）如允许中断嵌套，则开中断（STI）；

（3）处理过程，这是中断处理程序的主体部分，与实际应用和服务对象有关；

（4）关中断（CLI），这是为了在中断处理结束，即将返回时不受新的中断干扰；

（5）恢复寄存器的内容；

（6）发中断结束命令（EOI）；

（7）返回被中断的程序（IRET）。

10.3.2　中断处理程序设计举例

例 10.3　用定时器作为中断源产生中断，使得在主程序运行期间，每隔 1 秒执行一个中断处理程序，显示‘THE TIME IS :’和次数。

在系统定时器（中断类型号=8）中断处理程序中，有一条 INT 1CH 指令，时钟每发生一次中断（约每秒中断 18 次），都要执行一次 INT 1CH 指令，进行 BIOS 调用，实际上 1CH 的处理程序中只有一条 IRET 指令，没有做任何工作。我们可以利用这个中断类型号，设计中断处理程序。在程序任务结束时，恢复系统原状。

需要设计主程序 MAIN 和中断处理程序 TIME 两部分。

主程序 MAIN 主要做如下工作：

（1）把原 1CH 的中断向量从中断向量表中取出，保存到堆栈；

（2）设置中断处理程序 TIME 的中断向量到中断向量表；

（3）设置中断屏蔽寄存器，开放系统时钟；

（4）开中断；

（5）用一段程序实现延时，以便在此期间捕获时钟中断；

（6）设置原 1CH 的中断向量到中断向量表。

中断处理程序 TIME 主要做如下工作：

（1）保存需要使用的寄存器内容；

（2）开中断；

（3）因为时钟中断约每秒发生 18 次中断请求，所以须控制每隔 18 次时钟中断才进行一次显示信息，以得到每隔 1 秒显示信息的效果，这是中断处理程序的主体部分；

（4）关中断；

（5）恢复寄存器的内容；

（6）返回被中断的程序。

程序如下：

```
DATA    SEGMENT
COUNT  DW  18
MESS  DB 'THE TIME IS:',30H,13,10,'$'
DATA    ENDS
CODE    SEGMENT

MAIN    PROC   FAR
ASSUME  CS:CODE,DS:DATA,ES:DATA
PUSH DS
XOR AX,AX
PUSH AX
```

```
; 把原 1CH 的中断向量从中断向量表中取出，保存到堆栈
MOV  AL,1CH
MOV  AH,35H
INT 21H
PUSH  ES
PUSH  BX
PUSH  DS
; 设置中断处理程序 TIME 的中断向量到中断向量表
MOV  DX, OFFSET  TIME
MOV  AX,SEG TIME
MOV  DS,AX
MOV  AL,1CH
MOV  AH,25H
INT  21H
POP  DS
IN   AL, 21H
; 设置中断屏蔽字，开放时钟中断
AND  AL,11111110B
OUT  21H,AL
STI
; 用循环程序实现延时，以便在此期间捕获时钟中断，循环计数初值根据机器情况设置
MOV  DI, 1000
DELAY:
MOV  SI, 0000
DELAY1:
DEC  SI
JNZ  DELAY1
DEC  DI
JNZ  DELAY
; 延时结束，恢复原 1CH 的中断向量到中断向量表
POP  DX
POP  DS
MOV  AL, 1CH
MOV  AH,25H
INT 21H
RET
MAIN   ENDP
; 中断处理程序 TIME:
TIME    PROC  NEAR
PUSH  DS
PUSH  AX
PUSH  CX
PUSH  DX
MOV  AX,DATA
MOV  DS, AX
STI
; 每 18 次中断显示一次信息
DEC  COUNT
JNZ  EXIT
; 显示信息，MESS+12 的内存中初始值是 0 的 ASCII 码
INC  MESS+12
```

```
MOV  DX, OFFSET  MESS
MOV  AH,09
INT 21H
; 用计数值 18 控制显示的时间间隔
MOV  COUNT,18
EXIT: CLI
POP  DX
POP  CX
POP  AX
POP DS
IRET
TIME    ENDP
CODE    ENDS
END  MAIN
```

本章小结

本章介绍了五种常用的指令格式、基本功能，并介绍了指令对标志位的影响以及指令对操作数的要求等。通过本章的学习，掌握汇编语言的基本指令，并学习编写相应的程序。

习题 10

10.1　I/O 数据传送控制方式有哪几种？

10.2　什么是 I/O 接口？什么是端口？接口部件在计算机主机一方还是在外设一方？

10.3　通过端口传递哪三种信息？

10.4　根据以下要求写出输入/输出指令：

（1）读 61H 端口　　（2）写 20H 端口

（3）读 3F8H 端口　　（4）写 3F9H 端口

10.5　举例说明何为中断类型号，何为中断向量，何为中断向量表。对于 INT 8 指令，中断向量存放的内存地址是多少？

10.6　举例说明何为内中断，何为外中断，何为硬件中断，何为可屏蔽中断。

10.7　何为开中断和关中断？关中断情况下，内中断能否被响应？不可屏蔽中断能否被响应？可屏蔽中断能否被响应？

10.8　写出仅使定时器、键盘、硬盘、打印机不被屏蔽，并开中断的指令序列。

10.9　列出 INT 指令执行的操作，列出 CPU 响应外部中断时所做的工作。

10.10　中断处理程序中通常要做哪些工作？中断处理程序中是否一定要开中断？如果有开中断指令，意味着什么？

10.11　为什么说程序员应尽可能使用层次较高的 DOS 功能，其次才是使用 BIOS 功能，最后才是使用输入/输出指令？

10.12　编写程序段，使用 INT 1CH 指令调用首地址为 MYINT 的中断处理程序。用完后恢复 INT 1CH 指令的原有功能。

实验10　中断程序设计

实验目的：

熟悉计算机从中断请求到中断响应处理、中断返回的整个中断过程和详细流程，学会中断服务程序的编写、入口地址的设置和将用户中断源引入的方法。

实验内容：

【1】用MOV指令，假设中断类型号为60H，中断服务程序的段基址是S_INTR，偏移地址为O_INTR，编写中断向量表的程序，将中断服务程序的入口地址写入中断向量表。

【2】修改中断向量入口地址及中断处理程序。

第 11 章 输入/输出应用

前面已经介绍了输入/输出的基本概念和几种控制方式。在微型计算机应用中，输入/输出程序使用频繁，占有很大比重。汇编语言程序能直接控制硬件，在编写输入/输出程序方面更能发挥作用。而设计 I/O 程序需要了解操作 I/O 设备的一些细节，为了方便程序员编写程序，操作系统提供了 DOS 功能调用（INT 21H）和 BIOS（基本输入/输出系统）功能调用，这些功能调用就是各种例行程序，以中断指令或硬件中断的方式调用。BIOS 例行程序存放在 OFE000H 开始的 8KB ROM 中，为系统提供加电自检、引导装入系统、主要 I/O 设备的处理程序和接口控制。很多 DOS 功能调用实际上也是通过 BIOS 实现的。有些情况下，既可以用 DOS 中断调用，也可以用 BIOS 中断调用来执行同一个功能。有些功能 DOS 中断调用没有提供的，只能用 BIOS 中断调用来实现，甚至要使用 I/O 指令在端口级上编程。

设计 I/O 程序既具有挑战性，也具有趣味性。本章介绍常用系统设备的输入/输出，如键盘、显示器、定时器等。

11.1 可编程定时器

11.1.1 可编程定时器工作原理

微机系统常常会遇到定时问题。有两种方法可以实现：软件定时与硬件定时。软件定时是指利用指令的执行时间设计循环程序，通过使 CPU 执行延迟的时间和所需的定时时间相等来实现。缺点是，执行时间延迟期间 CPU 一直被占用，降低了 CPU 的效率。硬件定时是指利用计数器/定时器作为主要硬件，在简单指令的控制下产生精确的时间延迟。优点是不占用 CPU 的时间。

可编程定时器用来提供时间间隔，可以通过编程来控制定时器的各种参数。其基本原理是利用机器提供的时钟作为计数脉冲，对计数器进行减法计数，当计数到 0 时，产生一个输出信号，然后再恢复计数器的计数初值，接着计数。对程序员来说，机器提供的时钟频率是已知的，只要设置合适的计数初值，就能控制定时器每隔一个固定时间产生一个输出信号，从而达到定时的目的。计数初值由下式确定：

计数脉冲个数×脉冲周期=时间间隔

其中计数脉冲个数就是计数初值。

Intel 公司的 8253 是微机系统常用的定时器芯片，其编程结构如图 11-1 所示。它有三个独立的 16 位减法计数器，每个计数器分配一个端口地址，分别为 40H，41H，42H。还有一个控制寄存器，端口地址为为43H。这4个端口地址由A1、A0、CS引脚选择，CS为片选，A1、A0提供4个端口地址的寻址。RD为读控制，WR为写控制，还有D7～D0的8条数据线。

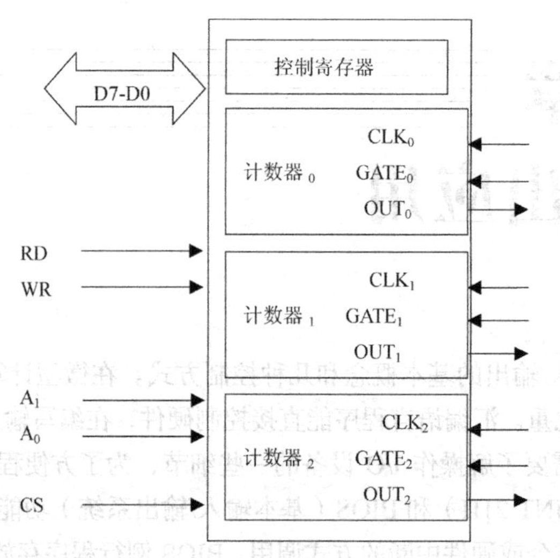

图11-1　8253的编程结构

每个计数器有三个输入/输出信号：CLK为时钟输入，脉冲频率为1.1931MHz；OUT为信号输出；GATE为门控输入，它为1时OUT端才有输出。

对8253的编程，首先要写控制字节到控制寄存器，以告诉8253选择哪一个计数器，接下来对选择的计数器确定工作模式和计数初值。控制字节格式如图11-2所示。

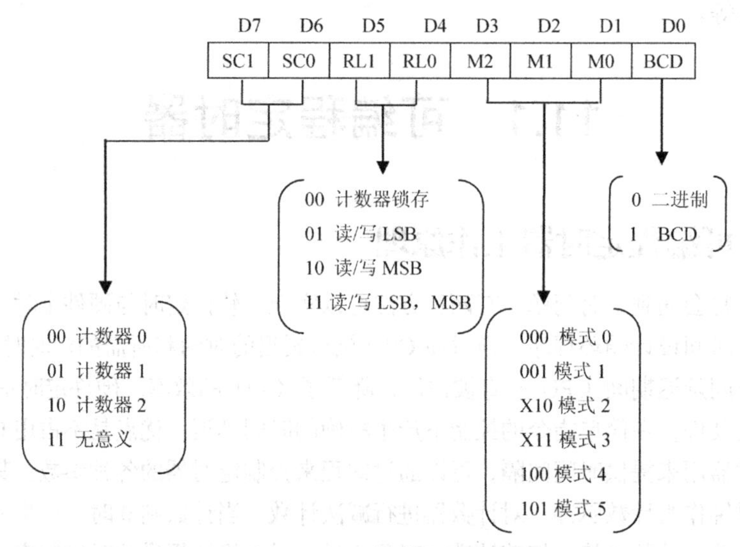

图11-2　8253控制字节格式

控制字节的含义如下。

SC1，SC0位：选择计数器。

RL1，RL0位：读写控制，00为计数器锁存，即所定当前计数值；11表示读写循序为先低字节（LSB），后高字节（MSB）。

BCD位：计数值格式选择，0为16位二进制数，1为4位压缩BCD码。

M2，M1，M0 位：工作模式，如表 11-1 所示。

表 11-1　　8253 工作模式

工作模式	开始	输出波形特征	自动循环
模式 0	gate=1	计数期间低电平	否
模式 1	gate 上升沿	计数期间低电平	是/gate 启动
模式 2	gate=1	最后计数期间低电平	是
模式 3	gate=1	占空比 1：1 方波	是
模式 4	gate=1	计数结束输出一个 CLK 周期低电平	否
模式 5	gate 上升沿	计数结束输出一个 CLK 周期低电平	是/gate 启动

例 11.1　对 8253 初始化，将计数器 0 设定为模式 3，计数初值为 65 536。

```
mov   al, 00110110b        ; 控制字 36H
out   43h, al
mov   al, 0                ; 65 536 就是 0000H
out   40h, al
out   40h, al
```

前面已经说过，8253 的计数器为 16 位的，但数据总线为 8 位，所以需用 2 条指令写入计数值。

OUT 端的输出时间间隔为：

$$计数初值\times 脉冲周期=65\ 536/1.19\approx 55\ 072.27\ (10^{-6}秒)\approx 0.055\ 072\ 秒$$

OUT 端的输出脉冲频率为：

$$1/0.055\ 072\approx 18.2\text{Hz}$$

由于计数器 0 的 OUT 端与中断控制器 8259A 的中断请求端 IRQ0 相连，所以计数器 0 每秒发出 18.2 次中断请求（IRQ0），即每隔 1/18.2 秒（约 55 毫秒）发出一次中断。

11.1.2　定时器驱动扬声器发声

有两种方法可以驱动扬声器，一是我们已经知道的用可编程并行接口电路的 61H 端口（双向，可读可写），使其 D1 位输出脉冲来驱动扬声器。而另一种方法就是让定时器 2 的 OUT 端输出脉冲来驱动扬声器。由于定时器的时钟频率为 1.1931MHz，所以只要选择合适的计数初值，就可以得到我们指定频率的输出脉冲。参看图 11-3 所示的定时器驱动扬声器的电路。

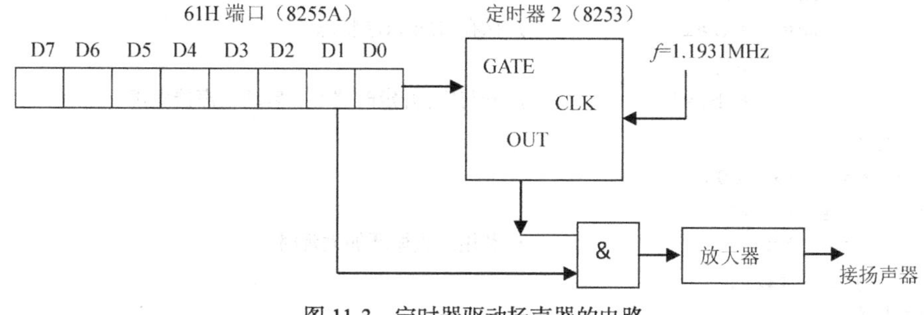

图 11-3　定时器驱动扬声器的电路

计数初值与定时器的输出脉冲频率 f_{out} 的关系由下式确定：

$$计数初值/1.1931\times10^6=1/f_{out}$$

即：计数初值=1 193 100/给定频率，或十六进制数表示为计数初值=12348CH/给定频率。可见，只要给出合适的计数值就可得到某个频率。

11.1.3 通用发声程序

我们需要一个通用的发声程序，能发出各种频率的声音。

根据定时器编程原理可知，编写通用发声程序需要做到两点。

（1）定时器 2 的 43h 控制端口送控制字 0b6h，对定时器方式寄存器初始化，设置计数初值。61h 端口低 2 位置 1，开与门，开定时器 2 的门控 GATE，以便 OUT 输出。这很简单。

（2）声音需要一定的时长才能听见，最简单的办法是用循环程序来延时：

```
wait:  mov  cx,60000
delay: loop  delay
```

由于不同的机器速度差异太大，靠循环程序来延时显然是不现实的。

例 11.2 通用发声程序 gsound，定时器 2 发出指定频率的声音，但时长不确定。

```
; gsound.asm
; gensound 过程调用参数
; 入口参数：di=频率(20～65535)，人耳能听到的频率范围 20～20 000Hz
         bx=音长（根据具体机器）
public   gensound
code     segment
           assume  cs:code
gensound    proc   far
            push   ax
            push   bx
            push   cx
            push   dx
            push   di
            mov     al, 0b6h          ; 定时器控制字节
            out     43h, al
            mov    dx, 12h
            mov    ax, 348ch
            div    di                 ; DI=给定频率，AX=计数初值
            out    42h, al            ; 写计数值低 8 位
            mov    al, ah
            out    42h, al            ; 写计数值高 8 位
            in     al, 61h
            mov    ah,al              ; 保存 61h 口原状态
            or     al,3
            out    61h,al             ; 开与门,开定时器 2，启动扬声器发声
; 延时开始
wait1:  mov   cx,10000
d10ms:  loop  d10ms
        dec   bx                      ; 利用二重循环加大延时
        jnz   wait1
; 延时结束
```

```
            mov   al,  ah            ; 取 61h 端口原状态
            out   61h, al            ; 关扬声器
            pop   di
            pop   dx
            pop   cx
            pop   bx
            pop   ax
            ret
gensound   endp
code       ends
           end
```

gsound 程序解决了频率问题，但音长是通过程序的循环来进行时间延迟的，这就和具体机器有关，CPU 速度越快，音长就越短。

为了更好地实现不依赖具体机器而获得固定的时间延迟，从 80286 开始，61H 端口的 PB4 位每 0.015ms 有一次变化，可以利用这个触发信号作为时间基准的方法。BIOS 中的 WAITF 时延程序如下：

```
; 入口参数：CX=0.015ms 的倍数，以便得到固定时长
wait015   proc  near
          push  ax
wait15:   in    al,61h
          and   al,00010000b         ; 61H 端口的 PB4 对应 1
          cmp   al,ah
          je    wait15
          mov   ah,al
          loop  wait15
          pop   ax
          ret
wait015   endp
          end
```

为了使用上的方便，将 wait015 程序的延时设计成 0.25 秒，修改后的延时程序如下例：

例 11.3　延时 0.25 秒单位时间的程序 tms250。

```
; tms250
; 入口参数：BL=0.25 秒(250ms)的倍数
tms250  proc   near
        push   ax
ms250:  mov    cx,16666         ; 16 666×0.015=250(ms)
us015:  in     al,61h
        and    al,10h
        cmp    al,ah
        je     us015
        mov    ah,al
        loop   us015
        dec    bl
        jnz    ms250
        pop    ax
        ret
tms250  endp
        end
```

把 gsound 程序的时延部分改为调用 tms250 子程序，就可以得到与 CPU 无关的且有标准时长的通用发声程序，改造后的程序 fsound.asm 如下：

```
; fsound.asm
public      gensound
code        segment
         assume  cs:code
gensound    proc    far
            push    ax
            push    bx
            push    cx
            push    dx
            push    di
            mov     al, 0b6h        ; 定时器控制字节
            out     43h,al
            mov     dx, 12h
            mov     ax, 348ch
            div     di              ; DI=给定频率, AX=计数初值
            out     42h, al         ; 写低 8 位
            mov     al, ah
            out     42h,al          ; 写高 8 位
            in      al, 61h
            mov     ah,al           ; 保存 61H 口原状态
            or      al,3
            61h,al                  ; 开与门,开定时器 2, 启动扬声器发声
      ; 延时开始
            call tms250
      ; 延时结束
            mov     al,  ah         ; 取 61H 端口原状态
            out     61h, al         ; 关扬声器
            pop     di
            pop     dx
            pop     cx
            pop     bx
            pop     ax
            ret
gensound    endp
; ---------------------
tms250      proc    near
            push    ax
ms250:      mov     cx,16666        ; 16 666×0.015=250(ms)
us015:      in      al,61h
            and     al,10h
            cmp     al,ah
            je      us015
            mov     ah,al
            loop    us015
            dec     bl
            jnz     ms250
            pop     ax
            ret
tms250      endp
code        ends
             end
```

11.1.4　乐曲程序

利用通用发声程序可以很容易编写乐曲程序，只要知道乐曲中每个音符的频率和音长就可以了。

1. 音符的频率

图 11-4 画出了两个音阶的钢琴键的音名和频率。低音阶从低 C（130.8）到中 C（261.7），高音阶从中 C 到高 C（523.3）。白色键弹奏本位音符，黑色键弹奏升降音符，黑键比相邻的白键高或低半个音。

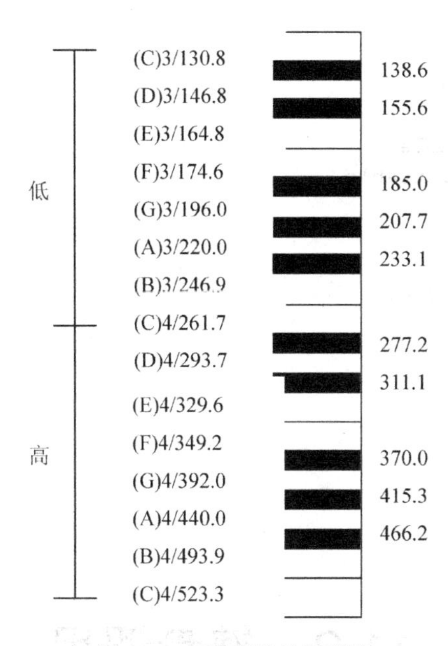

图 11-4　两个音阶的钢琴键

2. 音符的时延

音符的时延取决于乐曲速度和节拍数，在 4/4 拍中，4 分音符为一拍，每小节 4 拍，全音符 4 拍，若全音符分配 1 秒，则 2 分音符为 0.5 秒，4 分音符为 0.25 秒。

3. 乐曲程序

下面以一首乐曲为例介绍乐曲程序的编写方法。

例 11.4　利用通用发声程序编写熟悉的“生日快乐”乐曲程序，乐谱如下：

|5 6 5 1̇ | 7 0 5 6 | 5 2̇ 1̇ 0 | 5 5 3̇ 1̇ | 7 6 0 4 | 3 1̇ 2̇ 1̇ |

（1）根据乐谱定义频率表和音符时间表，存放在数据段。频率表和音符时间表数据个数相等。

```
ftable  dw 196,220,196,131, 247, 20,196,220        ; 1, 2小节
        dw 196,147,131, 20, 196,392,165,131        ; 3, 4小节
        dw 247,220, 20,175, 165,131,147,131,-1     ; 5, 6小节，结束标记
ttable  dw 24 dup(8)
```

；每个音符安排 8 个单位时长共 2 秒（8×0.25），休止符以频率 20 表示，人耳听不到。

（2）根据通用发声程序的入口参数要求，频率送 DI，延时送 BX。

程序如下：

```
; MUSIC 生日快乐
```

```
extrn  fsound : far
data  segment
  ftable  dw 196,220,196,131, 247, 20,196,220          ; 1, 2小节
          dw 196,147,131, 20, 196,196,165,131          ; 3, 4小节
          dw 247,220, 20,175, 165,131,147,131,-1   ; 5, 6小节, 结束标记
  ttable  dw 24 dup(8)
data  ends
code  segment
      assume cs:code, ds:data
music     proc   far
          push   ds
          sub    ax,ax
          push   ax
          mov    ax,data
          mov    ds,  ax
          lea    si, ftable
          lea    bp, ds: ttable
 freq:    mov    di, [si]
          cmp    di, -1
          je     exit
          mov    bx, ds:[bp]
          call   fsound
          add    si, 2
          add    bp, 2
          jmp    freq
 exit:    ret
music     endp
code      ends
          end  music
```

11.2 键盘调用

11.2.1 字符码与扫描码

键盘是计算机系统中最基本的输入设备，为了区别每一个键，把键盘上的每个键按位置编码，称为扫描码，表11-2列出了键盘上各个键的扫描码。由于大多数按键是双功能键，因此大部分按键是两个功能对应一个扫描码。当从键盘敲入一个键（或是两个键的组合）时，键盘触点电路在单片机的控制下，把该键的8位扫描码送入主机，主机根据扫描码来确定敲入的是什么键，从而作出反应，如从显示屏上回显键入的字符，或是控制光标移动到文本行的开始，或是启动执行程序。对于不同的键，主机作出的反应是不同的。键盘上的键可分三种基本类型。

（1）字符数字键。如A，B，a，b，1，2，$，%，+，*等。

（2）扩展功能键。如Home，End，Delete，Enter，F1，F2等。

（3）组合控制键。如Alt，Shift，Ctrl等。

当键盘按键动作时，扫描码被放入60H端口，并触发键盘中断INT 9。

INT 9的中断处理程序根据扫描码作出相应处理，对于非组合控制键，例如字符数字键，通常是生成16位值，存入键盘缓冲区，其中低字节为字符码（ASCII码），高字节为扫描码（通码）。

对于无 ASCII 码的键，低字节为 0 或 E0H，高字节为通码（有些是扩展码）。不产生 ASCII 码的键是 Shift、Ctrl、Alt、Num Lock、Scroll、Ins、Caps Lock。但它们可以改变其他键产生的代码。

我们也可以在程序中用 BIOS 中断调用或 DOS 中断调用实现键盘输入程序。

表 11-2　　键盘扫描码（十六进制）

键		扫描码	键		扫描码	键		扫描码	键		扫描码
Ese		01	U	u	16	|	\	2B	F6		40
!	1	02	I	i	17	Z	z	2C	F7		41
@	2	03	O	o	18	X	x	2D	F8		42
#	3	04	P	p	19	C	c	2E	F9		43
$	4	05	{	[	1A	V	v	2F	F10		44
%	5	06	}	]	1B	B	b	30	NumLK		45
^	6	07	回车		1C	N	n	31	Scrolk		46
&	7	08	Ctrl		1D	M	m	32	7（小键盘）	Home	47
*	8	09	A	a	1E	<	,	33	8	↑	48
(	9	0A	S	s	1F	>	.	34	9	PgUp	49
)	0	0B	D	d	20	?	/	35	–		4A
–	–	0C	F	f	21	Shift		36	4	←	4B
+	=	0D	G	g	22	PrtSc		37	5		4C
退格		0E	H	h	23	Alt		38	6	→	4D
Tab		0F	J	j	24	Space		39	+		4E
Q	q	10	K	k	25	Caps		3A	1	End	4F
W	w	11	L	l	26	F1		3B	2	↓	50
E	e	12	:	;	27	F2		3C	3	PgDn	51
R	r	13	"	'	28	F3		3D	0	Ins	52
T	t	14	～	`	29	F4		3E	.	Del	53
Y	y	15	Shift	（左）	2A	F5		3F			

11.2.2 键盘中断调用

8086 系统对键盘的处理分为两个层次：硬件接口处理（9 号键盘中断）和 BIOS 系统键盘处理（INT 16H）。

在执行 9 号硬件中断处理程序时，CPU 读取扫描码，查表找到对应的 ASCII 码并一起送入 BIOS 键盘缓冲区，然后发回响应信号。如果按键为控制键（Ctrl、Shift、Esc 等），则将其扫描码和状态字节一起存入 BIOS 键盘缓冲区。系统在 BIOS 数据区中专门开辟了一个 16 字的键盘缓冲区 KB_BUFFER，它是一个先进先出的循环队列，如果缓冲区满了还在按键输入，则 BIOS 不处理该键，并发出"嘀"声。

1. BIOS 键盘中断

在键盘硬件中断处理完之后，就可以用 BIOS 的 16H 键盘中断读取键盘信息了。BIOS 键盘中断（INT 16H）提供 3 个基本的功能。

（1）从键盘读出一个字符

格式：AH=00H

　　　INT 16H

返回参数：AL=字符的 ASCII 码，AH=扫描码。

（2）判断并读出键盘缓冲区字符

格式：AH=01H

INT 16H

返回参数：如果 ZF=0，则 AL=字符 ASCII 码，AH=扫描码；

如果 ZF=1，则缓冲区为空。

（3）读取键盘状态字

格式：AH=02H

INT 16H

返回参数：AL=键盘状态字节。

对于不产生 ASCII 码的键，可以查看键盘状态字节。例如，可以在 Debug 下执行以下指令序列：

```
0B02:100  MOV   AH, 2
0B02:102  INT   16
0B02:104  NOP
-G=100  104
```

注意

在回车键之前键入组合控制键（如左 Shift）不放，再回车键，则 AL=返回键盘状态字节。

例 11.5 从键盘读入字符，并显示该字符和扫描码。

```
        mov    cx, 9
getc:   mov    ah, 0
        int     16h
        mov    dx, ax
        mov    ah, 2
        int     21h
        mov    dl, dh
        mov    ah, 2
        int     21h
        loop   getc
```

2. DOS 键盘中断

DOS 是磁盘操作系统的简称，存放于硬盘的系统区。当系统控制权交给 DOS 后，DOS 将它所提供的中断处理程序的入口地址写入中断向量表。如果中断触发了，再将中断处理程序调入内存执行。

INT 21H 中断是 DOS 系统功能调用，它的功能十分强大。需要注意的是，DOS 中断调用指令执行之后，绝大部分指令的返回值都会被放入 AL 寄存器中，因此 AL 寄存器的值会被修改。

前面几章我们介绍和使用了几种 DOS 键盘和显示器调用功能。本章再介绍其他几种常用的 DOS 键盘中断（INT 21H）提供的功能。

（1）从键盘读一字符并回显

格式：AH=01H

INT 21H

返回参数：AL=输入字符。

（2）读键盘字符

格式：AH=06H

DL=FF (输入）

DL=字符(输出）

INT 21H

返回参数：AL=输入字符。

（3）从键盘读一字符不回显

格式：AH=07H

INT 21H

返回参数：AL=输入字符。

（4）从键盘读一字符不回显（检测 Ctrl+Break）

格式：AH=08H

INT 21H

返回参数：AL=输入字符。

（5）键盘输入到缓冲区

格式：AH=0AH

DS：DX=缓冲区首址

(DS：DX）=缓冲区最大字符数

INT 21H

返回参数：(DS：DX+1)= 实际输入的字符数。

（6）读键盘状态

格式：AH=0BH

INT 21H

返回参数：AL= 00 有输入

AL = FF 无输入

（7）清除键盘缓冲区，并调用一种键盘功能

格式：AH=0CH

AL=输入功能号（1，6，7，8）

INT 21H

DOS 键盘中断使用很方便，在前面我们已经使用多次，这里不再举例。

11.2.3　键盘缓冲区

BIOS 键盘处理程序将获得的扫描码转换成相应的的字符码，如果是字符数字键，则转换为标准的 ASCII 码。如果是扩展功能键或组合控制键，则转换为其他值或产生一个操作。转换后的字符码及扫描码存储在 BIOS 的键盘缓冲区 KB_BUFFER，键盘缓冲区是一个先进先出的队列，其地址信息为：

```
0040:001A    ; KB_BUFFER_HEAD，键盘缓冲区首地址
0040:001C    ; KB_BUFFER_TAIL，键盘缓冲区末地址
0040:001E    ; 16 个输入量空间
0040:003E    ; 键盘缓冲区结束
```

KB_BUFFER_HEAD 和 KB_BUFFER_TAIL 是键盘缓冲区先进先出队列的两个指针，当这两个指针相等时，表示缓冲区为空。

例 11.6 从键盘缓冲区读出键值并显示字符和扫描码。

```
; a1006.asm
        code    segment
                assume cs:code
                kb_buffer_head =ds:[1ah]
                kb_buffer_tail =ds:[1ch]
                buffer         =1eh
                end_buffer     =3eh
                buffer_seg     =40h
start:
                mov    ax,buffer_seg
                mov    ds,ax
waitkb:
                mov    bx,kb_buffer_head
                cmp    bx,kb_buffer_tail
                je     waitkb
                mov    bx,kb_buffer_head
                mov    dx, [bx]
                cmp    dl, 13
                je     exit
                mov    ah, 2
                int    21h
                mov    dl, dh
                mov    ah, 2
                int    21h
                add    bx, 2
                cmp    bx, end_buffer
                jb     keep
                mov    bx, buffer
keep:           mov    kb_buffer_head, bx
                sti
                loop   waitkb
exit:
                mov    ah, 4ch
                int    21h
code            ends
                end    start
```

显然，程序中没有键盘输入的功能调用，键盘输入的字符通过键盘硬件中断自动输入到键盘缓冲区中，程序只是从键盘缓冲区中读出键值并显示。

11.3 显示器的文本方式显示

11.3.1 显示方式

显示器可简单地分为单色显示器和彩色显示器，通过显示适配器（显示卡）与 PC 机相连。

早期的显示适配器有单色显示适配器 MDA（Monochrome Display Adaptor），彩色显示适配器 CGA（Color Graphics Adaptor）。MDA 只能显示 ASCII 字符和简单的图形如矩形，CGA 可以显示以点绘制的图形和 ASCII 字符。1987 年出现了视频图形阵列显示适配器 VGA（Video Graphics Array）。

1．显示方式与分辨率

显示分辨率和色彩数是衡量显示器质量的重要指标。显示分辨率包括字符分辨率和像素分辨率。字符分辨率表示显示器在水平和垂直方向上所能显示的字符数，像素分辨率表示显示器显示图形时在水平和垂直方向上所能显示的像素（pixel）个数。

显示屏幕的左上角为二维的坐标原点(0,0)，水平坐标值表示屏幕的列号，垂直坐标值表示屏幕的行号。例如 80×25 的字符分辨率，表示可显示 80 列 25 行字符，其屏幕的右下角字符处于 79 列 24 行。

显示器的显示方式有文本方式和图形方式，图形方式下也可以显示文本，所以有字符分辨率和像素分辨率。ROM BIOS 显示例程支持显示器的多种文本方式和图形方式。

（1）获取当前屏幕的显示模式

格式：AH=0FH

INT 10H

返回参数：BH=页号，AH=字符列数，AL=显示模式。

（2）设置显示模式

格式：AH=00H

AL=00H～13H

INT 10H

功能：用于设置从 40×25 的黑白文本、16 级灰度（AL=00H），到 320×200 的 256 色 XGA 图形（AL=13H）模式。表 11-3 列出了几种 VGA 常用的显示方式。

表 11-3 设置显示方式（INT 10H）

AH	调用参数	字符分辨率	像素分辨率	显示方式	返回参数
0F	（获取当前显示方式）				AL=当前显示方式
00	AL=00	40×25		文本 16 级灰度	
	AL=01	40×25		文本 16 色/8 色	
	AL=02	80×25		文本 16 级灰度	
	AL=03	80×25		文本 16 色/8 色	
	AL=04	40×25	320×200	图形 4 色	
	AL=05	40×25	320×200	图形 4 级灰度	
	AL=06	80×25	640×200	图形黑白	
	AL=07	80×25		文本黑白	
	AL=0D	40×25	320×200	图形 16 色	
	AL=0E	80×25	640×200	图形 16 色	
	AL=0F	80×25	640×350	图形黑白	
	AL=10	80×25	640×350	图形 16 色/4 色	
	AL=11	80×30	640×480	图形黑白	
	AL=12	40×25	640×480	图形 16 色	
	AL=13	40×25	320×200	图形 256 色	

例 11.7 获取当前显示方式，并设置新的显示方式。

```
mov   ah, 0fh
int   10h
mov   ah, 0
mov   al, 12h              ; 640×480 图形 16 色
int   10h
```

当前显示方式返回值在 AL 中，存放显示方式的字节内容在 00449H 存储单元。

如果对未知的显示器编程，为避免盲目设置显示方式，首先应该知道本机显示适配器的性能，这可以通过 BIOS INT 11H 来获取，其返回值在 AX 中，表示设备标志字，该设备标志字在 00410H 存储单元。

2. 字符属性

要想在显示屏上显示字符，除了需要说明该字符的 ASCII 码，还要说明如何显示，如前景（显示字符）和背景的颜色，是否要闪烁。

字符属性用一个字节表示。

7	6	5	4	3	2	1	0

（1）单色显示的字符属性字节含义如下：

第 7 位：闪烁，0=正常显示，1=闪烁显示；

第 6～4 位：背景，000=黑，111=白；

第 3 位：亮度，0=正常，1=加强；

第 2～0 位：前景，000=黑，111=白。

根据这个规定，单色显示的字符属性值及对应的显示效果如下：

00H　　无显示

01H　　黑底白字，下划线

07H　　黑底白字，正常

0FH　　黑底白字，高亮度

70H　　白底黑字，反相

87H　　黑底白字，闪烁

F0H　　白底黑字，反相闪烁

（2）彩色文本显示的字符属性字节（16 色）含义如下：

第 7 位（BL）：闪烁，0=正常显示，1=闪烁显示；

第 6～4 位（RGB）：背景色，000～111，分别对应：黑，蓝，绿，青，红，品红，棕，灰白；

第 3～0 位（IRGB）：前景色，0000～1111，分别对应：黑，蓝，绿，青，灰，浅蓝，浅绿，浅青，红，品红，棕，灰白，浅红，浅品红，浅棕，浅灰白。

11.3.2 显示存储器与直接写屏

显示屏通常可划分为行和列的二维系统，例如以 25 行 80 列来显示字符，一幅屏上就有 2000（25×80）个字符，0 行 0 列在左上角，24 行 79 列在右下角。一幅屏上的每个字符在主存空间都有对应的单元，这样就很容易计算出屏上某个字符在内存中的位置，而且每个字符占用连续的两个字节单元，以表示该字符的 ASCII 码和字符属性。这 2000 个字符就需要占用 4KB（实际占用 4000 个字节），如果显示存储器有 16KB，则可保存 4 屏（通常称 4 页）字符。

以 25 行 80 列算，0 页在显存中的起始地址是 B800:0000，1 页在显存中的起始地址是 B800:1000，2 页在显存中的起始地址是 B800:2000……

显示屏上任一字符在显存中的偏移地址可有下式计算：

EA=页偏移地址+((行×列宽)+列号)×每字符占用字节数

例如：0 页 0 行 2 列的字符，其在显存中的偏移地址：

EA = B800+((0×80+2)×2 =B804H

显存中的内容直接映射到显示屏上，所以说显示屏是“存储器映像”。验证这一点可以在 Debug 下用 E 命令对 B800:0 处修改内存，显示屏上会立即作出映射。根据这个原理，在程序中可以直接写屏。

例 11.8　用直接写屏方式变化色彩显示 26 个英文字母。

```
; a1008.asm
.model small
.code
start:
        mov   ah, 0
        mov   al, 3              ; 设置 80×25 文本 16 色
        int   10h
        mov   bx, 0b800h         ; 显存中的起始段地址
        mov   ds, bx
        mov   si, 0              ; 显存中的起始偏移地址
        mov   dl, 41h            ; 字符 A 的 ASCII 码
        mov   bl, 80h            ; 设置彩色文本显示的字符属性
        mov   cx, 26             ; 字符个数 26
  l1:   mov   [si], dl           ; 送显示字符的 ASCII 码
        mov   [si+1], bl         ; 送显示字符的属性
        add   si, 2
        inc   dl
        inc   bl
        loop  l1
        mov   ah,4ch
        int   21h
        end   start
```

该程序的运行结果如图 11-5 所示。

图 11-5　例 11.8 运行结果截图

11.3.3　BIOS 调用

BIOS 显示操作的中断调用（INT 10H）可以实现对页、对光标、对显示位置、对颜色的控制来显示所选择的内容。提供的功能如表 11-4 所示。

表 11-4　显示操作（INT 10H）

AH	功能	调用参数	返回参数/注释
1	置光标类型	CH 的 3～0 位=光标开始行	第 4 位=0 则光标显现
		CL 的 3～0 位=光标结束行	图形方式可设光标大小
2	置光标位置	BH=页号	
		DH=行号	
		DL=列号	

续表

AH	功能	调用参数	返回参数/注释
3	读光标位置	BH=页号	CH/CL=光标开始/结束行 DH/DL=行/列
5	置当前显示页	AL=页号	
6	屏幕初始化或上卷	AL=上卷行数 AL=0，全屏空白 BH=卷入行属性 CH=左上角行号 CL=左上角列号 DH=右下角行号 DL=右下角列号	
7	屏幕初始化或下卷	AL=下卷行数 AL=0，全屏空白 BH=卷入行属性 CH=左上角行号 CL=左上角列号 DH=右下角行号 DL=右下角列号	
8	读光标处属性 及字符	BH=显示页号	AH=属性，AL=字符
9	在光标处显示 属性及字符	BH=显示页号 BL=属性，AL=字符 CX=字符重复次数	
A	在光标处显示字符	BH=显示页号 AL=字符 CX=字符重复次数	
E	显示字符	AL=字符 BL=前景色	光标跟随字符
13	显示字符串	ES:BP=字符 CX=串长度,DH,DL=起始行列 BH=页号 AL=0，BL=属性, 显示串中字符 AL=1，BL=属性 显示串中字符 AL=2 显示串中字符和属性 AL=3 显示串中字符和属性	光标跟随字符 光标回起始位置 光标跟随字符 光标回起始位置 光标跟随字符

例 11.9　设置光标位置，并重复显示字符'#'。

```
; a1009.asm
.model small
.code
start:
        mov    ch, 5      ; CH 的第 4 位=1 则光标不显，第 4 位=0 则光标显现
        mov    cl, 6
        mov    ah, 1
        int    10h
        mov    dh, 4      ; 光标行
        mov    dl, 40         ; 光标列
        mov    bh, 0          ; 页号
        mov    ah, 2          ; 置光标
        int    10h
        mov    ah, 0ah    ; 功能号
        mov    al, '#'    ; 字符
        mov    cx, 9      ; 字符个数
        int    10h
        mov    ah, 4ch
        int    21h
        end    start
```

该程序的前三行指令对 CX 寄存器的设置，在图形方式下可以设置光标的大小，在文本方式下只是用来控制光标的显现或隐藏。程序执行结果如图 11-6 所示。

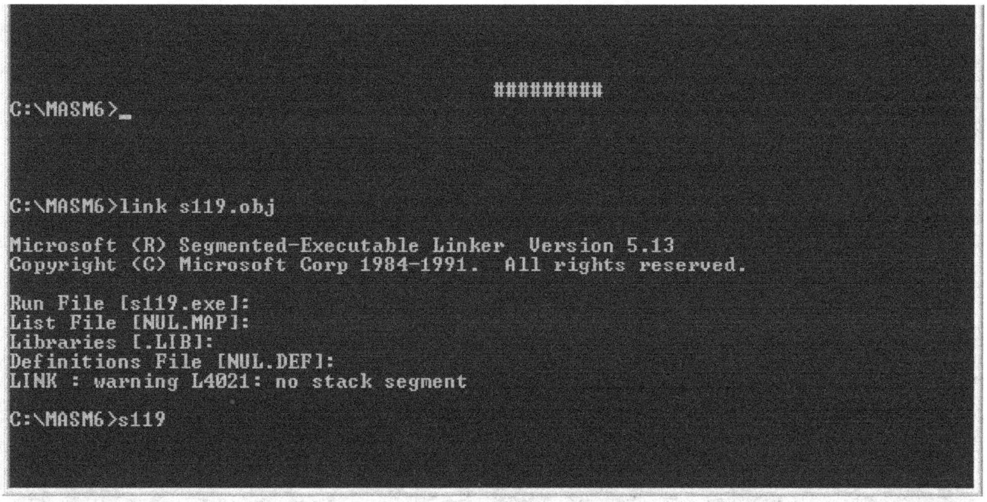

```
                                             #########
C:\MASM6>_


C:\MASM6>link s119.obj

Microsoft (R) Segmented-Executable Linker  Version 5.13
Copyright (C) Microsoft Corp 1984-1991.  All rights reserved.

Run File [s119.exe]:
List File [NUL.MAP]:
Libraries [.LIB]:
Definitions File [NUL.DEF]:
LINK : warning L4021: no stack segment

C:\MASM6>s119
```

图 11-6　例 11.9 实验结果截图

例 11.10　读显存中的字符并显示。

```
; a1010.asm
.model small
.code
start:
        mov    dh, 1          ; 设读字符的光标行
        mov    dl, 14         ; 光标列
```

```
    mov   bh, 0         ; 页号
    mov   ah, 2         ; 置光标
    int   10h
    mov   ah, 08        ; 读光标处字符
    mov   bh, 0         ; 0页
    int   10h
    push  ax            ; 保存读出的字符
    mov   dh, 11        ; 设显示位置光标行
    mov   dl, 44        ; 光标列
    mov   bh, 0         ; 页号
    mov   ah, 2         ; 置光标
    int   10h
    mov   ah, 2
    pop   dx            ; 取出字符
    int   21h           ; 显示字符
    mov   ah, 4ch
    int   21h
    end   start
```

该程序使用了INT 10H控制光标，用INT 21H显示字符。程序运行前，先清除屏幕，再从键盘输入一串字符，使屏幕上首行出现一行字符，这行字符之所以显示在屏幕上，正是处于显存中的第0页第1行。然后再运行程序，程序运行结果是读取显存中的第0页第1行第14列（对应屏幕的第1行第14列）的字符，并在屏幕的第11行第44列重新显示。

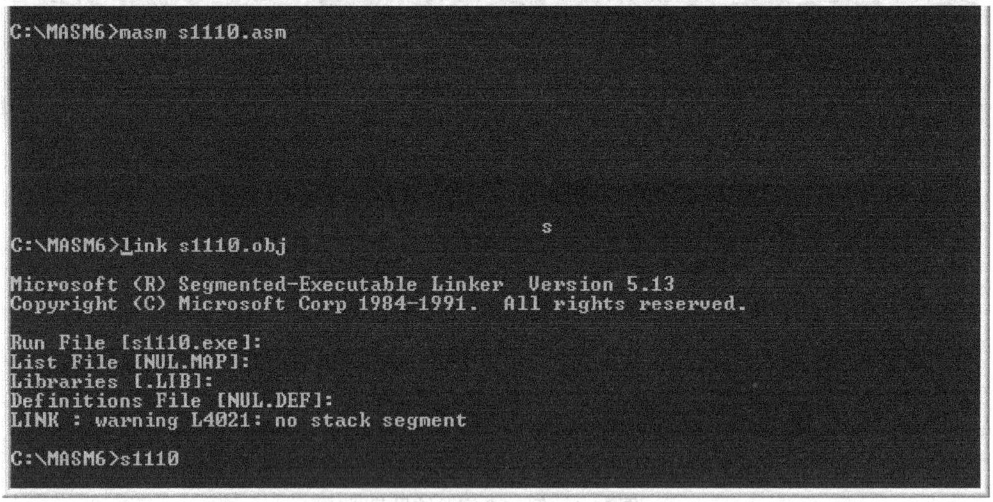

```
C:\MASM6>masm s1110.asm



                                        s
C:\MASM6>link s1110.obj

Microsoft (R) Segmented-Executable Linker  Version 5.13
Copyright (C) Microsoft Corp 1984-1991.  All rights reserved.

Run File [s1110.exe]:
List File [NUL.MAP]:
Libraries [.LIB]:
Definitions File [NUL.DEF]:
LINK : warning L4021: no stack segment

C:\MASM6>s1110
```

图11-7　例11.10实验结果截图

INT 10H的功能6可实现屏幕的卷屏，也可以指定屏幕的部分区域上卷指定的行数，屏幕的部分区域称为窗口，窗口可以设置多个，可以独立使用。

例11.11　清屏幕并在中心开一个9行9列的窗口，在窗口中键盘输入，实现卷屏。

```
; a1011.asm
.model small
; 清除全屏幕
```

```
cls   macro
        mov    ah, 6
        mov    al, 0
        mov    bh, 7              ; 空行
        mov    ch, 0              ; 屏幕左上角
        mov    cl, 0
        mov    dh, 24             ; 屏幕右下角
        mov    dl, 79
        int    10h
      endm
.code
; 窗口参数
 esc_k = 1bh
 win_lc = 30              ; 左上角列号
 win_lr = 8               ; 左上角行号
 win_rc = 50              ; 右下角列号
 win_rr = 16              ; 右下角行号
 win_wi = 9               ; 窗口宽度
 start: cls
; 置光标位置
next:
       mov    ah, 2
       mov    dh, win_rr
       mov    dl, win_lc
       mov    bh, 0
       int    10h
; 键盘输入
       mov    cx, win_wi
getc:
       mov    ah, 1
       int    21h
       cmp    al, esc_k
       je     exit
       loop   getc
; 上卷
       mov    ah, 6
       mov    al, 1
       mov    ch, win_lr
       mov    cl, win_lc
       mov    dh, win_rr
       mov    dl, win_rc
       mov    bh, 7
       int    10h
       jmp    next
exit:
       mov    ah, 4ch
       int    21h
       end    start
```

11.4 显示器的图形方式显示

11.4.1 图形存储器

1. VGA的位面组织

当显示方式设置成图形方式时，视频显示存储器用来存放屏幕上的画面，并且以每秒50～70次的速度更新（或刷新），屏幕上的一个像素（pixel）对应视频RAM中的几位，因为显示屏是“存储器映像”，所以随着视频RAM中内容的改变，屏幕上的画面也立即改变。

前面我们已经讨论了文本方式下的显示存储器，它是一个简单的二维系统，显示屏上任一位置的字符，其在显存中的偏移地址很容易计算，因此不难写出直接写屏的程序。在图形方式下，屏幕上的一个像素点和视频RAM有怎样的对应关系呢？例如某像素点为红色，是视频RAM中哪个单元的哪几位数据导致的呢？下面以VGA为例讨论。

VGA显示适配器拥有视频RAM，在640×480图形16色（AL=12H）方式下，视频RAM在逻辑上由4个64KB的位面组成，每个像素由4位表示，每个位面提供1位。例如，像素0对应的是由位面3～位面0的四个字节中的最高位组合而成，其值为1000B。像素7对应的是由位面3～位面0的四个字节中的最低位组合而成，其值为0101B，如图11-8所示。

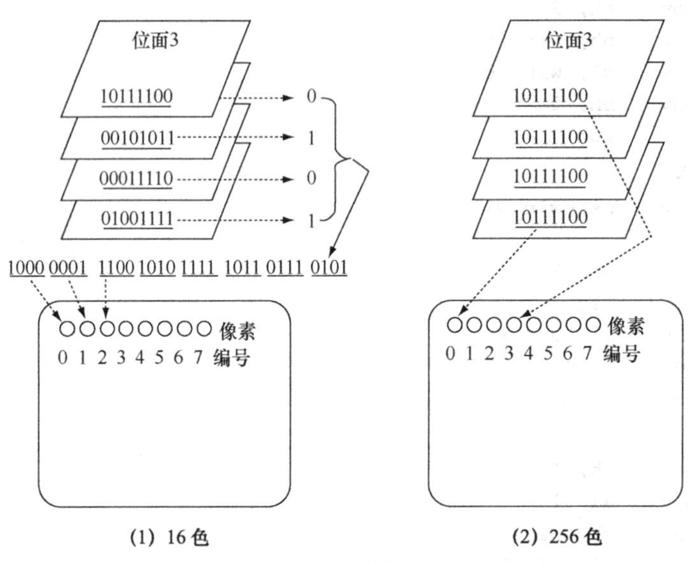

图11-8 VGA位面结构

表11-5 分辨率和色彩数对视频RAM的关系

分辨率	16色（4位）	256色（8位）	65536色（16位）	16777216色(24位)
640×480	256K	512K	1M	1M
800×600	256K	512K	1M	1.5M
1024×768	512K	1M	1.5M	2.5M
1280×1024	1M	1.5M	2.5M	4M
1600×1200	1M	2M	4M	5M

用 4 位表示一个像素，意味着每个像素可以有 16 色中的一种。每个位面提供 1 位，意味着每个位面的一个字节可以用来对应 8 个像素。对于全屏 307200（640×480=307200）个像素，每个位面至少需要 38400（307200/8=38400）字节。4 个位面至少需要 153600（38400×4=150K）字节。

VGA 图形存储器定位于 A0000H～AFFFFH 的 64KB，这个显示窗口显然不能同时满足全屏像素。尽管视频 RAM 可以提供超出 256KB，也只能采取分区或分页的办法通过这个 64KB 的显示窗口。

VGA 在 320×200 图形 256 色（AL=13H）方式下，视频 RAM 的组织形式与 16 色不同，它也由 4 个位面组成，每个像素由 8 位表示，因而有 256 色。这 8 位由一个位面的 1 个字节表示，其值称为像素值。表示像素 0 的字节位于位面 0，表示像素 1 的字节位于位面 1，表示像素 2 的字节位于位面 2，表示像素 3 的字节位于位面 3，表示像素 4 的字节又位于位面 0，如此循环对应。图 11-5 表示了这种组织形式。由于每个像素由一个存储字节单元表示，所以寻址操作比较简单。

每页上的 320×200=64000 个像素，需要 64000 个字节，每个位面需要的字节数为 16000（64000/4）。可见，不同的分辨率和色彩数对视频 RAM 有不同的要求，表 11-4 列出了它们之间的关系。

2. 像素值到颜色的转换

VGA 是模拟显示器，VGA 数模转换电路产生模拟的 RGB（红绿蓝）信号。为了得到更丰富多彩的效果，VGA 使用了颜色编码技术，红、绿、蓝三种基色每种基色有一个 6 位的 D/A 转换器，这样每种基色就有 $64(2^{16})$种颜色，三种基色共有 $262144(2^{18})$种颜色，这就是所谓调色板的颜色数。

实际上，VGA 在 320×200 图形 256 色（AL=13H）方式下，视频 RAM 中的一个存储字节单元中的像素值，并不是对应像素的颜色代码，而是对应着 256 个颜色寄存器的地址，颜色寄存器中存放的才是 18 位的颜色编码，这样就可以得到 $262144(2^{18})$种颜色，任一时刻，256 个颜色寄存器中的不同值就对应了一组 256 种颜色。

3. 掩码

对于 640×480 图形 16 色（AL=12H）方式下，如果要读写 0 号像素涉及不同位面的 4 个字节，为了从 4 个字节中分离出像素值 1000B，须把 10000000B 分别和这 4 个字节作“逻辑与”操作。这里 10000000B 就是掩码。1 号像素的掩码是 01000000B。

掩码的确定有两种方法：

一种方法是用基本位模式 10000000 右移 N 位，N=像素的 X 坐标除以 8 得到的余数。例如，像素 8 的坐标是(8,0)，其 X 坐标为 8，8 除以 8 的余数=0，则其掩码=10000000B，像素 9 的坐标是(9,0)，9 除以 8 的余数=1，则其掩码=01000000B。

另一种方法是用余数去对应一个 8 位掩码，余数为 0 的掩码为基本位模式 10000000，余数为 1 的掩码为 01000000，依此类推。

11.4.2 直接视频显示

对于 640×480 图形 16 色（AL=12H）方式，要读写一个像素，必须计算出两个值：一个是含有该像素存储位的字节地址，另一个是对应的掩码。例如，7 号像素(7,0)，不难计算出其存储位的字节地址=0A000H，掩码=00000001B。在对 7 号像素存储位的字节地址单元 0A000H 进行写操作时，就会在 4 个并行的位面引起联动，存放 4 个字节的数据，经掩码的作用，分离出 4 位的值 0101B，这就是 7 号像素的 IRGB 值。

对于320×200图形256色（AL=13H）方式，由于视频RAM的每个独立字节对应一个像素点，其中存放的就是像素值，无需使用掩码分离。图形存储器定位于A0000H～AF9FFH，0号像素对应地址为（A000:0000），1号像素对应地址为（A000:0001），…，右下角的63999号像素对应地址为（A000:F9FF）。这种方式下的编程比较容易。

用直接视频显示方式编写程序需要针对具体的图形方式，需要很多技巧，但程序的效果很好，特别是图形显示的速度比较快。

例 11.12 320×200图形256色（AL=13H）方式，用直接视频显示方法在第10行画一条水平线。

```
; a1012
code   segment
          assume  cs:code
          line=10
start:
          mov   ah,0
          mov   al,13h
          int   10h
          mov   bx,0a000h
          mov   es,bx
          mov   di,320*line
          mov   cx,320
          mov   al,45h
          rep   stosb
l2:
          mov   ah,1
          int   21h
          cmp   al,13
          jnz   l2
          mov   al,3
          mov   ah,0
          int   10h
          mov   ah,4ch
          int   21h
code   ends
          end   start
```

11.4.3 BIOS功能视频显示

用BIOS功能实现视频显示，无需了解显存的组织结构，与直接视频显示方式相比，程序设计容易，程序的通用性和移植性好，但图形显示的速度稍慢。

BIOS 10H功能读写像素的调用有两个：

（1）写像素，AH=0CH

调用参数：　AL=颜色值

　　　　　　BH=显示页号

　　　　　　DX=像素行

　　　　　　CX=像素列

返回参数：无

（2）读像素，AH=0DH

调用参数：　BH=显示页号

　　　　　　DX=像素行

CX=像素列

返回参数：　AL=颜色值

例 11.13 320×200 图形 256 色（AL=13H）方式下，用 BIOS 功能在第 10 行画水平线。

```
; a1013
code   segment
          assume   cs:code
          line=10
start:
          mov   ah,0
          mov   al,13h
          int   10h
          mov   ah,0ch
          mov   al,45h
          mov   bh,0
          mov   cx,320
l1:   mov   dx, line
          int   10h
          loop  l1
l2:   mov   ah,1
          int   21h
          cmp   al,13
          jnz   l2
          mov   al,3
          mov   ah,0
          int   10h
          mov   ah,4ch
          int   21h
code   ends
          end   start
```

例 11.14 用 16×16 点阵写一个“中”字，要求在 320×200 图形 256 色（AL=13H）方式下，用 BIOS 功能。

```
; A1014
xline  macro x1,x2,y
       local l1
          mov  cx,x1
          mov dx,y
 l1: int  10h
          inc cx
          cmp cx, x2
          jnz l1
          endm
yline     macro y1,y2,x
          local l2
          mov  cx,x
          mov  dx,y1
 l2: int 10h
          inc dx
          cmp dx,y2
          jnz l2
          endm
code    segment
assume  cs:code
start:
```

```
            mov  ah,0
            mov  al,13h
            int  10h
            mov  ah,0ch
            mov  al,45h
            mov  bh, 0
            xline 100,115,100
            xline 100,115,105
            yline 100,105,100
            yline 100,105,114
            yline  95,111,107
    k1: mov ah,1
          int 21h
          cmp al,13
            jz exit
            loop k1
    exit:
            mov ah,0
            mov al,3
            int 10h
            mov  ah,4ch
            int  21h
    code  ends
            end  start
```

11.5　磁盘文件存取

1. 文件代号的作用

磁盘作为一种大容量可读写的数据存储设备，存放大量文件，DOS操作系统对这些文件的存取访问，除了顺序存取、随机存取和随机分块存取这三种方式，还提供一种更方便的方式，那就是文件代号方式磁盘存取。DOS系统调用提供了这些功能，因此汇编语言程序可以像高级语言程序那样方便地进行磁盘文件存取。

文件代号方式磁盘存取也是随机存取，对于指定的文件名（含文件的完整路径），系统首先给它分配一个临时的文件代号（file handle），以后所有对该文件的访问都通过文件代号来访问，DOS系统还为这个打开的文件管理一个指针，以指向下一次要访问的字节。

文件名（含文件的完整路径）须以ASCII字符串的形式给出，例如：

FNAME　DB　'C:\MASM6\HELLO.ASM',0

注意后面必须以一个0字节结束。

文件代号是在打开一个已有的文件（3DH号功能）或建立新文件（3CH号功能）时产生的。为便于使用外部设备，文件代号方式还可以支持标准设备的输入/输出，DOS 系统标准设备的文件代号规定如下：

0＝ 标准输入设备　　（键盘）
1＝ 标准输出设备　　（显示器）
2＝ 标准错误输出设备　　（显示器）
3＝ 标准辅助设备　　（通信口）
4＝ 标准打印设备　　（打印机）

这样，我们在显示器上输出一个文件，只要指定文件代号为 1，和写一个磁盘文件没有什么不同。因各种原因导致文件打开失败时，将不能得到文件代号，此时返回错误代码和设置错误标志，程序员应据此在程序中安排处理措施，只有获取文件代号才能进行下一步对该文件的访问。

2. 文件属性

文件属性由一个字节规定：

7	6	5	4	3	2	1	0

第 0 位：只读；

第 1 位：隐文件；

第 2 位：系统文件；

第 3 位：卷标；

第 4 位：子目录；

第 5 位：归档；

第 6 位：=0；

第 7 位：=0。

一个文件可以同时有多个属性，如文件属性字节=03H，表示该文件是只读的隐文件，该文件不会在目录中列出，而且不能修改文件内容。DOS 的 43H 号功能调用可以修改文件属性。

3. 文件存取代码

文件存取代码由一个字节规定：

7	6	5	4	3	2	1	0

第 0～2 位=000：为读打开；

=001：为写打开；

=010：为读写打开；

第 3 位=1：保留；

第 4～6 位：共享方式；

第 7 位：继承。

设置文件属性和文件存取代码，是为了防止对文件的非法操作，如对一个只读文件进行写操作是不允许的。

4. 文件指针的移动

当文件过大要分次读入内存时，或者要随机访问文件的某个记录时，那就需要用一个读写指针定位文件的读写位置。读写文件时，文件指针的移动方式由 AL 指定：

AL=00　绝对移动，偏移值从文件首开始计算，如偏移值为 256，即从文件首开始移动 256 个字节，偏移值就是新的指针值。

AL=01　相对移动，当前指针值（上次指针停留的位置）加上偏移值就是新的指针值。

AL=02　绝对倒移，文件尾的位置加上偏移值（偏移值为负数）得到新的指针值。如偏移值为 0，即新指针值就是文件长度。在对一个文件添加记录时，需要先把指针指向文件尾。

5. 文件访问的宏定义

为了便于对文件的访问，可以写一个宏库文件，其中包含对文件的各种操作。

```
; file.h  (文件访问宏库文件)
; 用 rwmode 方式打开 fname 文件
openh   macro  fname, rwmode
        mov  dx, seg  fname
        mov  ds, dx
        mov  dx, offset  fname
```

```
        mov  al, rwmode
        mov  ah,3dh
        int  21h
        endm
; 用atr属性修改(k=1)/校验(k=0)fname文件
modih   macro  fname, atr, k
        mov  dx, seg  fname
        mov  ds, dx
        mov  dx, offset  fname
        mov  al, k
        mov  cl, atr
        mov  ch,0
        mov  ah, 43h
        int  21h
        endm
; 从handle文件读bytes字节到buf
readh   macro  buf, bytes, handle
        mov  dx, seg  fname
        mov  ds, dx
        mov  dx, offset  buf
        mov  cx, bytes
        mov  bx, handle
        mov  ah, 3fh
        int  21h
        endm
; 以pmode方式移文件指针，字节数由bytes_h和bytes双字长数据联合指定。
movph  macro  bytes_h, bytes, pmode, handle
        mov  cx, bytes_h
        mov  dx, bytes
        mov  bx, handle
        mov  al, pmode
        mov  ah, 42h
        int  21h
        endm
; 用atr属性建立fname文件
createh   macro  fname, atr
          mov  dx, seg  fname
          mov  ds, dx
          mov  dx, offset fname
          mov  cl, atr
          mov  ch, 0
          mov  ah, 3ch
          int  21h
          endm
; buf的bytes字节写到handle文件
writeh    macro  buf, bytes, handle
          mov  dx, seg  fname
          mov  ds, dx
          mov  dx, offset  buf
          mov  cx, bytes
          mov  bx, handle
          mov  ah, 40h
          int  21h
          endm
```

```
; 关闭 handle 文件
closeh    macro  handle
          mov  bx, handle
          mov  ah, 3eh
          int  21h
          endm
```

6. 文件读写的一般流程

（1）读文件的一般流程是：

- ASCII 串=文件名（带路径），00H；
- 打开文件（ASCII 串的地址作为调用参数）；
- 如果成功，获得一个文件代号 handle；
- 根据文件代号 handle 读出文件的指定字节数到内存缓冲区；
- 关闭文件。

（2）写文件的一般流程是：

- ASCII 串=文件名（带路径），00H；
- 建立文件（ASCII 串的地址作为调用参数）；
- 如果成功，获得一个文件代号 handle；
- 根据文件代号 handle，把指定的内存缓冲区字节数写到文件；
- 关闭文件。

例 11.15　利用宏库文件中的宏定义写一个文件到磁盘已有的目录下，同时写到屏幕。

```
; a1015.asm
include  fileh.h
data  segment
       fname   db 'd:\masm6\mydata.txt',0
       txt     db'hello  world !'
       bytes=$-txt
       msg     db 'write a file to d:\masm6\mydata.txt !',13,10,'$'
       errmsg  db'err !',13,10,'$'
       atr=20h
       handle  dw ?
data  ends
code  segment
       assume  cs:code,ds:data
start:
       mov  ax,data
       mov  ds,ax
       createh  fname, atr
       mov  dx, offset fname
       mov  cl, atr
       mov  ch, 0
       mov  ah, 3ch
       int  21h
       jc  err
       mov  handle,ax
       writeh  txt, bytes, handle
       jc   err
       closeh   handle
       lea  dx, msg
       mov  ah, 9
```

```
        int  21h
        writeh  txt, bytes, 1
        jc  err

        jmp  exit
err:
        mov  dx,offset errmsg
        mov  ah,9
        int  21h
exit:
        mov  ah,4ch
        int  21h
 code  ends
        end  start
```

例 11.16 利用宏库文件中的宏定义读一个磁盘文件到内存缓冲区，文件同时写到屏幕。

```
; a1016.ASM
include  fileh.h
data  segment
        txt    db   20  dup(?)
        bytes=$-txt
        fname  db 'd:\masm6\mydata.txt',0
        msg    db 'read a file from d:\masm6\mydata.txt !',13,10,'$'
        errmsg  db 'err !',13,10,'$'
        atr=20h
        handle  dw ?
        rwmode=2
data  ends
code  segment
       assume  cs:code,ds:data
start:
       mov  ax,data
       mov  ds,ax
       openh  fname, rwmode
       jc  err
       mov  handle, ax
       readh  txt, bytes, handle
       jc   err
       closeh   handle
       lea  dx, msg
       mov  ah, 9
       int  21h
       writeh  txt, bytes, 1
       jc   err
       jmp   exit
err:
       mov   dx,offset errmsg
       mov   ah,9
       int   21h
exit:
       mov  ah,4ch
       int  21h
code  ends
        end  start
```

习题 11

11.1　从键盘缓冲区读出键值，如果是“Esc”键则退出。键盘输入通过硬件中断。

11.2　读取键盘状态字节，并显示十六进制结果。

11.3　设置文本 40×25（AL=0DH）显示方式，并在 Debug 下设回原来的显示方式。

11.4　置光标到 0 显示页面（20，40）的位置，显示蓝色的字符。

11.5　清屏幕程序。

11.6　磁盘文件读、写的一般流程如何?

11.7　从键盘输入字符串，再把该字符串写成文本文件存盘，同时写到显示器。

11.8　读一个文本文件到内存缓冲区，并从内存缓冲区显示输出。

11.9　简述 VGA 模式的特点。

11.10　图形方式（AL=13H）下用直接写屏方式画一个矩形。

11.11　图形方式（AL=12H）下画一个矩形。用直接写屏方式或 BIOS 调用实现。

11.12　61H 端口的 PB4 每 0.015ms 触发一次，以此作为时间基准的方法设计延时 0.1 秒时间的子程序，子程序的入口参数 BL=0.1 秒的整数倍，并利用该子程序，编程实现每隔 1 秒显示一次‘you are welcome ！’。

11.13　利用通用发声程序编写乐曲程序。

实验 11　输入/输出程序设计

实验目的：

1. 理解键盘硬件中断和键盘缓冲区。
2. 熟悉显示器的文本显示方式。

实验内容：

从键盘读入一个字符，将其扫描码保存到 SCAN 单元，并以绿底黄字在 20 行 20 列上显示该字符。

附录 1 80x86 指令系统一览

汇编语言格式	功能	操作数	标记位 ODITSZAPC	备注
AAA	(AL)←把 AL 中的和调整到非压缩的 BCD 格式 (AH)←(AH)+调整产生的进位值		u－－－uuxux	
AAD	(AH)←10*(AH)+(AL) (AH)←0 实现除法的非压缩的 BCD 调整		u－－－xxuxu	
AAM	(AX)←把 AH 中的积调整到非压缩的 BCD 格式		u－－－xxuxu	
AAS	(AL)←把 AL 中的差调整到非压缩的 BCD 格式 (AH)←(AH)-调整产生的借位值		u－－－uuxux	
ADC dst，src	(dst)←(src)+(dst)+CF	reg，reg reg，mem mem，reg reg，imm ac，imm mem，imm	x－－－xxxxx	
ADD dst，src	(dst)←(src)+(dst)	reg，reg reg，mem mem，reg reg，imm ac，imm mem，imm	X－－－xxxxx	

续表

汇编语言格式	功能	操作数	标记位 ODITSZAPC	备注
AND dst，src	(dst)←(src)∧(dst)	reg，reg reg，mem mem，reg reg，imm ac，imm mem，imm	0---xxux0	
ARPL dst，src	调整选择器的 RPL 字段		-----x---	自 286 起有 系统指令
BOUND rsg,mem	测数组下标(reg)是否在指定的上下界(mem)之内，在内，则往下执行；不在内，产生 INT5		---------	自 286 起有
BSF reg，src	自右向左扫描(_src)，遇到第一个为 1 的位，则 ZF←0，该位位置装入 reg；如(src)=0，则 ZF←1	reg16，reg16 reg32，reg32 reg16，mem16 reg32，mem32	u---uxuuu	自 386 起有
BSR reg，src	自左向右扫描(_src)，遇到第一个为 1 的位，则 ZF←0，该位位置装入 reg；如(src)=0，则 ZF←1	reg16，reg16 reg32，reg32 reg16，mem16 reg32，mem32	u---uxuuu	自 386 起有
BSWAP r32	(r32)字节次序变反		---------	自 486 起有
BT dst，src	把由(src)指定的(dst)中的位内容送 CF	reg，reg mem，reg reg，imm8 mem，imm8	u---uuuux	自 386 起有
BTC dst，src	把由(src)指定的(dst)中的位内容送 CF，并把该位变反	reg，reg mem，reg reg，imm8 mem，imm8	u---uuuux	自 386 起有
BTR dst，src	把由(src)指定的(dst)中的位内容送 CF，并把该位置 0	reg，reg mem，reg reg，imm8 mem，imm8	u---uuuux	自 386 起有

续表

汇编语言格式	功能	操作数	标记位 ODITSZAPC	备注
BTS dst，src	把由(src)指定的(dst)中的位内容送 CF，并把该位置 1	reg，reg mem，reg reg，imm8 mem，imm8	u－－－uuuux	自 386 起有
CALL dst	段内直接：push(IP 或 EIP) (IP)←(IP)+D16 或 (EIP)←(EIP)+D32 段内间接：push(IP 或 EIP) (IP 或 EIP)←(EA) 段间直接：push(CS) push(IP 或 EIP) (IP 或 EIP)←指定的偏移址 (CS)←dst 指定的段地址 段间间接：push(CS) push(IP 或 EIP) (IP 或 EIP)←(EA) (CS)←(EA+2 或 4)		－－－－－－－－－	
CBW	(AL)符号扩展到(AH)		－－－－－－－－－	
CWDE	(AX)符号扩展到(EAX)		－－－－－－－－－	自 386 起有
CLC	进位位置 0		－－－－－－－－0	
CLD	方向标志置 0		－0－－－－－－－	
CLI	中断标志置 0		－－0－－－－－－	
CLTS	清除 CR0 的任务切换标志		－－－－－－－－－	自 386 起有 系统指令
CMC	进位位变反		－－－－－－－－x	
CMP opr1，opr2	(opr1)－(opr2)	reg，reg reg，mem mem，reg reg，imm ac，imm mem，imm	x－－－xxxxx	
CMPSB CMPSW CMPSD	((SI 或 ESI))－((DI 或 EDI)) (SI 或 ESI)←(SI 或 ESI)±1 或 2 或 4 (DI 或 EDI)←(DI 或 EDI)±1 或 2 或 4		x－－－xxxxx	
CMPXCHG dst，reg	(ac)－(dst) 相等：ZF←1，(dst)←(reg) 不相等：ZF←0，(ac)←(dst)	reg，reg mem，reg	x－－－xxxxx	自 486 起有
CMPXCHG8B dst	(EDS，EAX)←(dst) 相等：ZF←1，(dst)←(ECX，EBX) 不相等：ZF←0，(EDX，EAX)←(dst)		－－－－－x－－－	自 586 起有

续表

汇编语言格式	功能	操作数	标记位 ODITSZAPC	备注
CPUID	(EAX)←CPU 识别信息		---------	自 586 起有
CWD	(AX)符号扩展到(DX)		---------	
CDQ	(EAX)符号扩展到(EDX)		---------	自 386 起有
DAA	(AL)←把 AL 中的和调整到压缩的 BCD 格式		u---xxxxx	
DAS	(AL)←把 AL 中的差调整到压缩的 BCD 格式		u---xxxxx	
DEC opr	(opr)←(opr)-1	reg mem	x---xxxx-	
DIV src	(AL)←(AX) / (src)的商 (AH)←(AX) / (src)的余数 (AX)←(DX，AX) / (src)的商 (DX)←(DX，AX) / (src)的余数 (EAX)←(EDX，EAX) / (src)的商 (EDX)←(EDX，EAX) / (src)的余数	reg8 reg16 reg32 mem8 mem16 mem32	u---uuuuu	
ENTER imm16，imm8	建立堆栈帧 imm16 为堆栈帧的字节数 imm8 为堆栈帧的层数 L	L=0 L=1 L>1	---------	自 386 起有
HLT	停机		---------	系统指令
IDIV src	(AL)←(AX) / (src)的商 (AH)←(AX) / (src)的余数 (AX)←(DX，AX) / (src)的商 (DX)←(DX，AX) / (src)的余数 (EAX)←(EDX，EAX) / (src)的商 (EDX)←(EDX，EAX) / (src)的余数	reg8 reg16 reg32 mem8 mem16 mem32	u---uuuuu	
IMUL src	(AX)←(AL) * (src) (DX，AX)←(AX) * (src) (EDX，EAX)←(EAX) * (src)	src 为：reg8 reg16 reg32 mem8 mem16 mem32	x---uuuux	
IMULreg，src	(reg16)←(reg16) * (src) (reg32)←(reg32) * (src)	src 为：reg8 reg16 reg32 mem8 mem16 mem32	x---uuuux	自 286 起有

续表

汇编语言格式	功能	操作数	标记位 ODITSZAPC	备注
IMUL reg，src，imm	(reg16)←(src) * imm (reg32)←(src) * imm	src 为：reg8 reg16 reg32 mem8 mem16 mem32	x－－－uuuux	自286起有
IN ac，PORT IN ac，DX	(ac)←(PORT) (ac)←((DX))		－－－－－－－－－	
INC opr	(opr)←(opr)+1	reg mem	x－－－xxxx－	
INSB IDSW INSD	((DI 或 EDI))←((DX)) (DI 或 EDI)←(DI 或 EDI) ± 1 或 2 或 4		－－－－－－－－－	自286起有
INT type INT（当 TYPE=3 时)	Push (FLAGS) Push (CS) Push (IP) (IP)←(type * 4) (CS)←(type * 4+2)		－－00－－－－－	
INTO	若 OF-1，则 Push(FLAGS) Push(CS) Push(IP) (IP)←(10H) (CS)←(12H)		－00－－－－－－	
INVD	使高速缓存无效		－－－－－－－－－	自486起有系统指令
INVLPG opr	使 TLB 入口无效		－－－－－－－－－	自486起系统指令
IRET	(IP)←POP( ) (CS)←POP( ) (FLAGS)←POP( )		rrrrrrrrr	

续表

汇编语言格式	功能	操作数	标记位 ODITSZAPC	备注
IRETD	(EIP)←POP( ) (CS)←POP( ) (EFLAGS)←POP( )		rrrrrrrrr	自 386 起有
JZ/JE opr JNZ/JNE opr JS opr JNS opr JO opr JNO opr JP/JPE opr JNP/JPO opr JC/JB/JNAE opr JNC/JNB/JAE opr JBE/JNA opr JNBE/JA opr JL/JNGE opr JNL/JGE opr JLE/JNG opr JNLE/JG opr	ZF=1 则转移 ZF=0 则转移 SF=1 则转移 SF=0 则转移 OF=1 则转移 OF=0 则转移 PF=1 则转移 PF=0 则转移 CF=1 则转移 CF=0 则转移 CF∨ZF=1 则转移 CF∨ZF=0 则转移 SF(XOR)0F=1 转移 SF(XOR)0F=0 转移 (SF(XOR)0F)∨ZF=1 则转移 (SF(XOR)0F)∨ZF=0 则转移	8 位位移量 16/32 位位移量	---------	
JCXZ opr	(CX)=0 则转移		---------	
JECXZ opr	(ECX)=0 则转移		---------	自 386 起有
JMP opr	无条件转移 段内直接短： (IP 或 EIP)←(IP 或 EIP)+D8 段内直接近： (IP)←(IP)+D16 或 (EIP)←(EIP)+D32 段内间接： (IP 或 EIP)←(EA) 段间直接： (IP 或 EIP)←opr 指定的偏移地址 (CS)←opr 指定的段地址 段间间接： (IP 或 EIP)←(EA) (CS)←(EA+2 或 4)	reg mem	---------	

续表

汇编语言格式	功能	操作数	标记位 ODITSZAPC	备注
LAHF reg，src	(AH)←(FLAGS 的低字节)		----------	
LAR reg，src	取访问权字节	reg，reg reg，mem	------x---	自286起有 系统指令
LDS reg，src	(reg)←(src) (DS)←(src+2 或 4)		----------	
LEA reg，src	(reg)←(src)		----------	
LEAVE	释放堆栈帧		----------	自286起有
LES reg，src	(reg)←(src) (ES)←(src+2 或 4)		----------	
LFS reg，src	(reg)←(src) (FS)←(src+2 或 4)		----------	自386起有
LGDT mem	装入全局描述符表寄存器 (GDTR)←(mem)		----------	自286起有 系统指令
LGS reg，src	(reg)←(src) (GS)←(src+2 或 4)		----------	自386起有
LIDT mem	装入中断描述符表寄存器 (IDTR)←(mem)	reg	----------	自286起有
LLDT src	装入局部描述符表寄存器 (LDTR)←(src)	reg	----------	自286起有
LMSW src	装入机器状态字(在 CR0 寄存器中) (MSW)←(src)	reg mem	----------	自286起有 系统指令
LOCK	插入 LOCK#信号前缀		----------	系统指令
LODSB LODSW LODSD	(ac)←((SI 或 ESI)) (SI 或 ESI)←(SI 或 ESI) ± 1 或 2 或 4		----------	
LOOP opr	(CX 或 ECX)≠0 则循环		----------	
LOOPZ/LOOPE opr	ZF=1 且(CX 或 ECX)≠0 则循环		----------	

续表

汇编语言格式	功能	操作数	标记位 ODITSZAPC	备注
LOOPNZ/LOOPNE opr	ZF=0 且(CX 或 ECX)≠0 则循环		---------	
LSL reg，src	取段界限	reg，reg reg，mem	------x--	自 286 起有 系统指令
LSS reg，src	(reg)←(src) (SS)←(src+2 或 4)		---------	自 386 起有
LTR src	装入任务寄存器	reg mem	---------	自 286 起有 系统指令
MOV dst，src	(dst)←(src)	reg，reg reg，mem mem，reg reg，imm mem，imm ac，mem mem，ac	---------	自 386 起有
MOV reg，CR0-4 (控制寄存器) MOV CR0-4，reg	(reg)←(CR0－4) (CR0－4)←(reg)	CR0，reg CR2，reg CR3，reg CR4，reg	u---uuuuu	自 386 起有 系统指令
MOV reg，DR(调试寄存器)	(reg)←(DR)	reg，cr0-3 reg，cr0-5 reg，cr0-7	u---uuuuu	自 386 起有 系统指令
MOV DR，reg	(DR)←(reg)	DR0-3，reg DR4-5，reg DR6-7，reg	u---uuuuu	
MOV dst，SR(段寄存器) MOV SR，src	(dst)←(SR) (SR)←(dst)	reg mem reg 如段寄存器为SS mem	---------	

续表

汇编语言格式	功能	操作数	标记位 ODITSZAPC	备注
MOVSB MOVSW MOVSD	((DI 或 EDI))←((SI 或 ESI)) (SI 或 ESI)←(SI 或 ESI) ± 1 或 2 或 4 (DI 或 EDI)←(DI 或 EDI) ± 1 或 2 或 4		---------	
MOVSX dst，src	(dst)←符号扩展(src)	reg，reg reg，mem	---------	自 386 起有
MOVZX dst，src	(dst)←零扩展(src)	reg，reg reg，mem	---------	自 386 起有
MUL src	(AX)←(AL) * (src) (DX，AX)←(AX) * (src) (EDX，EAX)←(EAX) * (src)	src 为 reg8 reg16 reg32 mem8 mem16 mem32	x---uuuux	
NEG opr	(opr)← - (opr)	reg mem	x---xxxxx	
NOP	无操作		---------	
NOT opr	(opr)←(opr)取反	reg mem	---------	
OR dst，src	(dst)←(dst) ∨ (src)	reg，reg reg，mem mem，reg reg，imm ac，imm mem，imm	0---xxux0	
OUT port，ac OUT DX，ac	(port)←(ac) ((DX))←(ac)		---------	
OUTSB OUTSW OUTSD	((DX))←((SI 或 ESI)) (SI 或 ESI)←(SI 或 ESI) ± 1 或 2 或 4		---------	
POP dst	(dst)←((SP 或 ESP)) (SP 或 ESP)←(SP 或 ESP)+2 或 4	reg mem SR 如段寄存器为 SS 如段寄存器为 FS，GS	---------	

续表

汇编语言格式	功能	操作数	标记位 O D I T S Z A P C	备注
POPA	出栈送 16 位通用寄存器		---------	自 286 起有
POPAD	出栈送 32 位通用寄存器		---------	自 386 起有
POPF	出栈送 FLAGS		r r r r r r r r r	
POPFD	出栈送 EFLAGS		r r r r r r r r r	自 386 起有
PUSH src	(SP 或 ESP)←(SP 或 ESP)+2 或 4 ((SP 或 ESP))←(src)	reg mem imm SR	---------	
PUSHA	16 位通用寄存器进栈		---------	自 286 起有
PUSHAD	32 位通用寄存器进栈		---------	自 386 起有
PUSHF	FLAGS 进栈		---------	自 286 起有
PUSHFD	EFLAGS 进栈		---------	自 386 起有
RCL opr，cnt	带进位循环左移	reg，1 mem，1 reg，CL mem，CL reg，imm8 mem，imm8	x-------x u-------x	 自 286 起有
RCR opr，cnt	带进位循环右移	reg，1 mem，1 reg，CL mem，CL reg，imm8 mem，imm8	x-------x u-------x	 自 286 起有 自 286 起有
RDMSR	读模型专用寄存器 (EDX，EAX)←MSR[ECX]		---------	自 586 起有 系统指令
REPstringprimitive REP INS REP LODS REP MOVS REP OUTS REP STOS	当(CX 或 EAX)=0，退出重复；否则，(CX 或 EAX)←(CX 或 EAX)-1，执行其后的串指令	 c=0 c>0 c=0 c=1 c>1 c=0 c>0	---------	

续表

汇编语言格式	功能	操作数	标记位 ODITSZAPC	备注
REPE/REPZ string primitive REPE CMPS REPE SCAS	当(CX 或 ECX)=0 或 ZF=0，退出重复；否则，(CX 或 ECX)←(CX 或 ECX)-1，执行其后的串指令	c=0 c>0 c=0 c>0	x－－－xxxxx	
EPNE/REPNZ string primitive REPNE CMPS REPNZ SCAS	当(CX 或 ECX)=0 或 ZF=1，退出重复；否则，(CX 或 ECX)←(CX 或 ECX)-1，执行其后的串指令	c=0 c>0 c=0 c>0	x－－－xxxxx	
RET	段内：(IP)←POP( ) 段间：(IP)←POP( ) (CS)←POP( )		－－－－－－－－－	
RET exp	段内：(IP)←POP( ) (SP 或 ESP)←(SP 或 ESP)+D16 段间：(IP)←POP( ) (CS)←POP( ) (SP 或 ESP)←(SP 或 ESP)+D16		－－－－－－－－－	
ROL opr，cnt	循环左移	reg，1 mem，1 reg，CL mem，CL reg，imm8 mem，imm8	x－－－－－－－x u－－－－－－－x	 自 286 起有 自 286 起有
ROR opr，cnt	循环右移	reg，1 mem，1 reg，CL mem，CL reg，imm8 mem，imm8	x－－－－－－－x u－－－－－－－x	 自 286 起有 自 286 起有
RSM	从系统管理方式恢复		xxxxxxxxx	自 586 起有 系统指令
SAHF	(FLAGS 的低字节)←（AH）		－－－－rrrrr	
SAL opr，cnt	算术左移	reg，1 mem，1 reg，CL mem，CL reg，imm8 mem，imm8	x－－－xxuxx	 自 286 起有 自 286 起有

续表

汇编语言格式	功能	操作数	标记位 ODITSZAPC	备注
SAR opr，cnt	算术右移	reg，1 mem，1 reg，CL mem，cCL reg，imm8 mem，imm8	x---xxuxx	 自 286 起有 自 286 起有
SBB dst，src	(dst)←(dst)—(src)—CF	reg，reg reg，mem mem，reg reg，imm ac，imm mem，imm	x---xxxxx	
SCASB SCASW SCASD	(ac) − ((DI 或 EDI)) (DI 或 EDI)←(DI 或 EDI) ±1 或 2 或 4		x---xxxxx	
SETcc dst	条件设置	reg mem		自 386 起有
SGDT mem	从全局描述符表寄存器取 (mem)←(GDTR)		---------	自 286 起有 系统指令
SHL opr，cnt	逻辑左移	与 SAL 相同		
SHLD dst，reg，cnt	双精度左移	reg, reg, imm8 mem，reg，imm8 reg，reg，CL mem, reg，CL	x---xxuxx	自 386 起有
SHR opr，cnt	逻辑右移	reg，1 mem，1 reg，CL mem，CL reg，imm8 mem，imm8	x---xxuxx	 自 286 起有 自 286 起有
SHRD dst，reg，cnt	双精度右移	reg, reg, imm8 mem，reg，imm8 reg，reg，CL mem, reg，CL	u---xxuxx	自 386 起有

续表

汇编语言格式	功能	操作数	标记位 ODITSZAPC	备注
SIDT mem	从中断描述符表取 (mem)←(IDTR)		–––––––––	自286起有系统指令
SLDT dst	从局部描述符表取 (dst)←(LDTR)	reg mem	–––––––––	自286起有系统指令
SMSW dst	从机器状态字取 (dst)←(MSW)	reg mem	–––––––––	自286起有系统指令
STC	进位位置1		––––––––1	
STD	方向标志置1		–1–––––––	
STI	中断标志置1		––1––––––	
STOSB STOSW STOSD	((DI或EDI))←(ac) (DI或EDI)←(DI或EDI) ±1或2或4		–––––––––	
STR dst	从任务寄存器取 (dst)←(TR)	reg mem	–––––––––	自286起有系统指令
SUB dst，src	(dst)←(dst)–(src)	reg，reg reg，mem mem，reg reg，imm ac，imm mem，imm	x–––xxxxx	
TEST opr1，opr2	(opr1)∧(opr2)	reg，reg reg，mem mem，reg reg，imm ac，imm mem，imm	0–––xxux0	
VERR opr	检验 opr 中的选择器所表示的段是否可读	reg mem	–––––x–––	自286起有系统指令
VERW opr	检验 opr 中的选择器所表示的段是否可写	reg mem	–––––x–––	自286起有系统指令
WAIT	等待		–––––––––	系统指令

续表

汇编语言格式	功能	操作数	标记位 ODITSZAPC	备注
WBINVD	写回并使高速缓存无效		---------	自 486 起有 系统指令
WRMSR	写入模型专用寄存器 MSR(ECX)←(EDX，EAX)		---------	自 586 起有 系统指令
XADD dst，src	TEMP←(src)+(dst) (src)←(dst) (dst)←TEMP	reg，reg mem，reg	x---xxxxx	自 486 起有
XCHG opr1，opr2	(opr1)⟷(opr2)	reg，reg ac，reg mem，reg	---------	
XLAT	(AL)←((BX 或 EBX)+(AL))		---------	
XOR dst，src	(dst)←(dst)xor(src)	reg，reg reg，mem mem，reg/imm reg，imm ac，imm	0---xxux0	

说明如下。

（1）附录 1 的指令表来源于 Intel Pentium 的用户手册，其中提供的数据只适用于 Pentium。

（2）本表列出了 80x86 中面向应用程序设计的指令和面向系统程序设计的指令，其中后者在备注栏中以“系统指令”注明。

（3）表中所用符号说明如下。

① 操作类型中的 ac——累加器，reg——通用寄存器，mem——存储单元，imm——立即数。如其后跟以 8、16、32 位通用寄存器，依此类推。

② 标志位符号 ODITSZAPC 的意义如下。

0：置 0。1：置 1。x：根据结果设置。-：不影响。u：无定义。r：恢复原值。

附录 2 伪操作与操作符

附表 2.1　　　　伪操作

类型	伪操作名	格式	说明
处理机选择	. 8086	. 8086	允许使用 8086 和 8088 指令系统及 8087 专用指令
	. 8087	. 8087	允许使用 8087 指令
	. 286	. 286	在 8086 指令基础上，允许使用 80286 实模式指令和 80287 指令
	. 286P	. 286P	在 8087 指令基础上，允许使用包括保护模式在内的 80286 指令系统和 80287 指令
	. 287	. 287	在 8087 指令基础上，允许使用 80287 指令
	. 386	. 386	在 8086、80286 指令基础上，允许使用 80386 实模式指令和 80387 指令
	. 386P	. 386P	在 8086、80286 指令基础上，允许使用包括保护模式在内的 80386 指令系统和 80387 指令
	. 387	. 387	在 8087、80287 指令基础上，允许使用 80386 指令
	. 486	. 486	在 8086、80286、80386 指令基础上，允许使用 80486 实模式指令和 80387、80486 指令
	. 486P	. 486P	在 8086、80286、80386 指令基础上，允许使用包括保护模式在内的 80486 指令系统和 80387、80487 指令
	. NO87	. NO87	不允许使用协处理器指令

续表

类型	伪操作名	格式	说明
段定义	SEGMENNT ENDS	Segname SEGNAME [align][combine][use][‘class’] … segname ENDS	定义段 Align 说明段起始地址的边界值，它们可以是 PARA，BYTE，WORD，DWORD 或 PAGE combine 说明连接时的段合并方式，它们可以是 PRIVATE，PUBLIC，COMMON，AT expression，MEMORP 或 STACK use 指出段的大小，它们可以是 USE16 或 USE32 ‘class’指定类别
段指定	ASSUME	ASSUME segreg：segname[，…] ASSUME datareg：qualified[type[，…]]	规定段所属的段寄存器 指定寄存器所指向数据的类型 如 ASSUME BX：PTR WORD 表示 BX 指向一个字数组，其下的指令中如有[BX]就不必再加类型说明
	ASSUME	ASSUME Reg：ERROR[，…]	用来限制使用某些寄存器 如 ASSUME SI：ERROR 则其后程序不允许再用 SI 寄存器
	ASSUME	ASSUME Reg：NOTHING	用来取消前面已指定的连接关系， 如 ASSUME BX：NOTHING 或 ASSUME SI：NOTHING 均可取消前面指定的限制，也可用 ASSUME EX：NOTHING 表示段寄存器 ES 并未和任一段相关
存储模式及简化段定义	. MODEL	. MODEL memory _ model[，model options]	存储模式选择，用于所有简化段定义之前， memory _ model 指定所用存储模式，它们可以是 TINY，SMALL，MEDIUM，COMPACT，LARGE，HUGE 或 FLAT，model options 可以指定三项选择，高级语言接口，可以是 C，BASIC，FORTRAN，PASCALL，SYSCALL 或 STDCALL，操作系统可以是 OS—DOS 或 OS—OS2，堆栈距离，可以是 NEARSTACK 或 FARSTACK
	. CODE	. CODE[name]	定义代码段，对于一个代码段的模型，name 为可选项；对于多个代码段的模型，则应为每一个代码段指定段名
	. DATA	. DATA	定义初始化数据段
	. DATA?	. DATA?	定义未初始化数据段

续表

类型	伪操作名	格式	说明
存储模式及简化段定义	. FARDATA	. FARDATA[name]	定义远初始化数据段，可指定段名
	. FAR DATA?	. FAR DATA?[name]	定义远未初始化数据段，可指定段名
	. CONST	. CONST	定义常数数据段
	. STACK	. STACK[size]	定义堆栈段，可指定堆栈段大小（以字节为单位），如不指定，默认值为1KB
段组定义	GROUP	grpname GROUP segname[, segname…]	允许用户把多个段定义于一个段组中
程序的开始和结束	NAME	NAME module__name	可用来指定目标文件模块名，如不使用，则汇编程序自动用源文件名作为模块名
	END	END [lable]	表示源文件结束，Lable指定程序开始执行的起始地址，在多个模块相连接时，只有主模块需要指定Lable，其他模块则不需要指定
	. TARTUP	. STARTUP	定义程序的入口点，并产生设置DS，SS和SP的代码，在使用STARTUP时，END后的lable将不必指定
	. EXIT	. EXIT [return_value]	可产生退出程序并返回操作系统的代码 return_value为返回操作系统的代码
段排列	. SEQ	. SEQ	指示MASM按段在源文件中的次序写入目标文件在默认情况下，段排列与有. SEQ时相同
	. ALPHA	. ALPHA	指示MASM按段名的字母次序写入目标文件
	DOSSEG	DOSSEG	指示MASM用DOS所规定的方式排列段，即代码段在低地址区，然后是数据段，最后是堆栈段
数据定义及存储器分配	DB BYTE SBYTE DW WORD SWORD DD DWORD	[variable] DB operand[，…] [variable]BYTE operand[，…]) [variable]SBYTE operand[，…]) [variable] DW operand[，…]) [variable]WORD operand[，…]) [variable] SWORD operand[，…]) [variable]DD operand[，…]) [variable] DWORD operand[，…])	定义字节变量 定义字节变量 定义带符号字节变量 定义字变量 定义字变量 定义带符号字变量 定义双字变量（允许单精度浮点数） 定义双字变量（不允许浮点数）

续表

类型	伪操作名	格式	说明
数据定义及存储器分配	SDWORD	[variable] SDWORD operand[，…])	定义带符号双字变量
	DF	[variable]DF operand[，…])	定义 6 字节变量，一般存放远指针
	FWORD	[variable] FWORD operand[，…])	定义 6 字节变量，一般存放远指针
	DQ	[variable]DQ operand[，…])	定义 4 字变量
	QWORD	[variable] QWORD operand[，…])	定义 4 字节变量
	DT	[variable]DT operand[，…])	定义 10 字节变量
	TBYTE	[variable]TBYTE operand[，…])	定义 10 字节变量
	REAL4	[variable] REAL4 operand[，…])	定义 4 字节浮点数
	REAL8	[variable] REAL8 operand[，…])	定义 8 字节浮点数
	REAL10	[variable] REAL10 operand[，…])	定义 10 字节浮点数
	LABEL	name LABEL type	定义 name 的类型 如 name 为变量，则 type 可以是 BYTE，WORD，DWORD 等 如 name 为标号，则 type 可以是 NEAR，FAR 或 PROC
	TYPEDEF	typename TYPEDEF[distname]PTR qualified_type	建立指针类型 distname 可以是 NEAR， NEAR16，FAR，FAR32 或空，对 16 位段，NRAR 是 2 字节，FAR 是 4 字节；对 32 位段，NRAR 是 4 字节，FAR 是 6 字节；默认时，由存储模型控制 qualified_type 说明类型为 typename 的指针所指向目标的类型，可以是 BYTE，WORD，DWORD 等
赋值	EQU	name　EQU expression	赋值
	=	name　=　expression	赋值
	TEXTEQU	name　TEXTEQU (string) name　TEXTEQU tmname name　TEXTEQU %(x+y)	赋值，与 EQU 等价，但 EQU 可用于数字表达式，TEXTEQU 可用于文本串
对准	ORG	ORG constant_expession	地址计数器（可用 $ 表示）设成 constant_expession 的值

续表

类型	伪操作名	格式	说明
对准	EVEN	EVEN	使地址计数器成为偶数
	ALIGN	ALIGN boundary	使地址计数器成为 boundary 的整数倍，boundary 必须是 2 的幂
基数控制	. RADIX	. RADIX expession	改变当前基数为 expession 的值（用十进制数 2～16 表示）
文本串处理	CATSTR	newstring CATSTR string1，string2	合并串，连接 string1 和 string2 生成 Newstring
	INSTR	pos INSTR start，string，substring	获取子串的位置，获取 substring 在 string 中的位置，Pos，start 为搜索的起始点，在 Pos 中以次点为 1 计
	SUBSTR	part SUBSTR string，startpos，length	抽取子串，从 string 中抽取起始位置为 tartpos，长度为 length 的子串 part
	SIZESTR	strsize SIZESTR string	判断串长度，strsize 为 string 的长度
结构联合记录	STRUC 或 STRUCT	structure_name STRUC[alignmemt，NONUNIQUE] ： structure_name ENDS 结构预指语句的格式为： variable structure_name<preassignment specifications>	定义结构，结构中所有域顺序分配不同的内存位置 alignmemt 可以是 1、2 或 4 NONUNIQUE 强制位于结构内的所有域名
	UNIOU	union-name UNIOU[alignment，NONUNIQUE] ： union-name ENDS	定义结构，结构中所有域均共享同一内存位置
	RECORD	record-name RECORD fieldname：width[，…] 位赋值语句： variable record-name<initial_values>	定义记录，在字或字节内定义位模式 fieldname 为字段名，width 为该字段的宽度

续表

类型	伪操作名	格式	说明
模块化程序设计：过程	PORC	porcname PORE[NEAR 或 FAR] : porcname ENDP	过程定义
	PORC	Porname PORC[attributes field][USES registerlist][，parameter field] LOCAL vardef[，vardef] : porcname ENDP	过程定义 attributes field 由以下各项组成： distance language type visibility prologue 其中 distance 可用 NEAR 或 FAR； language type 可用 C，PASCAL，BASIC，FORTRAN 或 STDCALL； visibility 可用 PRIVATE 或 PUBLIC； prologue 控制与过程的入口和出口有关代码的宏名 USES 字段允许用户指定所需保存和恢复的寄存器 Parameter field 允许指定过程所用参数，格式为：identifier：type[，identifier：type] 其中 identifier 为参数的符号名，type 为参数的模型 LOCAL 可以为局部变量申请空间，格式为： Label，label：type 或 label[count]：type 第一种未指定类型，按 word 分配空间； 第二种可指定类型，如 byte，word，dword 等； 第三种用来申请数组空间，Label 为数组名，count 为元素数，type 为类型
	INCLUDE	INCLUDE filename	把名为 filename 的文件插入到当前 INCLUDE 语句所在位置，filename 也可以是完整的路径名
	EXTRN 或 EXTERN	EXTRN name：type[，…] EXTRN[lannguage]name：type[，…]	说明在本模块中使用的外部符号， Name 如为变量，则 type 可为 BYTE，WORD，DWORD 等， Name 如为标号，则 type 可为 NEAR，FAR 或 PROC， 允许用户指定调用语言，lannguage 可以使 C 或 PASCALL

续表

类型	伪操作名	格式	说明
模块化程序设计：过程	INVOKE	INVOKE procname[, arguments]	调用过程，完成类型检查，转换参数，参数入栈，调用过程的工作，并在过程返回时清除堆栈 arguments 可以是地址表达式，立即数，寄存器对或是由 ADDR 引导的一个列表（传递地址时应在地址前加前缀 ADDR） INVOKE 要求在其前所调用过程已经由 PROC 定义或已由 PROTO 建立该过程原型，INVOKE 使用 AX，EAX，DX，EDX
	PROTO	label PROTO[distance][language type][parameters]	建立过程原型 Label 为过程名，它是外部的或公用的符号，其他参数说明与 PROC 相同
	INCLUDELIB	INCLUDELIB libname	指定目标程序要与名为 libname 的库文件相联接，libname 只能是文件名，不允许使用完整的路径名
	PUBLIC	PUBLIC symbol[, …] PUBLIC [language] symbol[, …]	说明在本模块中定义的外部符号 允许用户指定调用语言，language 可以使 C 或 PASCALL
	COMM	COMM[NEAR 或 FAR]var：size[：number]	定义公共变量，该变量 var 是一个未初始化的全局变量 NEAR 或 FAR 说明对该变量的访问是用偏移地址还是段地址，偏移地址，size 为变量类型，可用 BYTE，WORD，DWORD 等，number 为变量个数（默认为 1），COMM 必须放在数据段中
	EXTRNDEF	EXTRNDEF [language_type] name:type[…]	说明公共和外部符号，既可以与 EXTRN 等同，又可以与 PUBLIC 等同
宏	MACRO ENDM	macro_name MACRO [dummylist] : ENDM 宏调用：macro_name[paramlist]	宏定义

续表

类型	伪操作名	格式	说明
宏	LOCAL	LOCAL symbol [，…]	说明宏中的局部符号，MASM 将对其指定的每个 symbol 建立 0000～0FFFFH 的符号 LOCAL 必须是宏定义中的第一个语句，有关 LOCAL 在过程中的作用见 PROC
	PURGE	PURGE macro_name [，…]	删除指定的宏定义
	EXITM	EXITM EXITM<return_value>	从宏（包括条件快和重复块）中退出 从宏函数退出，并返回字符串值
	GOTO	GOTO label	在宏定义体中，用来转跳到 label 处 目标标号的格式是：label

条件	IFxx
	ELSE
	ENDIF
		IFxx argument
		statements_1
		ELSE
		statements_2
		ENDIF
			Argument 为真，则汇编 Statements_1，否则 Statements_2

	IF	IF expression	表达式不为零则为真
	IFE	IFE expression	表达式为零则为真
	IFDEF	IFDEF symbol	符号已定义为真
	IFNDEF	IFNDEF symbol	符号未定义为真
	IFB	IFB (argument)	自变量为空则为真
	IFNB	IFNB (argument)	自变量不空则为真
	IFIDN	IFIDN <arg_1><arg_2> 或 IFIDNI <arg_1><arg_2>	arg_1 和 arg_2 相同时为真 arg_1 和 arg_2 相同时为真，但参数比较与大小写相关
	IFDIF	IFDIF <arg_1><arg_2> 或 IFDIFI<arg_1><arg_2>	arg_1 和 arg_2 不相同时为真 arg_1 和 arg_2 不相同时为真，但参数比较与大小写无关
	ELSExx	IFxx expression_1 : ELSEIFxx expression_2 : ELSEIFxx expression_3 : ENDIF	允许用 ELSExx 编写嵌套的条件汇编

续表

类型	伪操作名	格式	说明
重复	REPT	REPT expression : ENDM	REPT 和 ENDM 之间的语句重复由表达式的值所指定的次数
	REPEAT	REPEAT count : ENDM	与 REPT 相同
	IRP	IRP dummy，<arg1，arg2，…> : ENDM	重复 IRP 和 ENDM 之间的语句，每次重复用自变量表中的一项取代语句中的哑元
	FOR	FOR dummy，<arg1，arg2，…> : ENDM	与 IRP 相同
	IRPC	IRPC dummy，string : ENDM	重复 IRPC 和 ENDM 之间的语句，每次重复用字符串中的下一个字符取代语句中的哑元
	FORC	FORC dummy，string : ENDM	与 IRPC 相同
高级语言宏	. IF . ELSEIF . ELSE . ENDIF	. IF expression_1 statements_1 . ELSEIF expression_2 statements_2 . ELSEIF expression_3 statements_3 : . ELSE statements_n . ENDIF	生成相当于高级语言 if、then、else、endif 的语句
	. WHILE . ENDW	. WHILE expression statements . ENDW	生成相当于高级语言中建立 while 循环语句

续表

类型	伪操作名	格式	说明
高级语言宏	. REPEAT . UNTIL	. REPEAT statements . UNTIL expression	生成相当于高级语言中建立 until 循环语句
	. REPEAT . UNTILCXZ	. REPEAT statements . UNTILCXZ [expression]	与. REPEAT/. UNTIL 类似，但其不用 expression 时可用 CX 存放循环计数值，使用 expression 时，可以在增加退出循环的条件
	. BREAK	. BREAK . BREAK . IF expression	可提前退出. WHILE 或. REPEAT 循环，前一种不带参数的格式表示无条件退出，后一种带参数的格式给出退出循环的条件
	. CONTINUE	. CONTINUE . CONTINUE . IF expression	控制直接跳转. WHILE 或. REPEAT 循环的测试条件，第一种不带参数的格式表示无条件跳转，后一种带参数的格式给出跳转的条件
列表格式	PAGE	PAGE lines_per_page，char_per_line PAGE PAGE+	设置列表文件每页的行数（0~255）（默认为 50）和每行的字符数（60~132）（默认为 80） 开始一个新页 开始一个新行
	TITLE	TITLE text_string	指示文本串（不超过 60 字符）作为标题，该标题打印在列表文件的每一页上
	SUBTITLE 或 SUBTTL	SUBTITLE text_string	指示文本串（不超过 60 字符）作为子标题，该子标题打印在列表文件的每一页的标题下面
有关源程序	. LIST . XLIST . NOLIST . LISTALL	. LIST . XLIST . NOLIST . LISTALL	在列表文件中开始包括源语句 在列表文件中停止包括源语句 含义与. XLIST 相同 在列表文件中列出程序的所有语句
有关宏	. LALL . LISTMACROALL . XALL . LISTMACRO . SALL . NOLISTMACRO	. LALL . LISTMACROALL . XALL . LISTMACRO . SALL . NOLISTMACRO	在列表文件中列出宏展开的所有语句 含义与. LALL 相同 只列出宏展开产生代码或数据的（默认）语句 含义与. XALL 相同 不列出宏展开的所有语句（只列出宏调用） 含义与. SALL 相同

续表

类型	伪操作名	格式	说明
有关条件汇编	. LFCOND	. LFCOND	在列表文件中列出列出条件块中的所有语句，包括测试条件为假而未被汇编的条件块
	. LISTIF	. LISTIF	含义与. LFCOND 相同
	. SFCOND	. SFCOND	在列表文件中不列出测试条件为假而未被汇编的条件块（默认）
	. NOLISTIF	. NOLISTIF	含义与. SFCOND 相同
	. TFCOND	. TFCOND	用来切换列出测试条件为假而未被汇编的条件块的状态，即如果已设置. LISTIF 则. TFCOND 可把它转换为. NOLISTIF，反之亦然
交叉引用信息	. CREF	. CREF	使在交叉引用文件中出现有关其后符号的信息
	. XCREF	. XCREF	使在交叉引用文件中不出现有关其后符号的信息
	. NOCREF	. NOCREF	含义与. XCREF 相同
其他	%OUT	%OUT text	汇编过程中使标准输出设备显示一行文本
	ECHO	ECHO text string	含义与%OUT 相同
	COMMENT	COMMENT comment_delimiter	标记成块注释（；适用于单行注释）
	PUSHCONTEXT	PUSHCONTEXT context	保存 MASM 状态，Context 可以是 ASSUMES，RADIX，LISTIGN，CPU 或 ALL
	POPCONTEXT	POPCONTEXT context	恢复 MASM 状态

附表 2.2　　操作符

类型	操作符名	格式	说明
算术	+	expression1+ xpression2	相加
	–	expression1–expression2	相减
	×	expression1×expression2	相乘
	/	expression1/expression2	相除
	MOD	expression1 MOD expression2	表达式 1 除以表达式 2 所得余数
	.	offset notation.　fieldname	访问结构数据中的变量，offset notation 为结构数据的首地址
	[ ]	expression1[expression2]	回送 expression1 加上 expression2 的偏移地址之和

续表

类型	操作符名	格式	说明
逻辑和移位	AND	expression1 AND expression2	两个表达式按位与
	OR	expression1 OR expression2	两个表达式按位或
	XOR	expression1 XOR expression2	两个表达式按位异或
	NOT	NOT expression1	将表达式中的值按位求反
	SHL	expression1 SHL numshift	将表达式左移 numshift 位，如 numshift 大于 15，则结果为 0
	SHR	expression1 SHR numshift	将表达式右移 numshift 位，如 numshift 大于 15，则结果为 0
关系	EQ	expression1 EQ expression2	如两个表达式相等则回送真（0FFFFH），否则回送假（0）
	NE	expression1 NE expression2	如两个表达式不相等则回送真，否则回送假
	LT	expression1 LT expression2	如 expression1 小于 expression2 则回送真，否则回送假
	GT	expression1 GT expression2	如 expression1 大于 expression2 则回送真，否则回送假
	LE	expression1 LE expression2	如 expression1 小于或等于 expression2 则回送真，否则回送假
	GE	expression1 GE expression2	如 expression1 大于或等于 expression2 则回送真，否则回送假
数值回送	TYPE	TYPE expression	回送表达式类型，变量则回送元素的字节数，标号则回送类型数值
	LENGTH	LENGTH variable	回送变量所定义的数据项个数，对于 DUP，回送 DUP 的计数值
	LENGTHOF	LENGTHOF variable	回送变量所定义的数据项个数
	SIZE	SIZE variable	回送分配给变量的字节数，它是 LENGTH 值与 TYPE 值的乘积
	SIZEOF	SIZEOF variable	回送分配给变量的字节总数
	OFFSET	OFFSET variable 或 label	回送变量或标号的偏移地址值
	SEG	SEG variable 或 label	回送变量或标号的段地址值
	MASK	MASK fieldname	回送记录定义中指定字段所占位置的值，其所占位为 1，其他位为 0
	WIDTH	WIDTH fieldname	回送记录定义中指定字段名的位宽度
属性	PTR	type PTR expression	建立表达式的类型，Expression 可以是标号，变量或指令中用各种寻址方式表达的存储单元，Type 可以是 NEAR、FAR 或 PROC，也可以是 BYTE、WORD、DWORD 等

续表

类型	操作符名	格式	说明
属性	段操作符	Segname 或 segreg：expression	用段名或段寄存器来表示一个标号或变量的段属性
	SHORT	SHORT label	表示 JMP 指令转向地址 label 为 ± 127 字节的范围内
	THIS	THIS type	指定与当前地址计数器相等的一个地址单元的类型
	HIGH	HIGH expression	回送字表达式的高位字节
	LOW	LOW expression	回送字表达式的低位字节
	HIGHWORD	HIGHWORD expression	回送双字表达式的高位字
	LOWWORD	LOWWORD expression	回送双字表达式的低位字
	OPATTR	OPATTR expression	以位标志方法回送表达式的属性，位 0 表示标号，位 1 表示变量，位 2 表示常量，位 3 表示是用直接存储器寻址方式，位 4 表示寄存器，位 5 表示使用未定义符号且未出错，位 6 表示为 SS 相关的存储器表达式，位 7 表示外部符号，位 8～11 为语言类型，其中 001 为 C，010 为 SYSCALL，011 为 STDCALL，100 为 PASCAL，101 为 FORTRAN，110 为 BASIC
宏	&	& parameter	展开时可把前后两个符号合并而形成一个符号
	%	% expression	把表达式的值转换成当前基数下的数取代哑元
	!	! char	取消该字符的特殊功能
	;	;	注释开始符，这种注释在宏展开时不出现

附录 3
中断向量地址一览

附表 3.1　　80x86 中断向量

I/O 地址	中断类型	功能
0～3	0	除法溢出中断
4～7	1	单步（用于 DEBUG）
8～B	2	非屏蔽中断（NMI）
C～F	3	断点中断（用于 DEBUG）
10～13	4	溢出中断
14～17	5	打印屏幕
18～1F	6、7	保留

附表 3.2　　8259 中断向量

I/O 地址	中断类型	功能
20～23	8	定时器（IRQ0）
24～27	9	键盘（IRQ1）
28～2B	A	彩色/图形（IRQ2）
2C～2F	B	串行通信 COM2（IRQ3）
30～33	C	串行通信 COM1（IRQ4）
34～37	D	LPT2 控制器中断（IRQ5）
38～3B	E	键盘控制器中断（IRQ6）
3C～3F	F	LPT1 控制器中断（IRQ7）

附表 3.3　　BIOS 中断

I/O 地址	中断类型	功能
40～43	10	视频显示 I/O
44～47	11	设备检验
48～4B	12	测定存储器容量

续表

I/O 地址	中断类型	功能
4C～4F	13	磁盘 I/O
50～53	14	RS-232 串行口 I/O
54～57	15	系统描述表指针
58～5B	16	键盘 I/O
5C～5F	17	打印机 I/O
60～63	18	ROM BASIC 入口代码
64～67	19	引导装入程序
68～6B	1A	日时钟

附表 3.4　提供给用户的中断

I/O 地址	中断类型	功能
6C～6F	1B	Ctrl-Break 控制的软中断
70～73	1C	定时器控制的软中断

附表 3.5　参数表指针

I/O 地址	中断类型	功能
74～77	1D	视频参数块
78～7B	1E	软盘参数块
7C～7F	1F	图形字符扩展码

附表 3.6　DOS 中断

I/O 地址	中断类型	功能
80～83	20	DOS 中断返回
84～87	21	DOS 系统功能调用
88～8B	22	程序终止时 DOS 返回地址（用户不能直接调用）
8C～8F	23	Ctrl-Break 处理地址（用户不能直接调用）
90～93	24	严重错误处理（用户不能直接调用）
94～97	25	绝对磁盘读功能
98～9B	26	绝对磁盘写功能
9C～9F	27	终止并驻留程序
A0～A3	28	DOS 安全使用
A4～A7	29	快速写字符
A8～AB	2A	Microsoft 网络接口
B8～BB	2E	基本 SHELL 程序装入
BC～BF	2F	多路服务中断
CC～CF	33	鼠标中断
104～107	41	硬盘参数块
118～11B	46	第二硬盘参数表
11C～3FF	47～FF	BASIC 中断

附录 4 DOS 系统功能调用（INT 21H）

AH	功能	调用参数	返回参数
00	程序终止	CS=程序段前缀 PSP	
01	键盘输入并回显		AL=输入字符
02	显示输出	DL=输出字符	
03	辅助设备（COM1）输入		AL=输入数据
04	辅助设备（COM1）输出	DL=输出字符	
05	打印机输出	DL=输出字符	
06	直接控制台 I/O	DL=FF（输入） DL=字符（输出）	AL=输入字符
07	键盘输入（无回显）		AL=输入字符
08	键盘输入（无回显） 检测 Ctrl-Break 或 Ctrl-C		AL=输入字符
09	显示字符串	DS：DX=串地址 字符串以‘$’结尾	
0A	键盘输入到缓冲区	DS：DX=缓冲区首址 (DS：DX）=缓冲区最大字符数	（DS：DX+1）=实际输入的字符数
0B	检测键盘状态		AL=00 有输入 AL=FF 无输入
0C	清除缓冲区并请求指定的输入功能	AL=输入功能号（1，6，7，8）	
0D	磁盘复位		清除文件缓冲区
0E	指定当前默认的磁盘驱动器	DL=驱动器号 （0=A，1=B，...）	AL=系统中驱动器数

续表

AH	功能	调用参数	返回参数
0F	打开文件（FCB）	DS：DX=FCB首地址	AL=00 文件找到 AL=FF 文件未找到
10	关闭文件（FCB）	DS：DX=FCB首地址	AL=00 目录修改成功 AL=FF 目录中未找到文件
11	查找第一个目录项（FCB）	DS：DX=FCB首地址	AL=00 找到匹配目录项 AL=FF 未找到匹配目录项
12	查找下一个目录项（FCB）	DS：DX=FCB首地址 使用通配符进行目录项查找	AL=00 找到匹配目录项 AL=FF 未找到匹配目录项
13	删除文件（FCB）	DS：DX=FCB首地址	AL=00 删除成功 AL=FF 文件未删除
14	顺序读文件（FCB）	DS：DX=FCB首地址	AL=00 读成功 AL=01 文件结束，未读到数据 AL=02DTA 边界错误 AL=03 文件结束，记录不完整
15	顺序写文件（FCB）	DS：DX=FCB首地址	AL=00 写成功 AL=01 磁盘满或只读文件 AL=02DTA 边界错误
16	建文件（FCB）	DS：DX=FCB首地址	AL=00 建文件成功 AL=FF 磁盘操作有错
17	文件改名（FCB）	DS：DX=FCB首地址	AL=00 文件被改名 AL=FF 文件未改名
19	取当前默认磁盘驱动器		AL=00 默认的驱动器号 0=A，1=B，2=C…
1A	设置DTA地址	DS：DX=FCB首地址	
1B	取默认驱动器FAT信息		AL=每簇扇区数 DS：BX=指向介质指针 CX=物理扇区字节数 DX=每簇盘簇数
1C	取指定驱动器FAT信息		同上
1F	取默认磁盘参数块		AL=00 无错 AL=FF 出错 DS：BX=磁盘参数块地址

续表

AH	功能	调用参数	返回参数
21	随机读文件（FCB）	DS：DX=FCB 首地址	AL=00 读成功 AL=01 文件结束 AL=02DTA 边界错误 AL=03 读部分记录
22	随机写文件（FCB）	DS：DX=FCB 首地址	AL=00 写成功 AL=01 磁盘满或只读文件 AL=02DTA 边界错误
23	测定文件大小（FCB）	DS：DX=FCB 首地址	AL=00 成功，记录数填入 FCB AL=FF 未找到匹配的文件
24	设置随机记录号	DS：DX=FCB 首地址	
25	设置中断向量	DS：DX=中断向量 AL=中断类型号	
26	建立程序段前缀 PSP	DX=新 PSP 段地址	
27	随机分块读（FCB）	DS：DX=FCB 首地址	AL=00 读成功 AL=01 文件结束 AL=02DTA 边界错误 AL=03 读部分记录 CX=读取的记录数
28	随机分块写（FCB）	DS：DX=FCB 首地址 CX=记录数	AL=00 写成功 AL=01 磁盘满或只读文件 AL=02DTA 边界错误
29	分析文件名字符串（FCB）	ES：DI=FCB 首地址 DS：SI=ASCIZ 串 AL=分析控制标志	AL=00 标准文件 AL=01 多义文件 AL=FF 驱动器说明无效
2A	取系统日期		CX=年（1980～2099） DH=月（1～12） DL=日（1～31） AL= 星期（0～6）

续表

AH	功能	调用参数	返回参数
2B	置系统日期	CX=年（1980～2099） DH=月（1～12） DL=日（1～31）	AL=00 成功 AL=FF 无效
2C	取系统时间		CH：CL=时：分 DH：DL=秒：1/100 秒
2D	置系统时间	CH：CL=时：分 DH：DL=秒：1/100 秒	AL=00 成功 AL=FF 无效
2E	设置磁盘检验标志	AL=00 关闭检验 AL=FF 打开检验	
2F	取 DTA 地址		ES：BX=DTA 首地址
30	取 DOS 版本号		AX=发行号，版本号 BH=DOS 版本信息 BL：CX=序号（24 位）
31	结束并驻留	AL=返回码 DX=驻留区大小	
32	取驱动器参数块	DL=驱动器号	AL=FF 驱动器无效 DS：BX=驱动器参数块地址
33	Ctrl-Break 检测	AL=00 取标志状态	DL=00 关闭 Ctrl-Break 检测 DL=01 打开 Ctrl-Break 检测
35	取中断向量	AL=中断类型	ES：BX=中断向量
36	取空闲磁盘空间	DL=驱动器号 0=默认，1=A，2=B，…	成功：AX=每簇扇区数 BX=可用簇数 CX=每扇区字节数 DX=磁盘总簇数
38	置/取国别信息	AL=00 取当前国别信息 AL=FF 国别代码放在 BX 中 DS：DX=信息去首地址 DX=FFFF 设置国别代码	BX=国别代码 （国际电话前缀码） DS：DX=返回的信息区首址
39	建立子目录	DS：DX=ASCIZ 串地址	AX=错误码
3A	删除子目录	DS：DX=ASCIZ 串地址	AX=错误码
3B	设置目录	DS：DX=ASCIZ 串地址	AX=错误码
3C	建立文件（handle）	DS：DX=ASCIZ 串地址 CX=文件属性	成功：AX=文件代号 失败：AX=错误码

续表

AH	功能	调用参数	返回参数
3D	打开文件（handle）	DS：DX=ASCIZ 串地址 AL=访问和文件共享方式 0=读，1=写，2=读/写	成功：AX=文件代号 失败：AX=错误码
3E	关闭文件（handle）	BX=文件代号	失败：AX=错误码
3F	读文件或设备（handle）	DS：DX=数据缓冲区地址 BX=文件代号 CX=读入的字节数	成功：AX=实际读入字节数 AX=0 已到文件尾 失败：AX=错误码
40	写文件或设备（handle）	DS：DX=数据缓冲区地址 BX=文件代号 CX=写入的字节数	成功：AX=实际写入字节数 失败：AX=错误码
41	删除文件	DS：DX=ASCIZ 串地址	成功：AX=00 失败：AX=错误码
42	移动文件指针	BX=文件代号 CX：DX=位移量 AL=移动方式	成功：DX：AX=新指针位置 失败：AX=错误码
43	置/取文件属性	DS：DX=ASCIZ 串地址 AL=00 取文件属性 AL=01 置文件属性 CX=文件属性	成功：CX=文件属性 失败：AX=错误码
44	设备驱动程序控制	BX=文件代号 AL=设备子功能代码（0～11H） 0=取设备信息 1=置设备信息 2=读字符设备 3=写字符设备 4=读块设备 5=写块设备 6=取输入状态 7=取输出状态，… BL=驱动器代码 CX=读/写的字节数	成功：DX=设备信息 AX=传送的字节数 失败：AX=错误码

续表

AH	功能	调用参数	返回参数
45	复制文件代号	BX=文件代号 1	成功：AX=文件代号 2 失败：AX=错误码
46	强行复制文件代号	BX=文件代号 1 CX=文件代号 2	失败：AX=错误码
47	取当前目录路径名	DL=驱动器号 DS：SI=ASCIZ 串地址 （从根目录开始的路径名）	成功： DS：SI=当前 ASCIZ 串地址 失败：AX=错误码
48	分配内存空间	BX=申请内存字节数	成功： AX=分配内存初始段地址 失败：AX=错误码 BX=最大可用空间
49	释放已分配内存	ES=内存起始段地址	失败：AX=错误码
4A	修改内存分配	ES=原内存起始段地址 BX=新申请内存字节数	失败：AX=错误码 BX=最大可用空间
4B	装入/执行程序	DS：DX=ASCIZ 串地址 ES：BX=参数区首地址 AL=00 装入并执行程序 AL=01 装入程序，但不执行	失败：AX=错误码
4C	带返回码终止	AL=返回码	
4D	取返回代码		AL=子出口代码 AH=返回代码 00=正常终止 01=用 Ctrl-C 终止 02=严重设备错误终止 03=用功能调用 31H 终止
4E	查找第一个匹配文件	DS：DX=ASCIZ 串地址 CX=属性	失败：AX=错误码
4F	查找下一个匹配文件	DTA 保留 4EH 的原始信息	失败：AX=错误码

续表

AH	功能	调用参数	返回参数
50	置 PSP 段地址	BX=新 PSP 段地址	
51	取 PSP 段地址		BX=当前运行进程的 PSP
52	取磁盘参数块		ES：BX=参数块链表指针
53	把 BIOS 参数块（BPB）转换为 DOS 的驱动器参数块（DPB）	DS：SI=BPB 的指针 ES：BP=DPB 的指针	
54	取写盘后读盘的检验标志		AL=00 检验关闭 AL=01 检验打开
55	建立 PSP	DX=建立 PSP 的段地址	
56	文件改名	DS：DX=当前 ASCIZ 串地址 ES：DI=新 ASCIZ 串地址	失败：AX=错误码
57	置/取文件日期和时间	BX=文件代号 AL=00 读取日期和时间 AL=01 设置日期和时间 （DX：CX）=日期：时间	失败：AX=错误码
58	取/置内存分配策略	AL=00 取策略代码 AL=01 置策略代码 BX=策略代码	成功：AX=策略代码 失败：AX=错误码
59	取扩充错误码	BX=00	AX=扩充错误码 BH=错误类型 BL=建议的操作 CH=出错设备代码
5A	建立临时文件	CX=文件属性 DS：DX=ASCIZ 串（以\结束）地址	成功：AX=文件代号 DS：DX=ASCIZ 串地址 失败：AX=错误代码
5B	建立新文件	CX=文件属性 DS：DX=ASCIZ 串地址	成功：AX=文件代号 失败：AX=错误代号

续表

AH	功能	调用参数	返回参数
5C	锁定文件存取	AL=00 所顶文件指定的区域 AL=01 开锁 BX=文件代号 CX：DX=文件区域偏移值 SI：DI=文件区域的长度	失败：AX=错误代码
5D	取/置严重错误标志的地址	AL=06 取严重错误标志地址 AL=0A 置 ERROR 结构指针	DS：SI=严重错误标志的地址
60	扩展为全路径名	DS：SI=ASCIZ 串的地址 ES：DI=工作缓冲区地址	失败：AX=错误代码
62	取程序段前缀地址		BX=PSP 地址
68	刷新缓冲区数据到磁盘	AL=文件代号	失败：AX=错误代码
6C	扩充的文件打开/建立	AL=访问权限 BX=打开方式 CX=文件属性 DS：SI=ASCIZ 串地址	成功：AX=文件代号 CX=采取的动作 失败：AX=错误代码

附录 5
BIOS 功能调用

INT	AH	功能	调用参数	返回参数
10	0	设置显示方式	AL=00　40×25 黑白文本，16 级灰度 AL=01　40×25 16 色文本 AL=02　80×25 黑白文本，16 级灰度 AL=03　80×25 16 色文本 AL=04　320×200 4 色图形 AL=05　320×200 黑白图形，4 级灰度 AL=06　640×200 黑白图形 AL=07　80×25 黑白文本 AL=08　160×200 16 色图形（MCGA） AL=09　320×200 16 色图形（MCGA） AL=0A　640×200 4 色图形（MCGA） AL=0D　320×200 16 色图形（EGA/VGA） AL=0E 640×200 16 色图形（EGA/VGA） AL=0F 640×350 单色图形（EGA/VGA） AL=10　640×350 16 色图形（EGA/VGA） AL=11　640×480 黑白图形（VGA） AL=12　640×480 16 色图形（VGA） AL=13　320×200 256 色图形（VGA）	
10	1	置光标类型	（CH）0～3 =光标起始行 （CL）0～3 =光标结束行	
10	2	置光标位置	BH=页号 DH/DL=行/列	

续表

INT	AH	功能	调用参数	返回参数
10	3	读光标位置	BH=页号	CH=光标起始行 CL=光标结束行 DH/DL=行/列
10	4	读光笔位置		AX=0 光笔未触发 AX=1 光笔触发 CH/BX=像素行/列 DH/DL=字符行/列
10	5	置当前显示页	AL=页号	
10	6	屏幕初始化或上卷	AL=0 初始化窗口 AL=上卷行数 BH=卷入行属性 CH/CL=左上角行/列号 DH/DL=右上角行/列	
10	7	屏幕初始化或下卷	AL=0 初始化窗口 AL=下卷行数 BH=卷入行属性 CH/CL=左上角行/列号 DH/DL=右上角行/列	
10	8	读光标位置的字符和属性	BH=显示页	AH/AL=字符/属性
10	9	在光标位置显示字符和属性	BH=显示页 AL/BL=字符/属性 CX=字符重复次数	
10	A	在光标位置显示字符	BH=显示页 AL=字符 CX=字符重复次数	
10	B	置彩色调色板	BH=彩色条色板 ID BL=和 ID 配套使用的颜色	
10	C	写像素	AL=颜色值 BH=页号 DX/CX=像素行/列	
10	D	读像素	BH=页号 DX/CX=像素行/列	AL=像素的颜色值
10	E	显示字符 （光标前移）	AL=字符 BH=页号 BL=前景色	

续表

INT	AH	功能	调用参数	返回参数
10	F	取当前显示方式		BH=页号 AH=字符列数 AL=显示方式
10	10	置调色板寄存器（EGA/VGA）	AL=0，BL=调色板号，BH=颜色值	
10	11	装入字符发生器（EGA/VGA）	AL=0～4 全部或部分装入字符点阵集 AL=20～24 置图形方式显示字符集 AL=30 读当前字符集信息	ES：BP=字符集位置
10	12	返回当前适配器设置的信息（EGA/VGA）	BL=10H（子功能）	BH=0 单色方式 BH=1 彩色方式 BL=VRAM 容量 （0=64K，1=128K…） CH=特征位设置 CL=EGA 的开关设置
10	13	显示字符串	ES：BP=字符串地址 AL=写方式（0～3） CX=字符串长度 DH/DL=起始行/列 BH/BL 页号/属性	
11		取设备信息		AX=返回值(位映像) 0=设备未安装 1=设备未安装
12		取内存容量		AX=字节数（KB）
13	0	磁盘复位	DL=驱动器号 （00，01 为软盘，80h，81h，…为硬盘）	失败：AH=错误码
13	1	读磁盘驱动器状态		AH=状态字节
13	2	读磁盘扇区	AL=扇区数 （CL）6.7（CH）0～7=磁道号 （CL）0～5=扇区号 DH/DL=磁头号/驱动器号 ES：BX=数据缓冲区地址	读成功 AH=0 AL=读取的扇区数 读失败： AH=错误码
13	3	写磁盘扇区	同上	写成功： AH=0 AL=写入的扇区数 写失败： AH=错误码

续表

INT	AH	功能	调用参数	返回参数
13	4	检验磁盘扇区	AL=扇区数 （CL）6.7（CH）0～7=磁道号 （CL）0～5=扇区号 DH/DL=磁头号/驱动器号	成功：AH=0 AL=检验的扇区数 失败：AH=错误码
13	5	格式化盘磁道	AL=扇区数 （CL）6.7（CH）0～7=磁道号 （CL）0～5=扇区号 DH/DL=磁头号/驱动器号 ES：BX=格式化参数表指针	成功：AH=0 失败：AH=错误码
14	0	初始化串行口	AL=初始化参数 DX=串行口号	AH=通信口状态 AL=调制解调器状态
14	1	向通信口写字符	AL=字符 DX=通信口号	写成功：（AH）7=0 写失败：（AH）7=1 $(AH)_{0\sim6}$=通信口状态
14	2	从通信口读字符	DX=通信口号	读成功：（AH）7=0 （AL）=字符 读失败：（AH）7=1
14	3	取通信口状态	DX=通信口号	AH=通信口状态 AL=调制解调器状态
14	4	初始化扩展 COM		
14	5	扩展 COM 控制		
15	0	启动盒式磁带机		
15	1	停止盒式磁带机		
15	2	磁带分块读	ES：BX=数据传输区地址 CX=字节数	AH=状态字节 AH=00 读成功 AH=01 冗余检验错 AH=02 无数据传输 AH=04 无引导 AH=80 非法命令
15	3	磁带分块读	DS：BX=数据传输区地址 CX=字节数	AH=状态字节 （同上）
16	0	从磁盘读字符		AL=字符码 AH=扫描码
16	1	取键盘缓冲区状态		ZF=0　AL=字符码 AH=扫描码 ZF=1 缓冲区无按键等待

续表

INT	AH	功能	调用参数	返回参数
16	2	取键盘标志字节		AL=键盘标志字节
17	0	打印字符 回送状态字节	AL=字符 DX=打印机号	AH=打印机状态字节
17	1	初始化打印机 回送状态字节	DX=打印机号	AH=打印机状态字节
17	2	取打印机状态	DX=打印机号	AH=打印机状态字节
18		ROM BASIC 语言		
19		引导装入程序		
1A	0	读时钟		CH：CL=时：分 DH：DL=秒：1/100 秒
1A	1	置时钟	CH：CL=时：分 DH：DL=秒：1/100 秒	
1A	6	置报警时间	CH：CL=时：分（BCD） DH：DL=秒：1/100 秒（BCD）	
1A	7	清除报警		
33	00	鼠标复位	AL=00	BX=鼠标的键数
33	00	显示鼠标光标	AL=01	显示鼠标光标
33	00	隐藏鼠标光标	AL=02	隐藏鼠标光标
33	00	读鼠标状态	AL=03	BX=键状态 CX/DX=鼠标水平/垂直位置
33	00	设置鼠标位置	AL=04 CX/DX=鼠标水平/垂直位置	
33	00	设置图形光标	AL=09 BX/CX=鼠标水平/垂直中心 ES：DX=16×16 光标映像地址	安装了新的图形光标
33	00	设置文本光标	AL=0A BX=光标类型 CX=像素位掩码或起始的扫描线 DX=光标掩码或结束的扫描线	设置的文本光标
33	00	读移动计数器	AL=0B	CX/DX=鼠标水平/垂直距离
33	00	设置中断子程序	AL=0C　CX=中断掩码 ES：DX=中断服务程序的地址	

附录 6 Windows 104 键键盘扫描码

键	接通扫描码	断开扫描码	键	接通扫描码	断开扫描码	键	接通扫描码	断开扫描码
Esc	01	81	U	16	96	右 Alt	E0 38	E0 B8
F1	3B	BB	I	17	97	右 Windows	E0 5C	E0 DC
F2	3C	BC	O	18	98	Application	E0 5D	E0 DD
F3	3D	BD	P	19	99	右 Ctrl	E0 1D	E0 9D
F4	3E	BE	[{	1A	9A	Print Screen Sys Rq	E0 37	E0 B7
F5	3F	BF	] }	1B	9B	Scroll Lock	46	C6
F6	40	C0	Enter	1C	9C	Pause Break	E1 1D 45 E1 9D C5	-
F7	41	C1	Caps Lock	3A	BA	Insert	E0 52	E0 D2
F8	42	C2	A	1E	9E	Home	E0 47	E0 C7
F9	43	C3	S	1F	9F	Page Up	E0 49	E0 C9
F10	44	C4	D	20	A0	Delete	E0 53	E0 D3
F11	57	D7	F	21	A1	End	E0 4F	E0 CF
F12	58	D8	G	22	A2	Page Down	E0 51	E0 D1
‘ ~	29	A9	H	23	A3	↑	E0 48	E0 C8
1 !	02	82	J	24	A4	←	E0 4B	E0 CB
2 @	03	83	K	25	A5	↓	E0 50	E0 D0
3 #	04	84	L	26	A6	→	E0 4D	E0 CD
4 $	05	85	; :	27	A7	Num Lock	45	C5
5 %	06	86	′ ″	28	A8	÷（/）	E0 35	E0 B5

续表

键	接通扫描码	断开扫描码	键	接通扫描码	断开扫描码	键	接通扫描码	断开扫描码
6 ^	07	87	左 Shift	2A	AA	× (*)	37	B7
7 &	08	88	Z	2C	AC	–	4A	CA
8 *	09	89	X	2D	AD	Home 7	47	C7
9 (	0A	8A	C	2E	AE	↑8	48	C8
0)	0B	8B	V	2F	AF	PgUp 9	49	C9
-_	0C	8C	B	30	B0	← 4	4B	CB
=+	0D	8D	N	31	B1	5	4C	CC
|	2B	AB	M	32	B2	→ 6	4D	CD
Back Space	0E	8E	, <	33	B3	+	4E	CE
Tab	0F	8F	. >	34	B4	End 1	4F	CF
Q	10	90	/ ?	35	B5	↓2	50	D0
W	11	91	右 Shift	36	B6	PgDn 3	51	D1
E	12	92	左 Ctrl	1D	9D	Ins 0	52	D2
R	13	93	左 Windows	E0 5B	E0 DB	Del .	53	D3
T	14	94	左 Alt	38	B8	Enter（数字键盘）	E0 1C	E0 9C
Y	15	95	Space	39	B9			

参考文献

[1] 沈美明，温冬婵. IBM-PC 汇编语言程序设计. 北京：清华大学出版社，2001.
[2] 王庆生. 汇编语言程序设计教程. 北京：人民邮电出版社，2013.
[3] 廖智. 80x86 汇编语言程序设计. 北京：机械工业出版社，2004.
[4] 杨文显，汇编语言程序设计简明教程. 北京：电子工业出版社，2005.
[5] 王成耀，姚琳. 汇编语言程序设计. 北京：机械工业出版社，2003.
[6] 王爽. 汇编语言（第三版）. 北京：清华大学出版社，2013.
[7] 郑晓薇. 汇编语言. 北京：机械工业出版社，2014.